环境监测水质样品采集、运输、保存标准方法实用手册

地下水和海水

辽宁省生态环境监测中心　编

中国环境出版集团·北京

图书在版编目（CIP）数据

环境监测水质样品采集、运输、保存标准方法实用手册. 地下水和海水/辽宁省生态环境监测中心编. —北京：中国环境出版集团，2020.7

ISBN 978-7-5111-4387-7

Ⅰ.①环… Ⅱ.①辽… Ⅲ.①地下水—水质监测—手册 ②海水—水质监测—手册 Ⅳ.①X832-62

中国版本图书馆 CIP 数据核字（2020）第 139897 号

出 版 人 武德凯
责任编辑 黄 颖 金捷霆
责任校对 任 丽
封面设计 宋 瑞

出版发行 中国环境出版集团
（100062 北京市东城区广渠门内大街 16 号）
网 址：http://www.cesp.com.cn
电子邮箱：bjgl@cesp.com.cn
联系电话：010-67112765（编辑管理部）
010-67147349（第四分社）
发行热线：010-67125803，010-67113405（传真）

印 刷 北京中科印刷有限公司
经 销 各地新华书店
版 次 2020 年 7 月第 1 版
印 次 2020 年 7 月第 1 次印刷
开 本 880×1230 1/16
印 张 16
字 数 428 千字
定 价 280.00 元（全四册）

编 委 会

主　　编　胥学鹏　刘　枢

副 主 编　张　峥　赵丽娟　刘景泰

编写人员　于　宁　王仁日　王秋丽　卢　雁　卢迎红　付友生　付金阳　付　毓　朱广钦　刘　畅　刘　茜　刘　雅　闫向阳　关　屏　李长虹　李振国　杨冬雷　杨　萌　应　博　张见昕　邵　亮　赵　菲　姜秋俚　贾　蔓　高　跃　彭　跃　惠婷婷　谢　轶　薛　程

目 录

地下水

海　水

地 下 水

一、相关标准和规范

（一）环境质量标准

序号	标准名称	标准编号	发布时间	实施时间
1	地下水环境质量标准	GB/T 14848—2017	2017-10-14	2018-05-01

（二）监测规范

序号	标准名称	标准编号	发布时间	实施时间
1	地下水环境监测技术规范	HJ/T 164—2004	2004-12-09	2004-12-09
2	环境二噁英类监测技术规范	HJ 916—2017	2017-12-28	2018-04-01

（三）监测方法

1．样品采集、运输与保存

序号	标准名称	标准编号	发布时间	实施时间
1	水质　样品的保存和管理技术规定	HJ 493—2009	2009-09-27	2009-11-01
2	水质　采样技术指导	HJ 494—2009	2009-09-27	2009-11-01
3	水质　采样方案设计技术规定	HJ 495—2009	2009-09-27	2009-11-01
4	生活饮用水标准检验方法　水样的采集与保存	GB/T 5750.2—2006	2006-12-29	2007-07-01
5	水质　金属总量的消解　硝酸消解法	HJ 677—2013	2013-12-24	2014-02-01
6	水质　金属总量的消解　微波消解法	HJ 678—2013	2013-11-21	2014-02-01

2．检测方法

序号	项目	标准名称	标准编号	发布时间	实施时间
1	1,1,1-三氯乙烷	水质　挥发性有机物的测定　吹扫捕集/气相色谱-质谱法	HJ 639—2012	2012-12-03	2013-03-01
		水质　挥发性有机物的测定　顶空/气相色谱-质谱法	HJ 810—2016	2016-07-26	2016-10-01
2	1,1,2-三氯乙烷	水质　挥发性有机物的测定　吹扫捕集/气相色谱-质谱法	HJ 639—2012	2012-12-03	2013-03-01
		水质　挥发性有机物的测定　顶空/气相色谱-质谱法	HJ 810—2016	2016-07-26	2016-10-01
3	1,1-二氯乙烯	水质　挥发性卤代烃的测定　顶空气相色谱法	HJ 620—2011	2011-09-01	2011-11-01
		水质　挥发性有机物的测定　吹扫捕集/气相色谱-质谱法	HJ 639—2012	2012-12-03	2013-03-01
		水质　挥发性有机物的测定　吹扫捕集/气相色谱法	HJ 686—2014	2014-01-13	2014-04-01
		水质　挥发性有机物的测定　顶空/气相色谱-质谱法	HJ 810—2016	2016-07-26	2016-10-01

序号	项目	标准名称	标准编号	发布时间	实施时间
4	1,2-二氯苯（邻二氯苯）	水质 氯苯类化合物的测定 气相色谱法	HJ 621—2011	2011-09-01	2011-11-01
		水质 挥发性有机物的测定 吹扫捕集/气相色谱-质谱法	HJ 639—2012	2012-12-03	2013-03-01
		水质 挥发性有机物的测定 顶空/气相色谱-质谱法	HJ 810—2016	2016-07-26	2016-10-01
5	1,2-二氯丙烷	水质 挥发性有机物的测定 吹扫捕集/气相色谱-质谱法	HJ 639—2012	2012-12-03	2013-03-01
		水质 挥发性有机物的测定 顶空/气相色谱-质谱法	HJ 810—2016	2016-07-26	2016-10-01
6	1,2-二氯乙烷	水质 挥发性卤代烃的测定 顶空气相色谱法	HJ 620—2011	2011-09-01	2011-11-01
		水质 挥发性有机物的测定 吹扫捕集/气相色谱-质谱法	HJ 639—2012	2012-12-03	2013-03-01
		水质 挥发性有机物的测定 吹扫捕集/气相色谱法	HJ 686—2014	2014-01-13	2014-04-01
		水质 挥发性有机物的测定 顶空/气相色谱-质谱法	HJ 810—2016	2016-07-26	2016-10-01
7	1,2-二氯乙烯	水质 挥发性卤代烃的测定 顶空气相色谱法	HJ 620—2011	2011-09-01	2011-11-01
		水质 挥发性有机物的测定 吹扫捕集/气相色谱-质谱法	HJ 639—2012	2012-12-03	2013-03-01
		水质 挥发性有机物的测定 吹扫捕集/气相色谱法	HJ 686—2014	2014-01-13	2014-04-01
		水质 挥发性有机物的测定 顶空/气相色谱-质谱法	HJ 810—2016	2016-07-26	2016-10-01
8	1,4-二氯苯（对二氯苯）	水质 氯苯类化合物的测定 气相色谱法	HJ 621—2011	2011-09-01	2011-11-01
		水质 挥发性有机物的测定 吹扫捕集/气相色谱-质谱法	HJ 639—2012	2012-12-03	2013-03-01
		水质 挥发性有机物的测定 顶空/气相色谱-质谱法	HJ 810—2016	2016-07-26	2016-10-01
9	2,4,6-三氯苯酚	水质 酚类化合物的测定 液液萃取/气相色谱法	HJ 676—2013	2013-11-21	2014-02-01
		水质 酚类化合物的测定 气相色谱-质谱法	HJ 744—2015	2015-05-04	2015-07-01
		生活饮用水标准检验方法 消毒副产物指标（衍生化气相色谱法）	GB/T 5750.10—2006（12.1）	2006-12-29	2007-07-01
		生活饮用水标准检验方法 消毒副产物指标（顶空固相微萃取气相色谱法）	GB/T 5750.10—2006（12.2）	2006-12-29	2007-07-01
10	2,4-滴	生活饮用水标准检验方法 农药指标（气相色谱法）	GB/T 5750.9—2006（12.1）	2006-12-29	2007-07-01
11	2,4-二硝基甲苯	水质 硝基苯类化合物的测定 液液萃取/固相萃取-气相色谱法	HJ 648—2013	2013-06-03	2013-09-01
		水质 硝基苯类化合物的测定 气相色谱-质谱法	HJ 716—2014	2014-11-27	2015-01-01
12	2,6-二硝基甲苯	水质 硝基苯类化合物的测定 液液萃取/固相萃取-气相色谱法	HJ 648—2013	2013-06-03	2013-09-01
		水质 硝基苯类化合物的测定 气相色谱-质谱法	HJ 716—2014	2014-11-27	2015-01-01
13	pH 值	水质 pH 值的测定 玻璃电极法	GB/T 6920—1986	1986-10-10	1987-03-01
		生活饮用水标准检验方法 感官性状和物理指标（玻璃电极法）	GB/T 5750.4—2006（5.1）	2006-12-29	2007-07-01
14	阿特拉津	水质 阿特拉津的测定 高效液相色谱法	HJ 587—2010	2010-09-20	2010-12-01
		水质 阿特拉津的测定 气相色谱法	HJ 754—2015	2015-10-22	2015-12-01

序号	项目	标准名称	标准编号	发布时间	实施时间
15	氨氮	水质　氨氮的测定　纳氏试剂分光光度法	HJ 535—2009	2009-12-31	2010-04-01
		水质　氨氮的测定　水杨酸分光光度法	HJ 536—2009	2009-12-31	2010-04-01
		水质　氨氮的测定　气相分子吸收光谱法	HJ/T 195—2005	2005-11-09	2006-01-01
		水质　氰化物等的测定　真空检测管-电子比色法	HJ 659—2013	2013-09-18	2013-09-20
		水质　氨氮的测定　连续流动-水杨酸分光光度法	HJ 665—2013	2013-10-25	2014-01-01
		水质　氨氮的测定　流动注射-水杨酸分光光度法	HJ 666—2013	2013-10-25	2014-01-01
		水质　可溶性阳离子（Li^+、Na^+、NH_4^+、K^+、Ca^{2+}、Mg^{2+}）的测定　离子色谱法	HJ 812—2016	2016-07-26	2016-10-01
		生活饮用水标准检验方法　无机非金属指标（纳氏试剂分光光度法）	GB/T 5750.5—2006（9.1）	2006-12-29	2007-07-01
		生活饮用水标准检验方法　无机非金属指标（酚盐分光光度法）	GB/T 5750.5—2006（9.2）	2006-12-29	2007-07-01
		生活饮用水标准检验方法　无机非金属指标（水杨酸盐分光光度法）	GB/T 5750.5—2006（9.3）	2006-12-29	2007-07-01
16	氨基甲酸酯类农药	水质　氨基甲酸酯类农药的测定　超高效液相色谱-三重四极杆质谱法	HJ 827—2017	2017-03-30	2017-05-01
17	百草枯	水质　百草枯和杀草快的测定　固相萃取-高效液相色谱法	HJ 914—2017	2017-12-28	2018-04-01
18	百菌清	水质　百菌清和溴氰菊酯的测定　气相色谱法	HJ 698—2014	2014-03-31	2014-07-01
		生活饮用水标准检验方法　农药指标（气相色谱法）	GB/T 5750.9—2006（9.1）	2006-12-29	2007-07-01
19	钡	水质　钡的测定　石墨炉原子吸收分光光度法	HJ 602—2011	2011-02-10	2011-06-01
		水质　65 种元素的测定　电感耦合等离子体质谱法	HJ 700—2014	2014-05-16	2014-07-01
		水质　32 种元素的测定　电感耦合等离子体发射光谱法	HJ 776—2015	2015-12-04	2016-01-01
		生活饮用水标准检验方法　金属指标（电感耦合等离子体质谱法）	GB/T 5750.6—2006（1.5）	2006-12-29	2007-07-01
20	苯	水质　挥发性有机物的测定　吹扫捕集/气相色谱-质谱法	HJ 639—2012	2012-12-03	2013-03-01
		水质　挥发性有机物的测定　吹扫捕集/气相色谱法	HJ 686—2014	2014-01-13	2014-04-01
		水质　挥发性有机物的测定　顶空/气相色谱-质谱法	HJ 810—2016	2016-07-26	2016-10-01
21	苯胺	水质　氰化物等的测定　真空检测管-电子比色法	HJ 659—2013	2013-09-18	2013-09-20
		水质　苯胺类化合物的测定　气相色谱-质谱法	HJ 822—2017	2017-03-30	2017-05-01
22	苯胺类化合物	水质　苯胺类化合物的测定　气相色谱-质谱法	HJ 822—2017	2017-03-30	2017-05-01
23	苯并[*a*]芘	水质　多环芳烃的测定　液液萃取和固相萃取高效液相色谱法	HJ 478—2009	2009-09-27	2009-11-01
24	苯并[*b*]荧蒽	水质　多环芳烃的测定　液液萃取和固相萃取高效液相色谱法	HJ 478—2009	2009-09-27	2009-11-01
25	苯氧羧酸类除草剂	水质　苯氧羧酸类除草剂的测定　液相色谱/串联质谱法	HJ 770—2015	2015-11-20	2015-12-15
26	苯乙烯	水质　挥发性有机物的测定　吹扫捕集/气相色谱-质谱法	HJ 639—2012	2012-12-03	2013-03-01
		水质　挥发性有机物的测定　吹扫捕集/气相色谱法	HJ 686—2014	2014-01-13	2014-04-01
		水质　挥发性有机物的测定　顶空/气相色谱-质谱法	HJ 810—2016	2016-07-26	2016-10-01

序号	项目	标准名称	标准编号	发布时间	实施时间
27	铋	水质　汞、砷、硒、铋和锑的测定　原子荧光法	HJ 694—2014	2014-03-13	2014-07-01
		水质　65 种元素的测定　电感耦合等离子体质谱法	HJ 700—2014	2014-05-16	2014-07-01
		水质　32 种元素的测定　电感耦合等离子体发射光谱法	HJ 776—2015	2015-12-04	2016-01-01
28	丙酮	水质　甲醇和丙酮的测定　顶空/气相色谱法	HJ 895—2017	2017-12-21	2018-02-01
29	丙烯腈	水质　丙烯腈和丙烯醛的测定　吹扫捕集/气相色谱法	HJ 806—2016	2016-06-24	2016-08-01
30	丙烯醛	水质　丙烯腈和丙烯醛的测定　吹扫捕集/气相色谱法	HJ 806—2016	2016-06-24	2016-08-01
31	丙烯酰胺	水质　丙烯酰胺的测定　气相色谱法	HJ 697—2014	2014-03-31	2014-07-01
32	草甘膦	生活饮用水标准检验方法　农药指标（高压液相色谱法）	GB/T 5750.9—2006（18.1）	2006-12-29	2007-07-01
33	臭和味	生活饮用水标准检验方法　感官性状和物理指标（嗅气和尝味法）	GB/T 5750.4—2006（3.1）	2006-12-29	2007-07-01
34	大肠埃希氏菌	水质　总大肠菌群、粪大肠菌群和大肠埃希氏菌的测定　酶底物法	HJ 1001—2018	2018-12-26	2019-06-01
35	滴滴涕	水质　六六六、滴滴涕的测定　气相色谱法	GB/T 7492—1987	1987-03-14	1987-08-01
		水质　有机氯农药和氯苯类化合物的测定　气相色谱-质谱法	HJ 699—2014	2014-03-31	2014-07-01
		生活饮用水标准检验方法　农药指标（填充柱气相色谱法）	GB/T 5750.9—2006（1.1）	2006-12-29	2007-07-01
		生活饮用水标准检验方法　农药指标（毛细管柱气相色谱法）	GB/T 5750.9—2006（1.2）	2006-12-29	2007-07-01
36	敌敌畏	水质　有机磷农药的测定　气相色谱法	GB/T 13192—1991	1991-08-31	1992-06-01
37	碘化物	水质　碘化物的测定　离子色谱法	HJ 778—2015	2015-12-04	2016-01-01
		生活饮用水标准检验方法　无机非金属指标（硫酸铈催化分光光度法）	GB/T 5750.5—2006（11.1）	2006-12-29	2007-07-01
		生活饮用水标准检验方法　无机非金属指标（高浓度碘化物比色法）	GB/T 5750.5—2006（11.2）	2006-12-29	2007-07-01
38	丁基黄原酸	水质　丁基黄原酸的测定　紫外分光光度法	HJ 756—2015	2015-10-22	2015-12-01
		水质　丁基黄原酸的测定　吹扫捕集/气相色谱-质谱法	HJ 896—2017	2017-12-21	2018-02-01
		水质　丁基黄原酸的测定　液相色谱一三重四极杆串联质谱法	HJ 1002—2018	2018-12-26	2019-06-01
39	毒死蜱	生活饮用水标准检验方法　农药指标（气相色谱法）	GB/T 5750.9—2006（16.1）	2006-12-29	2007-07-01
40	多氯联苯	水质　多氯联苯的测定　气相色谱-质谱法	HJ 715—2014	2014-11-27	2015-01-01
41	多溴二苯醚	水质　多溴二苯醚的测定　气相色谱-质谱法	HJ 909—2017	2017-12-29	2018-04-01
42	蒽	水质　多环芳烃的测定　液液萃取和固相萃取高效液相色谱法	HJ 478—2009	2009-09-27	2009-11-01
43	二甲苯	水质　挥发性有机物的测定　吹扫捕集/气相色谱-质谱法	HJ 639—2012	2012-12-03	2013-03-01
		水质　挥发性有机物的测定　吹扫捕集/气相色谱法	HJ 686—2014	2014-01-13	2014-04-01
		水质　挥发性有机物的测定　顶空/气相色谱-质谱法	HJ 810—2016	2016-07-26	2016-10-01

序号	项目	标准名称	标准编号	发布时间	实施时间
44	二氯甲烷	水质　挥发性卤代烃的测定　顶空气相色谱法	HJ 620—2011	2011-09-01	2011-11-01
		水质　挥发性有机物的测定　吹扫捕集/气相色谱-质谱法	HJ 639—2012	2012-12-03	2013-03-01
		水质　挥发性有机物的测定　吹扫捕集/气相色谱法	HJ 686—2014	2014-01-13	2014-04-01
		水质　挥发性有机物的测定　顶空/气相色谱-质谱法	HJ 810—2016	2016-07-26	2016-10-01
45	钒	水质　钒的测定　石墨炉原子吸收分光光度法	HJ 673—2013	2013-11-21	2014-02-01
46	酚类化合物	水质　酚类化合物的测定　液液萃取/气相色谱法	HJ 676—2013	2013-11-21	2014-02-01
		水质　酚类化合物的测定　气相色谱-质谱法	HJ 744—2015	2015-05-04	2015-07-01
47	粪大肠菌群	水质　粪大肠菌群的测定　滤膜法	HJ 347.1—2018	2018-12-26	2019-06-01
		水质　粪大肠菌群的测定　多管发酵法	HJ 347.2—2018	2018-12-26	2019-06-01
		水质　总大肠菌群、粪大肠菌群和大肠埃希氏菌的测定　酶底物法	HJ 1001—2018	2018-12-26	2019-06-01
48	氟化物	水质　氟化物的测定　离子选择电极法	GB/T 7484—1987	1987-03-14	1987-08-01
		水质　氟化物的测定　茜素磺酸锆目视比色法	HJ 487—2009	2009-09-27	2009-11-01
		水质　氟化物的测定　氟试剂分光光度法	HJ 488—2009	2009-09-27	2009-11-01
		水质　氰化物等的测定　真空检测管-电子比色法	HJ 659—2013	2013-09-18	2013-09-20
		水质　无机阴离子（F^-、Cl^-、NO_2^-、Br^-、NO_3^-、PO_4^{3-}、SO_3^{2-}、SO_4^{2-}）的测定　离子色谱法	HJ 84—2016	2016-07-26	2016-10-01
		生活饮用水标准检验方法　无机非金属指标（离子选择电极法）	GB/T 5750.5—2006（3.1）	2006-12-29	2007-07-01
		生活饮用水标准检验方法　无机非金属指标（离子色谱法）	GB/T 5750.5—2006（3.2）	2006-12-29	2007-07-01
		生活饮用水标准检验方法　无机非金属指标（氟试剂分光光度法）	GB/T 5750.5—2006（3.3）	2006-12-29	2007-07-01
		生活饮用水标准检验方法　无机非金属指标（双波长系数倍率氟试剂分光光度法）	GB/T 5750.5—2006（3.4）	2006-12-29	2007-07-01
49	钙	水质　钙的测定　EDTA 滴定法	GB/T 7476—1987	1987-03-14	1987-08-01
		水质　钙和镁的测定　原子吸收分光光度法	GB/T 11905—1989	1989-12-25	1990-07-01
		水质　65 种元素的测定　电感耦合等离子体质谱法	HJ 700—2014	2014-05-16	2014-07-01
		水质　32 种元素的测定　电感耦合等离子体发射光谱法	HJ 776—2015	2015-12-04	2016-01-01
		水质　可溶性阳离子（Li^+、Na^+、NH_4^+、K^+、Ca^{2+}、Mg^{2+}）的测定　离子色谱法	HJ 812—2016	2016-07-26	2016-10-01
50	高锰酸盐指数	水质　高锰酸盐指数的测定	GB/T 11892—1989	1989-12-25	1990-07-01
		生活饮用水标准检验方法　有机物综合指标（酸性高锰酸钾滴定法）	GB/T 5750.7—2006（1.1）	2006-12-29	2007-07-01
		生活饮用水标准检验方法　有机物综合指标（碱性高锰酸钾滴定法）	GB/T 5750.7—2006（1.2）	2006-12-29	2007-07-01

序号	项目	标准名称	标准编号	发布时间	实施时间
51	镉	水质　镉的测定　双硫腙分光光度法	GB/T 7471—1987	1987-03-14	1987-08-01
		水质　铜、锌、铅、镉的测定　原子吸收分光光度法	GB/T 7475—1987	1987-03-14	1987-08-01
		水质　65 种元素的测定　电感耦合等离子体质谱法	HJ 700—2014	2014-05-16	2014-07-01
		水质　32 种元素的测定　电感耦合等离子体发射光谱法	HJ 776—2015	2015-12-04	2016-01-01
		生活饮用水标准检验方法　金属指标（无火焰原子吸收分光光度法）	GB/T 5750.6—2006（9.1）	2006-12-29	2007-07-01
		生活饮用水标准检验方法　金属指标（电感耦合等离子体质谱法）	GB/T 5750.6—2006（1.5）	2006-12-29	2007-07-01
52	铬（六价）	水质　六价铬的测定　二苯碳酰二肼分光光度法	GB/T 7467—1987	1987-03-14	1987-08-01
		水质　氰化物等的测定　真空检测管-电子比色法	HJ 659—2013	2013-09-18	2013-09-20
		水质　六价铬的测定　流动注射-二苯碳酰二肼光度法	HJ 908—2017	2017-12-29	2018-04-01
		生活饮用水标准检验方法　金属指标（二苯碳酰二肼分光光度法）	GB/T 5750.6—2006（10.1）	2006-12-29	2007-07-01
53	汞	水质　汞的测定　冷原子荧光法（试行）	HJ/T 341—2007	2007-03-10	2007-05-01
		水质　总汞的测定　冷原子吸收分光光度法	HJ 597—2011	2011-02-10	2011-06-01
		水质　汞、砷、硒、铋和锑的测定　原子荧光法	HJ 694—2014	2014-03-13	2014-07-01
		生活饮用水标准检验方法　金属指标（原子荧光法）	GB/T 5750.6—2006（8.1）	2006-12-29	2007-07-01
		生活饮用水标准检验方法　金属指标（冷原子吸收法）	GB/T 5750.6—2006（8.2）	2006-12-29	2007-07-01
54	钴	水质　总钴的测定　5-氯-2-（吡啶偶氮）-1,3-二氨基苯分光光度法	HJ 550—2015	2015-04-03	2015-07-01
		水质　65 种元素的测定　电感耦合等离子体质谱法	HJ 700—2014	2014-05-16	2014-07-01
		水质　32 种元素的测定　电感耦合等离子体发射光谱法	HJ 776—2015	2015-12-04	2016-01-01
		水质　钴的测定　火焰原子吸收分光光度法	HJ 957—2018	2018-07-29	2019-01-01
		水质　钴的测定　石墨炉原子吸收分光光度法	HJ 958—2018	2018-07-29	2019-01-01
		生活饮用水标准检验方法　金属指标（电感耦合等离子体质谱法）	GB/T 5750.6—2006（1.5）	2006-12-29	2007-07-01
55	化学需氧量	水质　化学需氧量的测定　重铬酸盐法	HJ 828—2017	2017-03-30	2017-05-01
		水质　化学需氧量的测定　快速消解分光光度法	HJ/T 399—2007	2007-12-07	2008-03-01
		水质　氰化物等的测定　真空检测管-电子比色法	HJ 659—2013	2013-09-18	2013-09-20
56	黄磷	水质　黄磷的测定　气相色谱法	HJ 701—2014	2014-09-02	2014-11-01
57	磺酰脲类农药	水质　磺酰脲类农药的测定　高效液相色谱法	HJ 1015—2019	2019-04-13	2019-09-01
58	挥发酚	水质　挥发酚的测定　4-氨基安替比林分光光度法	HJ 503—2009	2009-10-20	2009-12-01
		水质　挥发酚的测定　流动注射-4-氨基安替比林分光光度法	HJ 825—2017	2017-03-30	2017-05-01
		生活饮用水标准检验方法　感官性状和物理指标（4-氨基安替吡啉三氯甲烷萃取分光光度法）	GB/T 5750.4—2006（9.1）	2006-12-29	2007-07-01
		生活饮用水标准检验方法　感官性状和物理指标（4-氨基安替吡啉直接分光光度法）	GB/T 5750.4—2006（9.2）	2006-12-29	2007-07-01

序号	项目	标准名称	标准编号	发布时间	实施时间
59	挥发性卤代烃	水质 挥发性卤代烃的测定 顶空气相色谱法	HJ 620—2011	2011-09-01	2011-11-01
60	挥发性石油烃（C_{10}～C_{40}）	水质 可萃取性石油烃（C_{10}～C_{40}）的测定 气相色谱法	HJ 894—2017	2017-12-21	2018-02-01
61	挥发性石油烃（C_6～C_9）	水质 挥发性石油烃（C_6～C_9）的测定 吹扫捕集/气相色谱法	HJ 893—2017	2017-12-21	2018-02-01
62	挥发性有机物	水质 挥发性有机物的测定 吹扫捕集/气相色谱-质谱法	HJ 639—2012	2012-12-03	2013-03-01
		水质 挥发性有机物的测定 吹扫捕集/气相色谱法	HJ 686—2014	2014-01-13	2014-04-01
		水质 挥发性有机物的测定 顶空/气相色谱-质谱法	HJ 810—2016	2016-07-26	2016-10-01
63	浑浊度	生活饮用水标准检验方法 感官性状和物理指标（散射法-福尔马肼标准）	GB/T 5750.4—2006（2.1）	2006-12-29	2007-07-01
		生活饮用水标准检验方法 感官性状和物理指标（目视比浊法-福尔马肼标准）	GB/T 5750.4—2006（2.2）	2006-12-29	2007-07-01
64	急性毒性	水质 物质对蚤类（大型蚤）急性毒性测定方法	GB/T 13266—1991	1991-09-14	1992-08-01
65	甲苯	水质 挥发性有机物的测定 吹扫捕集/气相色谱-质谱法	HJ 639—2012	2012-12-03	2013-03-01
		水质 挥发性有机物的测定 吹扫捕集/气相色谱法	HJ 686—2014	2014-01-13	2014-04-01
		水质 挥发性有机物的测定 顶空/气相色谱-质谱法	HJ 810—2016	2016-07-26	2016-10-01
66	甲醇	水质 甲醇和丙酮的测定 顶空/气相色谱法	HJ 895—2017	2017-12-21	2018-02-01
67	甲基对硫磷	水质 有机磷农药的测定 气相色谱法	GB/T 13192—1991	1991-08-31	1992-06-01
		水、土中有机磷农药测定的气相色谱法	GB/T 14552—2003	2003-11-10	2004-04-01
68	甲醛	水质 甲醛的测定 乙酰丙酮分光光度法	HJ 601—2011	2011-02-10	2011-06-01
69	钾	水质 钾和钠的测定 火焰原子吸收分光光度法	GB/T 11904—1989	1989-12-25	1990-07-01
		水质 65 种元素的测定 电感耦合等离子体质谱法	HJ 700—2014	2014-05-16	2014-07-01
		水质 32 种元素的测定 电感耦合等离子体发射光谱法	HJ 776—2015	2015-12-04	2016-01-01
		水质 可溶性阳离子（Li^+、Na^+、NH_4^+、K^+、Ca^{2+}、Mg^{2+}）的测定 离子色谱法	HJ 812—2016	2016-07-26	2016-10-01
70	可吸附有机卤素	水质 可吸附有机卤素（AOX）的测定 微库仑法	GB/T 15959—1995	1995-12-21	1996-08-01
		水质 可吸附有机卤素（AOX）的测定 离子色谱法	HJ/T 83—2001	2001-12-19	2002-04-01
71	克百威	水质 氨基甲酸酯类农药的测定 超高效液相色谱-三重四极杆质谱法	HJ 827—2017	2017-03-30	2017-05-01
72	乐果	水质 有机磷农药的测定 气相色谱法	GB/T 13192—1991	1991-08-31	1992-06-01
73	锂	水质 65 种元素的测定 电感耦合等离子体质谱法	HJ 700—2014	2014-05-16	2014-07-01
		水质 32 种元素的测定 电感耦合等离子体发射光谱法	HJ 776—2015	2015-12-04	2016-01-01
		水质 可溶性阳离子（Li^+、Na^+、NH_4^+、K^+、Ca^{2+}、Mg^{2+}）的测定 离子色谱法	HJ 812—2016	2016-07-26	2016-10-01
74	联苯胺	水质 联苯胺的测定 高效液相色谱法	HJ 1017—2019	2019-04-13	2019-09-01
75	邻苯二甲酸二（2-乙基己基）酯	生活饮用水标准检验方法 有机物指标（气相色谱法）	GB/T 5750.8—2006（12.1）	2006-12-29	2007-07-01

序号	项目	标准名称	标准编号	发布时间	实施时间
76	林丹	水质　六六六、滴滴涕的测定　气相色谱法	GB/T 7492—1987	1987-03-14	1987-08-01
		水质　有机氯农药和氯苯类化合物的测定　气相色谱-质谱法	HJ 699—2014	2014-03-31	2014-07-01
		生活饮用水标准检验方法　农药指标（填充柱气相色谱法）	GB/T 5750.9—2006（1.1）	2006-12-29	2007-07-01
		生活饮用水标准检验方法　农药指标（毛细管柱气相色谱法）	GB/T 5750.9—2006（1.2）	2006-12-29	2007-07-01
77	磷	水质　单质磷的测定　磷钼蓝分光光度法（暂行）	HJ 593—2010	2010-10-21	2011-01-01
		水质　65 种元素的测定　电感耦合等离子体质谱法	HJ 700—2014	2014-05-16	2014-07-01
		水质　32 种元素的测定　电感耦合等离子体发射光谱法	HJ 776—2015	2015-12-04	2016-01-01
78	磷酸盐	水质　磷酸盐的测定　离子色谱法	HJ 669—2013	2013-10-25	2014-01-01
		水质　磷酸盐和总磷的测定　连续流动-钼酸铵分光光度法	HJ 670—2013	2013-10-25	2014-01-01
		水质　氰化物等的测定　真空检测管-电子比色法	HJ 659—2013	2013-09-18	2013-09-20
		水质　无机阴离子（F^-、Cl^-、NO_2^-、Br^-、NO_3^-、PO_4^{3-}、SO_3^{2-}、SO_4^{2-}）的测定　离子色谱法	HJ 84—2016	2016-07-26	2016-10-01
79	硫化物	水质　硫化物的测定　亚甲基蓝分光光度法	GB/T 16489—1996	1996-04-26	1997-01-01
		水质　硫化物的测定　直接显色分光光度法	GB/T 17133—1997	1997-07-30	1998-05-01
		水质　硫化物的测定　碘量法	HJ/T 60—2000	2000-12-07	2001-03-01
		水质　硫化物的测定　气相分子吸收光谱法	HJ/T 200—2005	2005-11-09	2006-01-01
		水质　氰化物等的测定　真空检测管-电子比色法	HJ 659—2013	2013-09-18	2013-09-20
		水质　硫化物的测定　流动注射-亚甲基蓝分光光度法	HJ 824—2017	2017-03-30	2017-05-01
80	硫酸盐	水质　硫酸盐的测定　重量法	GB/T 11899—1989	1989-12-25	1990-07-01
		水质　硫酸盐的测定　铬酸钡分光光度法（试行）	HJ/T 342—2007	2007-03-10	2007-05-01
		水质　无机阴离子（F^-、Cl^-、NO_2^-、Br^-、NO_3^-、PO_4^{3-}、SO_3^{2-}、SO_4^{2-}）的测定　离子色谱法	HJ 84—2016	2016-07-26	2016-10-01
		生活饮用水标准检验方法　无机非金属指标（硫酸钡比浊法）	GB/T 5750.5—2006（1.1）	2006-12-29	2007-07-01
		生活饮用水标准检验方法　无机非金属指标（离子色谱法）	GB/T 5750.5—2006（2.2）	2006-12-29	2007-07-01
81	六六六	水质　六六六、滴滴涕的测定　气相色谱法	GB/T 7492—1987	1987-03-14	1987-08-01
		水质　有机氯农药和氯苯类化合物的测定　气相色谱-质谱法	HJ 699—2014	2014-03-31	2014-07-01
		生活饮用水标准检验方法　农药指标（填充柱气相色谱法）	GB/T 5750.9—2006（1.1）	2006-12-29	2007-07-01
		生活饮用水标准检验方法　农药指标（毛细管柱气相色谱法）	GB/T 5750.9—2006（1.2）	2006-12-29	2007-07-01
82	六氯苯	水质　氯苯类化合物的测定　气相色谱法	HJ 621—2011	2011-09-01	2011-11-01
		水质　有机氯农药和氯苯类化合物的测定　气相色谱-质谱法	HJ 699—2014	2014-03-31	2014-07-01
		生活饮用水标准检验方法　有机物指标（气相色谱法）	GB/T 5750.8—2006（24.1）	2006-12-29	2007-07-01

序号	项目	标准名称	标准编号	发布时间	实施时间
83	卤代乙酸类化合物	水质　卤代乙酸类化合物的测定　气相色谱法	HJ 758—2015	2015-10-22	2015-12-01
84	铝	水质　65 种元素的测定　电感耦合等离子体质谱法	HJ 700—2014	2014-05-16	2014-07-01
		水质　32 种元素的测定　电感耦合等离子体发射光谱法	HJ 776—2015	2015-12-04	2016-01-01
		生活饮用水标准检验方法　金属指标（电感耦合等离子体发射光谱法）	GB/T 5750.6—2006（1.4）	2006-12-29	2007-07-01
		生活饮用水标准检验方法　金属指标（电感耦合等离子体质谱法）	GB/T 5750.6—2006（1.5）	2006-12-29	2007-07-01
85	氯苯	水质　氯苯类化合物的测定　气相色谱法	HJ 621—2011	2011-09-01	2011-11-01
		水质　氯苯的测定　气相色谱法	HJ/T 74—2001	2001-09-29	2002-01-01
		水质　挥发性有机物的测定　吹扫捕集/气相色谱-质谱法	HJ 639—2012	2012-12-03	2013-03-01
		水质　挥发性有机物的测定　顶空/气相色谱-质谱法	HJ 810—2016	2016-07-26	2016-10-01
86	氯苯类化合物	水质　氯苯类化合物的测定　气相色谱法	HJ 621—2011	2011-09-01	2011-11-01
		水质　有机氯农药和氯苯类化合物的测定　气相色谱-质谱法	HJ 699—2014	2014-03-31	2014-07-01
87	氯化物	水质　氯化物的测定　硝酸银滴定法	GB/T 11896—1989	1989-12-25	1990-07-01
		水质　氯化物的测定　硝酸汞滴定法（试行）	HJ/T 343—2007	2007-03-10	2007-05-01
		水质　无机阴离子（F^-、Cl^-、NO_2^-、Br^-、NO_3^-、PO_4^{3-}、SO_3^{2-}、SO_4^{2-}）的测定　离子色谱法	HJ 84—2016	2016-07-26	2016-10-01
		生活饮用水标准检验方法　金属指标（硝酸银容量法）	GB/T 5750.5—2006（2.1）	2006-12-29	2007-07-01
		生活饮用水标准检验方法　金属指标（离子色谱法）	GB/T 5750.5—2006（2.2）	2006-12-29	2007-07-01
		生活饮用水标准检验方法　金属指标（硝酸汞容量法）	GB/T 5750.5—2006（2.3）	2006-12-29	2007-07-01
88	氯乙烯	水质　挥发性有机物的测定　吹扫捕集/气相色谱-质谱法	HJ 639—2012	2012-12-03	2013-03-01
		水质　挥发性有机物的测定　顶空/气相色谱-质谱法	HJ 810—2016	2016-07-26	2016-10-01
89	马拉硫磷	水质　有机磷农药的测定　气相色谱法	GB/T 13192—1991	1991-08-31	1992-06-01
90	镁	水质　钙和镁的测定　原子吸收分光光度法	GB/T 11905—1989	1989-12-25	1990-07-01
		水质　65 种元素的测定　电感耦合等离子体质谱法	HJ 700—2014	2014-05-16	2014-07-01
		水质　32 种元素的测定　电感耦合等离子体发射光谱法	HJ 776—2015	2015-12-04	2016-01-01
		水质　可溶性阳离子（Li^+、Na^+、NH_4^+、K^+、Ca^{2+}、Mg^{2+}）的测定　离子色谱法	HJ 812—2016	2016-07-26	2016-10-01
91	锰	水质　锰的测定　高碘酸钾分光光度法	GB/T 11906—1989	1989-12-25	1990-07-01
		水质　铁、锰的测定　火焰原子吸收分光光度法	GB/T 11911—1989	1989-12-25	1990-07-01
		水质　氰化物等的测定　真空检测管-电子比色法	HJ 659—2013	2013-09-18	2013-09-20
		水质　65 种元素的测定　电感耦合等离子体质谱法	HJ 700—2014	2014-05-16	2014-07-01
		水质　32 种元素的测定　电感耦合等离子体发射光谱法	HJ 776—2015	2015-12-04	2016-01-01

序号	项目	标准名称	标准编号	发布时间	实施时间
91	锰	生活饮用水标准检验方法　金属指标（原子吸收分光光度法）	GB/T 5750.6—2006（2.1）	2006-12-29	2007-07-01
		生活饮用水标准检验方法　金属指标（电感耦合等离子体发射光谱法）	GB/T 5750.6—2006（1.4）	2006-12-29	2007-07-01
		生活饮用水标准检验方法　金属指标（电感耦合等离子体质谱法）	GB/T 5750.6—2006（1.5）	2006-12-29	2007-07-01
92	灭多威	水质　灭多威和灭多威肟的测定　液相色谱法	HJ 851—2017	2017-08-28	2017-11-01
93	灭多威肟	水质　灭多威和灭多威肟的测定　液相色谱法	HJ 851—2017	2017-08-28	2017-11-01
94	钼	水质　65 种元素的测定　电感耦合等离子体质谱法	HJ 700—2014	2014-05-16	2014-07-01
		水质　32 种元素的测定　电感耦合等离子体发射光谱法	HJ 776—2015	2015-12-04	2016-01-01
		水质　钼和钛的测定　石墨炉原子吸收分光光度法	HJ 807—2016	2016-06-24	2016-08-01
		生活饮用水标准检验方法　金属指标（电感耦合等离子体质谱法）	GB/T 5750.6—2006（1.5）	2006-12-29	2007-07-01
95	钠	水质　钾和钠的测定　火焰原子吸收分光光度法	GB/T 11904—1989	1989-12-25	1990-07-01
		水质　65 种元素的测定　电感耦合等离子体质谱法	HJ 700—2014	2014-05-16	2014-07-01
		水质　32 种元素的测定　电感耦合等离子体发射光谱法	HJ 776—2015	2015-12-04	2016-01-01
		水质　可溶性阳离子（Li^+、Na^+、NH_4^+、K^+、Ca^{2+}、Mg^{2+}）的测定　离子色谱法	HJ 812—2016	2016-07-26	2016-10-01
96	萘	水质　多环芳烃的测定　液液萃取和固相萃取高效液相色谱法	HJ 478—2009	2009-09-27	2009-11-01
97	镍	水质　镍的测定　丁二酮肟分光光度法	GB/T 11910—1989	1989-12-25	1990-07-01
		水质　镍的测定　火焰原子吸收分光光度法	GB/T 11912—1989	1989-12-25	1990-07-01
		水质　氰化物等的测定　真空检测管-电子比色法	HJ 659—2013	2013-09-18	2013-09-20
		水质　65 种元素的测定　电感耦合等离子体质谱法	HJ 700—2014	2014-05-16	2014-07-01
		水质　32 种元素的测定　电感耦合等离子体发射光谱法	HJ 776—2015	2015-12-04	2016-01-01
		生活饮用水标准检验方法　金属指标（电感耦合等离子体质谱法）	GB/T 5750.6—2006（1.5）	2006-12-29	2007-07-01
98	硼	水质　硼的测定　姜黄素分光光度法	HJ/T 49—1999	1999-08-18	2000-01-01
		水质　65 种元素的测定　电感耦合等离子体质谱法	HJ 700—2014	2014-05-16	2014-07-01
		水质　32 种元素的测定　电感耦合等离子体发射光谱法	HJ 776—2015	2015-12-04	2016-01-01
		生活饮用水标准检验方法　金属指标（电感耦合等离子体质谱法）	GB/T 5750.6—2006（1.5）	2006-12-29	2007-07-01
99	铍	水质　65 种元素的测定　电感耦合等离子体质谱法	HJ 700—2014	2014-05-16	2014-07-01
		水质　32 种元素的测定　电感耦合等离子体发射光谱法	HJ 776—2015	2015-12-04	2016-01-01
		生活饮用水标准检验方法　金属指标（电感耦合等离子体质谱法）	GB/T 5750.6—2006（1.5）	2006-12-29	2007-07-01
100	七氯	水质　有机氯农药和氯苯类化合物的测定　气相色谱-质谱法	HJ 699—2014	2014-03-31	2014-07-01

序号	项目	标准名称	标准编号	发布时间	实施时间
101	铅	水质　铜、锌、铅、镉的测定　原子吸收分光光度法	GB/T 7475—1987	1987-03-14	1987-08-01
		水质　铅的测定　双硫腙分光光度法	GB/T 7470—1987	1987-03-14	1987-08-01
		水质　65 种元素的测定　电感耦合等离子体质谱法	HJ 700—2014	2014-05-16	2014-07-01
		水质　32 种元素的测定　电感耦合等离子体发射光谱法	HJ 776—2015	2015-12-04	2016-01-01
		生活饮用水标准检验方法　金属指标（电感耦合等离子体质谱法）	GB/T 5750.6—2006（1.5）	2006-12-29	2007-07-01
102	氰化物	水质　氰化物等的测定　真空检测管-电子比色法	HJ 659—2013	2013-09-18	2013-09-20
		水质　氰化物的测定　流动注射-分光光度法	HJ 823—2017	2017-03-30	2017-05-01
		生活饮用水标准检验方法 无机非金属指标（异烟酸-吡唑酮分光光度法）	GB/T 5750.5—2006（4.1）	2006-12-29	2007-07-01
		生活饮用水标准检验方法 无机非金属指标（异烟酸-巴比妥酸分光光度法）	GB/T 5750.5—2006（4.2）	2006-12-29	2007-07-01
103	全盐量	水质　全盐量的测定　重量法	HJ/T 51—1999	1999-08-18	2000-01-01
104	溶解性总固体	生活饮用水标准检验方法　感官性状和物理指标（称量法）	GB/T 5750.4—2006（8.1）	2006-12-29	2007-07-01
105	溶解氧	水质　溶解氧的测定　碘量法	GB/T 7489—1987	1987-03-14	1987-08-01
		水质　溶解氧的测定　电化学探头法	HJ 506—2009	2009-10-20	2009-12-01
106	肉眼可见物	生活饮用水标准检验方法 感官性状和物理指标??（直接观察法）	GB/T 5750.4—2006（4.1）	2006-12-29	2007-07-01
107	三氯苯	水质　氯苯类化合物的测定　气相色谱法	HJ 621—2011	2011-09-01	2011-11-01
		水质　挥发性有机物的测定　吹扫捕集/气相色谱-质谱法	HJ 639—2012	2012-12-03	2013-03-01
		水质　有机氯农药和氯苯类化合物的测定　气相色谱-质谱法	HJ 699—2014	2014-03-31	2014-07-01
		水质　挥发性有机物的测定　顶空/气相色谱-质谱法	HJ 810—2016	2016-07-26	2016-10-01
108	三氯甲烷	水质　挥发性卤代烃的测定　顶空气相色谱法	HJ 620—2011	2011-09-01	2011-11-01
		水质　挥发性有机物的测定　吹扫捕集/气相色谱-质谱法	HJ 639—2012	2012-12-03	2013-03-01
		水质　挥发性有机物的测定　吹扫捕集/气相色谱法	HJ 686—2014	2014-01-13	2014-04-01
		水质　挥发性有机物的测定　顶空/气相色谱-质谱法	HJ 810—2016	2016-07-26	2016-10-01
109	三氯乙醛	水质　三氯乙醛的测定　吡啶啉酮分光光度法	HJ/T 50—1999	1999-08-18	2000-01-01
110	三氯乙烯	水质　挥发性卤代烃的测定　顶空气相色谱法	HJ 620—2011	2011-09-01	2011-11-01
		水质　挥发性有机物的测定　吹扫捕集/气相色谱-质谱法	HJ 639—2012	2012-12-03	2013-03-01
		水质　挥发性有机物的测定　吹扫捕集/气相色谱法	HJ 686—2014	2014-01-13	2014-04-01
		水质　挥发性有机物的测定　顶空/气相色谱-质谱法	HJ 810—2016	2016-07-26	2016-10-01
111	三溴甲烷	水质　挥发性卤代烃的测定　顶空气相色谱法	HJ 620—2011	2011-09-01	2011-11-01
		水质　挥发性有机物的测定　吹扫捕集/气相色谱-质谱法	HJ 639—2012	2012-12-03	2013-03-01
		水质　挥发性有机物的测定　吹扫捕集/气相色谱法	HJ 686—2014	2014-01-13	2014-04-01
		水质　挥发性有机物的测定　顶空/气相色谱-质谱法	HJ 810—2016	2016-07-26	2016-10-01

序号	项目	标准名称	标准编号	发布时间	实施时间
112	色度	水质　色度的测定	GB/T 11903—1989	1989-12-25	1990-07-01
		生活饮用水标准检验方法　感官性状和物理指标（铂-钴标准比色法）	GB/T 5750.4—2006（1.1）	2006-12-29	2007-07-01
113	杀草快	水质　百草枯和杀草快的测定　固相萃取-高效液相色谱法	HJ 914—2017	2017-12-28	2018-04-01
114	砷	水质　总砷的测定　二乙基二硫代氨基甲酸银分光光度法	GB/T 7485—1987	1987-03-14	1987-08-01
		水质　痕量砷的测定　硼氢化钾-硝酸银分光光度法	GB/T 11900—1989	1989-12-25	1990-07-01
		水质　汞、砷、硒、铋和锑的测定　原子荧光法	HJ 694—2014	2014-03-13	2014-07-01
		水质　65 种元素的测定　电感耦合等离子体质谱法	HJ 700—2014	2014-05-16	2014-07-01
		水质　32 种元素的测定　电感耦合等离子体发射光谱法	HJ 776—2015	2015-12-04	2016-01-01
		生活饮用水标准检验方法　金属指标（氢化物原子荧光法）	GB/T 5750.6—2006（6.1）	2006-12-29	2007-07-01
		生活饮用水标准检验方法　金属指标（电感耦合等离子体质谱法）	GB/T 5750.6—2006（1.5）	2006-12-29	2007-07-01
115	石油类	水质　石油类的测定　紫外分光光度法	HJ 970—2018	2018-10-10	2019-01-01
116	四氯化碳	水质　挥发性卤代烃的测定　顶空气相色谱法	HJ 620—2011	2011-09-01	2011-11-01
		水质　挥发性有机物的测定　吹扫捕集/气相色谱-质谱法	HJ 639—2012	2012-12-03	2013-03-01
		水质　挥发性有机物的测定　吹扫捕集/气相色谱法	HJ 686—2014	2014-01-13	2014-04-01
		水质　挥发性有机物的测定　顶空/气相色谱-质谱法	HJ 810—2016	2016-07-26	2016-10-01
117	四氯乙烯	水质　挥发性卤代烃的测定　顶空气相色谱法	HJ 620—2011	2011-09-01	2011-11-01
		水质　挥发性有机物的测定　吹扫捕集/气相色谱-质谱法	HJ 639—2012	2012-12-03	2013-03-01
		水质　挥发性有机物的测定　吹扫捕集/气相色谱法	HJ 686—2014	2014-01-13	2014-04-01
		水质　挥发性有机物的测定　顶空/气相色谱-质谱法	HJ 810—2016	2016-07-26	2016-10-01
118	四乙基铅	水质　四乙基铅的测定　顶空/气相色谱-质谱法	HJ 959—2018	2018-07-29	2019-01-01
119	松节油	水质　松节油的测定　气相色谱法	HJ 696—2014	2014-03-31	2014-07-01
		水质　松节油的测定　吹扫捕集/气相色谱-质谱法	HJ 866—2017	2017-11-28	2018-01-01
120	铊	水质　65 种元素的测定　电感耦合等离子体质谱法	HJ 700—2014	2014-05-16	2014-07-01
		水质　铊的测定　石墨炉原子吸收分光光度法	HJ 748—2015	2015-06-23	2015-08-01
		生活饮用水标准检验方法　金属指标（电感耦合等离子体质谱法）	GB/T 5750.6—2006（1.5）	2006-12-29	2007-07-01
121	钛	水质　65 种元素的测定　电感耦合等离子体质谱法	HJ 700—2014	2014-05-16	2014-07-01
		水质　32 种元素的测定　电感耦合等离子体发射光谱法	HJ 776—2015	2015-12-04	2016-01-01
		水质　钼和钛的测定　石墨炉原子吸收分光光度法	HJ 807—2016	2016-06-24	2016-08-01
122	锑	水质　汞、砷、硒、铋和锑的测定　原子荧光法	HJ 694—2014	2014-03-13	2014-07-01
		水质　65 种元素的测定　电感耦合等离子体质谱法	HJ 700—2014	2014-05-16	2014-07-01
		水质　32 种元素的测定　电感耦合等离子体发射光谱法	HJ 776—2015	2015-12-04	2016-01-01
		生活饮用水标准检验方法　金属指标（电感耦合等离子体质谱法）	GB/T 5750.6—2006（1.5）	2006-12-29	2007-07-01

序号	项目	标准名称	标准编号	发布时间	实施时间
123	铁	水质 铁、锰的测定 火焰原子吸收分光光度法	GB/T 11911—1989	1989-12-25	1990-07-01
		水质 铁的测定 邻菲啰啉分光光度法（试行）	HJ/T 345—2007	2007-03-10	2007-05-01
		水质 65 种元素的测定 电感耦合等离子体质谱法	HJ 700—2014	2014-05-16	2014-07-01
		水质 32 种元素的测定 电感耦合等离子体发射光谱法	HJ 776—2015	2015-12-04	2016-01-01
		生活饮用水标准检验方法 金属指标（原子吸收分光光度法）	GB/T 5750.6—2006（2.1）	2006-12-29	2007-07-01
		生活饮用水标准检验方法 金属指标（二氮杂菲分光光度法）	GB/T 5750.6—2006（2.2）	2006-12-29	2007-07-01
		生活饮用水标准检验方法 金属指标（电感耦合等离子体发射光谱法）	GB/T 5750.6—2006（1.4）	2006-12-29	2007-07-01
		生活饮用水标准检验方法 金属指标（电感耦合等离子体质谱法）	GB/T 5750.6—2006（1.5）	2006-12-29	2007-07-01
124	铜	水质 铜、锌、铅、镉的测定 原子吸收分光光度法	GB/T 7475—1987	1987-03-14	1987-08-01
		水质 铜的测定 二乙基二硫代氨基甲酸钠分光光度法	HJ 485—2009	2009-09-27	2009-11-01
		水质 铜的测定 2,9-二甲基-1,10-菲啰啉分光光度法	HJ 486—2009	2009-09-27	2009-11-01
		水质 65 种元素的测定 电感耦合等离子体质谱法	HJ 700—2014	2014-05-16	2014-07-01
		水质 32 种元素的测定 电感耦合等离子体发射光谱法	HJ 776—2015	2015-12-04	2016-01-01
		生活饮用水标准检验方法 金属指标（无火焰原子吸收分光光度法）	GB/T 5750.6—2006（4.1）	2006-12-29	2007-07-01
		生活饮用水标准检验方法 金属指标（火焰原子吸收分光光度法——直接法）	GB/T 5750.6—2006（4.2.1）	2006-12-29	2007-07-01
		生活饮用水标准检验方法 金属指标（火焰原子吸收分光光度法——萃取法）	GB/T 5750.6—2006（4.2.2）	2006-12-29	2007-07-01
		生活饮用水标准检验方法 金属指标（火焰原子吸收分光光度法——共沉淀法）	GB/T 5750.6—2006（4.2.3）	2006-12-29	2007-07-01
		生活饮用水标准检验方法 金属指标（火焰原子吸收分光光度法——巯基棉富集法）	GB/T 5750.6—2006（4.2.4）	2006-12-29	2007-07-01
		生活饮用水标准检验方法 金属指标（电感耦合等离子体质谱法）	GB/T 5750.6—2006（1.5）	2006-12-29	2007-07-01
125	烷基汞	水质 烷基汞的测定 吹扫捕集/气相色谱-冷原子荧光光谱法	HJ 977—2018	2018-11-13	2019-03-01
126	温度	水质 水温的测定 温度计或颠倒温度计测定法	GB/T 13195—1991	1991-08-31	1992-06-01
127	无机阴离子	水质 无机阴离子（F^-、Cl^-、NO_2^-、Br^-、NO_3^-、PO_4^{3-}、SO_3^{2-}、SO_4^{2-}）的测定 离子色谱法	HJ 84—2016	2016-07-26	2016-10-01
128	五氯酚	水质 五氯酚的测定 气相色谱法	HJ 591—2010	2010-10-21	2011-01-01
		水质 酚类化合物的测定 液液萃取/气相色谱法	HJ 676—2013	2013-11-21	2014-02-01
		水质 酚类化合物的测定 气相色谱-质谱法	HJ 744—2015	2015-05-04	2015-07-01
		生活饮用水标准检验方法 消毒副产物指标（衍生化气相色谱法）	GB/T 5750.10—2006（12.1）	2006-12-29	2007-07-01
		生活饮用水标准检验方法 消毒副产物指标（顶空固相微萃取气相色谱法）	GB/T 5750.10—2006（12.2）	2006-12-29	2007-07-01

序号	项目	标准名称	标准编号	发布时间	实施时间
129	硒	水质　硒的测定　2,3-二氨基萘荧光法	GB/T 11902—1989	1989-12-25	1990-07-01
		水质　硒的测定　石墨炉原子吸收分光光度法	GB/T 15505—1995	1995-03-15	1995-08-01
		水质　汞、砷、硒、铋和锑的测定　原子荧光法	HJ 694—2014	2014-03-13	2014-07-01
		水质　65 种元素的测定　电感耦合等离子体质谱法	HJ 700—2014	2014-05-16	2014-07-01
		水质　32 种元素的测定　电感耦合等离子体发射光谱法	HJ 776—2015	2015-12-04	2016-01-01
		水质　总硒的测定　3,3′-二氨基联苯胺分光光度法	HJ 811—2016	2016-07-26	2016-10-01
		生活饮用水标准检验方法　金属指标　氢化物原子荧光法	GB/T 5750.6—2006（7.1）	2006-12-29	2007-07-01
		生活饮用水标准检验方法　金属指标（电感耦合等离子体质谱法）	GB/T 5750.6—2006（1.5）	2006-12-29	2007-07-01
130	细菌总数	生活饮用水标准检验方法　微生物指标（平皿计数法）	GB/T 5750.12—2006（1.1）	2006-12-29	2007-07-01
		水质　细菌总数的测定　平皿计数法	HJ 1000—2018	2018-12-26	2019-06-01
131	硝磺草酮	水质　硝磺草酮的测定　液相色谱法	HJ 850—2017	2017-08-28	2017-11-01
132	硝基苯类化合物	水质　硝基苯类化合物的测定　液液萃取/固相萃取-气相色谱法	HJ 648—2013	2013-06-03	2013-09-01
		水质　硝基苯类化合物的测定　气相色谱-质谱法	HJ 716—2014	2014-11-27	2015-01-01
133	硝酸盐氮	水质　硝酸盐氮的测定　酚二磺酸分光光度法	GB/T 7480—1987	1987-03-14	1987-08-01
		水质　硝酸盐氮的测定　气相分子吸收光谱法	HJ/T 198—2005	2005-11-09	2006-01-01
		水质　硝酸盐氮的测定　紫外分光光度法（试行）	HJ/T 346—2007	2007-03-10	2007-05-01
		水质　氰化物等的测定　真空检测管-电子比色法	HJ 659—2013	2013-09-18	2013-09-20
		水质　无机阴离子（F^-、Cl^-、NO_2^-、Br^-、NO_3^-、PO_4^{3-}、SO_3^{2-}、SO_4^{2-}）的测定　离子色谱法	HJ 84—2016	2016-07-26	2016-10-01
		生活饮用水标准检验方法　无机非金属指标（紫外分光光度法）	GB/T 5750.5—2006（5.2）	2006-12-29	2007-07-01
		生活饮用水标准检验方法　无机非金属指标（离子色谱法）	GB/T 5750.5—2006（3.2）	2006-12-29	2007-07-01
134	锌	水质　铜、锌、铅、镉的测定　原子吸收分光光度法	GB/T 7475—1987	1987-03-14	1987-08-01
		水质　锌的测定　双硫腙分光光度法	GB/T 7472—1987	1987-03-14	1987-08-01
		水质　65 种元素的测定　电感耦合等离子体质谱法	HJ 700—2014	2014-05-16	2014-07-01
		水质　32 种元素的测定　电感耦合等离子体发射光谱法	HJ 776—2015	2015-12-04	2016-01-01
		生活饮用水标准检验方法　金属指标（火焰原子吸收分光光度法）	GB/T 5750.6—2006（5.1）	2006-12-29	2007-07-01
		生活饮用水标准检验方法　金属指标（电感耦合等离子体质谱法）	GB/T 5750.6—2006（1.5）	2006-12-29	2007-07-01
135	溴氰菊酯	水质　百菌清和溴氰菊酯的测定　气相色谱法	HJ 698—2014	2014-03-31	2014-07-01
136	悬浮物	水质　悬浮物的测定　重量法	GB/T 11901—1989	1989-12-25	1990-07-01
137	亚硝胺类化合物	水质　亚硝胺类化合物的测定　气相色谱法	HJ 809—2016	2016-07-26	2016-10-01

序号	项目	标准名称	标准编号	发布时间	实施时间
138	亚硝酸盐氮	水质　亚硝酸盐氮的测定　分光光度法	GB/T 7493—1987	1987-03-14	1987-08-01
		水质　亚硝酸盐氮的测定　气相分子吸收光谱法	HJ/T 197—2005	2005-11-09	2006-01-01
		水质　氰化物等的测定　真空检测管-电子比色法	HJ 659—2013	2013-09-18	2013-09-20
		水质　无机阴离子（F^-、Cl^-、NO_2^-、Br^-、NO_3^-、PO_4^{3-}、SO_3^{2-}、SO_4^{2-}）的测定　离子色谱法	HJ 84—2016	2016-07-26	2016-10-01
		生活饮用水标准检验方法　无机非金属指标（重氮偶合分光光度法）	GB/T 5750.5—2006（10.1）	2006-12-29	2007-07-01
139	乙苯	水质　挥发性有机物的测定　吹扫捕集/气相色谱-质谱法	HJ 639—2012	2012-12-03	2013-03-01
		水质　挥发性有机物的测定　吹扫捕集/气相色谱法	HJ 686—2014	2014-01-13	2014-04-01
		水质　挥发性有机物的测定　顶空/气相色谱-质谱法	HJ 810—2016	2016-07-26	2016-10-01
140	乙撑硫脲	水质　乙撑硫脲的测定　液相色谱法	HJ 849—2017	2017-08-28	2017-11-01
141	乙腈	水质　乙腈的测定　吹扫捕集/气相色谱法	HJ 788—2016	2016-03-29	2016-05-01
		水质　乙腈的测定　直接进样/气相色谱法	HJ 789—2016	2016-03-29	2016-05-01
142	阴离子表面活性剂	水质　阴离子表面活性剂的测定　亚甲蓝分光光度法	GB/T 7494—1987	1987-03-14	1987-08-01
		水质　阴离子表面活性剂的测定　流动注射-亚甲基蓝分光光度法	HJ 826—2017	2017-03-30	2017-05-01
		生活饮用水标准检验方法　感官性状和物理指标（亚甲蓝分光光度法）	GB/T 5750.4—2006（10.1）	2006-12-29	2007-07-01
		生活饮用水标准检验方法　感官性状和物理指标（二氮杂菲萃取分光光度法）	GB/T 5750.4—2006（10.2）	2006-12-29	2007-07-01
143	银	水质　65 种元素的测定　电感耦合等离子体质谱法	HJ 700—2014	2014-05-16	2014-07-01
		水质　32 种元素的测定　电感耦合等离子体发射光谱法	HJ 776—2015	2015-12-04	2016-01-01
		生活饮用水标准检验方法　金属指标（火焰原子吸收分光光度法）	GB/T 5750.6—2006（12.1）	2006-12-29	2007-07-01
		生活饮用水标准检验方法　金属指标（电感耦合等离子体质谱法）	GB/T 5750.6—2006（1.5）	2006-12-29	2007-07-01
144	荧蒽	水质　多环芳烃的测定　液液萃取和固相萃取高效液相色谱法	HJ 478—2009	2009-09-27	2009-11-01
145	有机磷农药	水质　有机磷农药的测定　气相色谱法	GB/T 13192—1991	1991-08-31	1992-06-01
		水、土中有机磷农药测定的气相色谱法	GB/T 14552—2003	2003-11-10	2004-04-01
146	有机氯农药	水质　有机氯农药和氯苯类化合物的测定　气相色谱-质谱法	HJ 699—2014	2014-03-31	2014-07-01
147	致突变性的鉴别	水质　致突变性的鉴别蚕豆根尖微核试验法	HJ 1016—2019	2019-04-13	2019-09-01
148	重金属	水质　65 种元素的测定　电感耦合等离子体质谱法	HJ 700—2014	2014-05-16	2014-07-01
		水质　32 种元素的测定　电感耦合等离子体发射光谱法	HJ 776—2015	2015-12-04	2016-01-01
149	浊度	水质　浊度的测定	GB /T 13200—1991	1991-08-31	1992-06-01
150	总 α 放射性	水质　总 α 放射性的测定　厚源法	HJ 898—2017	2017-12-21	2018-02-01

序号	项目	标准名称	标准编号	发布时间	实施时间
151	总β放射性	水质　总β放射性的测定　厚源法	HJ 899—2017	2017-12-21	2018-02-01
152	总大肠菌群	生活饮用水标准检验方法　微生物指标（多管发酵法）	GB/T 5750.12—2006（2.1）	2006-12-29	2007-07-01
		生活饮用水标准检验方法　微生物指标（滤膜法）	GB/T 5750.12—2006（2.2）	2006-12-29	2007-07-01
		生活饮用水标准检验方法　微生物指标（酶底物法）	GB/T 5750.12—2006（2.3）	2006-12-29	2007-07-01
		水质　总大肠菌群、粪大肠菌群和大肠埃希氏菌的测定　酶底物法	HJ 1001—2018	2018-12-26	2019-06-01
		水质　总大肠菌群和粪大肠菌群的测定　纸片快速法	HJ 755—2015	2015-10-22	2015-12-01
153	总氮	水质　总氮的测定　碱性过硫酸钾消解紫外分光光度法	HJ 636—2012	2012-02-29	2012-06-01
		水质　总氮的测定　连续流动-盐酸萘乙二胺分光光度法	HJ 667—2013	2013-10-25	2014-01-01
		水质　总氮的测定　流动注射-盐酸萘乙二胺分光光度法	HJ 668—2013	2013-10-25	2014-01-01
154	总铬	水质　65 种元素的测定　电感耦合等离子体质谱法	HJ 700—2014	2014-05-16	2014-07-01
		水质　32 种元素的测定　电感耦合等离子体发射光谱法	HJ 776—2015	2015-12-04	2016-01-01
		水质　铬的测定　火焰原子吸收分光光度法	HJ 757—2015	2015-10-22	2015-12-01
155	总磷	水质　磷酸盐和总磷的测定　连续流动-钼酸铵分光光度法	HJ 670—2013	2013-10-25	2014-01-01
		水质　磷酸盐和总磷的测定　流动注射-钼酸铵分光光度法	HJ 671—2013	2013-10-25	2014-01-01
156	总硬度	生活饮用水标准检验方法　无机非金属指标（乙二胺四乙酸二钠滴定法）	GB/T 5750.4—2006（7.1）	2006-12-29	2007-07-01
		水质　钙和镁总量的测定　EDTA 滴定法	GB/T 7477—1987	1987-03-14	1987-08-01
157	总有机碳	水质　总有机碳的测定　燃烧氧化-非分散红外吸收法	HJ 501—2009	2009-10-20	2009-12-01

二、样品采集、运输和保存要求

（一）无机项目

1．pH 值

水质　pH 值的测定　玻璃电极法（GB/T 6920—1986）

【适用范围】饮用水、地面水及工业废水。

【采样容器】—

【采样方法】—

【固定剂】—

【保存方法】最好现场测定。

【保存期】最好现场测定。否则，应在采样后把样品保持在 0～4℃冷藏保存，并在采样后 6 h 之内进行测定。

【采样量】—

【容器洗涤】—

【检出限】—

【质量保证和质量控制】—

【结果表示】—

生活饮用水标准检验方法　感官性状和物理指标（5.1　玻璃电极法）（GB/T 5750.4—2006）

【适用范围】生活饮用水及其水源水。

【采样容器】聚乙烯瓶或硬质玻璃瓶。

【采样方法】—

【固定剂】—

【保存方法】冷藏。

【保存期】12 h。

【采样量】3～5 L。

【容器洗涤】将容器用水和洗涤剂清洗，除去灰尘、油垢后用自来水冲洗干净，然后用质量分数 10%的硝酸（或盐酸）浸泡 8 h，取出沥干后用自来水冲洗 3 次，并用蒸馏水充分淋洗干净。

【检出限】—

【质量保证和质量控制】—

【结果表示】—

2. 氨氮

水质　氨氮的测定　纳氏试剂分光光度法（HJ 535—2009）

【适用范围】地表水、地下水、生活污水和工业废水。

【采样容器】聚乙烯瓶或硬质玻璃瓶。

【采样方法】—

【固定剂】硫酸。

【保存方法】加硫酸酸化至 pH<2，2～5℃冷藏保存 7 d。

【保存期】7 d。

【采样量】—

【容器洗涤】—

【检出限】0.025 mg/L。

【质量保证和质量控制】—

【结果表示】—

水质　氨氮的测定　水杨酸分光光度法（HJ 536—2009）

【适用范围】地下水、地表水、生活污水和工业废水。

【采样容器】聚乙烯瓶或硬质玻璃瓶。

【采样方法】—

【固定剂】硫酸。

【保存方法】加硫酸酸化至 pH<2，2～5℃冷藏保存 7 d。

【保存期】7 d。

【采样量】—

【容器洗涤】—

【检出限】0.01 mg/L（10 mm 比色皿）；0.004 mg/L（30 mm 比色皿）。

【质量保证和质量控制】—

【结果表示】—

水质　氨氮的测定　气相分子吸收光谱法（HJ/T 195—2005）

【适用范围】地表水、地下水、海水、饮用水、生活污水及工业废水。

【采样容器】聚乙烯瓶或硬质玻璃瓶。

【采样方法】—

【固定剂】硫酸。

【保存方法】加硫酸酸化至 pH<2，2～5℃冷藏保存，24 h 内测定。

【保存期】24 h。

【采样量】—

【容器洗涤】—

【检出限】0.020 mg/L。

【质量保证和质量控制】—

【结果表示】—

水质 氰化物等的测定 真空检测管-电子比色法（HJ 659—2013）

【适用范围】地下水、地表水、生活污水和工业废水。

【采样容器】聚乙烯瓶或硬质玻璃瓶。

【采样方法】—

【固定剂】无须添加固定剂。

【保存方法】—

【保存期】现场测定。

【采样量】250 mL。

【容器洗涤】洗涤剂洗 1 次，自来水洗 3 次，蒸馏水洗 1 次。

【检出限】0.2 mg/L。

【质量保证和质量控制】每批样品应同步做一个全程序空白，测定结果应低于方法检出限，否则应检查真空检测管。

【结果表示】有效位数保留到定量下限位数。

水质 氨氮的测定 连续流动-水杨酸分光光度法（HJ 665—2013）

【适用范围】地表水、地下水、生活污水和工业废水。

【采样容器】聚乙烯瓶或硬质玻璃瓶。

【采样方法】—

【固定剂】硫酸。

【保存方法】加硫酸酸化至 pH＜2，2～5℃冷藏保存。

【保存期】7 d。

【采样量】—

【容器洗涤】—

【检出限】直接比色模块：0.01 mg/L；在线蒸馏模：0.04 mg/L。

【质量保证和质量控制】—

【结果表示】当结果＜1 mg/L 时，保留至小数点后两位；≥1 mg/L 时，保留三位有效数字。

水质 氨氮的测定 流动注射-水杨酸分光光度法（HJ 666—2013）

【适用范围】地表水、地下水、生活污水和工业废水。

【采样容器】聚乙烯瓶或硬质玻璃瓶。

【采样方法】—

【固定剂】硫酸。

【保存方法】加硫酸酸化至 pH＜2，5℃冷藏保存。

【保存期】7 d。

【采样量】—

【容器洗涤】—

【检出限】0.01 mg/L。
【质量保证和质量控制】—
【结果表示】当结果＜1 mg/L 时，保留至小数点后两位；≥1 mg/L 时，保留三位有效数字。

水质　可溶性阳离子（Li^+、Na^+、NH_4^+、K^+、Ca^{2+}、Mg^{2+}）的测定　离子色谱法（HJ 812—2016）
【适用范围】地表水、地下水、工业废水和生活污水。
【采样容器】聚乙烯瓶或硬质玻璃瓶。
【采样方法】—
【固定剂】—
【保存方法】4℃冷藏，避光保存。
【保存期】2 d。
【采样量】250 mL。
【容器洗涤】—
【检出限】0.02 mg/L。
【质量保证和质量控制】—
【结果表示】当样品含量＜1 mg/L 时，保留至小数点后两位；≥1 mg/L 时，保留三位有效数字。

生活饮用水标准检验方法　无机非金属指标（9.1 纳氏试剂分光光度法）（GB/T 5750.5—2006）
【适用范围】生活饮用水及其水源水。
【采样容器】聚乙烯瓶或硬质玻璃瓶。
【采样方法】—
【固定剂】硫酸。
【保存方法】每升水样加入 0.8 mL 硫酸，0～4℃冷藏，避光保存。
【保存期】24 h。
【采样量】3～5 L。
【容器洗涤】将容器用水和洗涤剂清洗，除去灰尘、油垢后用自来水冲洗干净，然后用质量分数 10%的硝酸（或盐酸）浸泡 8 h，取出沥干后用自来水冲洗 3 次，并用蒸馏水充分淋洗干净。
【检出限】0.02 mg/L。
【质量保证和质量控制】—
【结果表示】—

生活饮用水标准检验方法　无机非金属指标（9.2 酚盐分光光度法）（GB/T 5750.5—2006）
【适用范围】生活饮用水及其水源水。
【采样容器】聚乙烯瓶或硬质玻璃瓶。
【采样方法】—
【固定剂】硫酸。
【保存方法】每升水样加入 0.8 mL 硫酸，0～4℃冷藏，避光保存。
【保存期】24 h。

【采样量】3～5 L。

【容器洗涤】将容器用水和洗涤剂清洗，除去灰尘、油垢后用自来水冲洗干净，然后用质量分数 10%的硝酸（或盐酸）浸泡 8 h，取出沥干后用自来水冲洗 3 次，并用蒸馏水充分淋洗干净。

【检出限】0.025 mg/L。

【质量保证和质量控制】—

【结果表示】—

生活饮用水标准检验方法　无机非金属指标（9.3 水杨酸盐分光光度法）（GB/T 5750.5—2006）

【适用范围】生活饮用水及其水源水。

【采样容器】聚乙烯瓶或硬质玻璃瓶。

【采样方法】每升水样加入 0.8 mL 硫酸，0～4℃冷藏，避光保存。

【固定剂】硫酸。

【保存方法】—

【保存期】24 h。

【采样量】3～5 L。

【容器洗涤】将容器用水和洗涤剂清洗，除去灰尘、油垢后用自来水冲洗干净，然后用质量分数 10%的硝酸（或盐酸）浸泡 8 h，取出沥干后用自来水冲洗 3 次，并用蒸馏水充分淋洗干净。

【检出限】0.025 mg/L。

【质量保证和质量控制】—

【结果表示】—

3. 钡

水质　钡的测定　石墨炉原子吸收分光光度法（HJ 602—2011）

【适用范围】地表水、地下水、工业废水和生活污水。

【采样容器】聚乙烯瓶或硬质玻璃瓶。

【采样方法】—

【固定剂】硝酸。

【保存方法】加硝酸酸化至 pH≤2，4℃冷藏保存。

【保存期】14 d。

【采样量】250 mL。

【容器洗涤】洗涤剂洗 1 次，自来水洗 2 次，（1+3）硝酸荡洗 1 次，自来水洗 3 次，去离子水洗 1 次。

【检出限】2.5 μg/L。

【质量保证和质量控制】—

【结果表示】当结果＜100 μg/L 时，保留至小数点后一位；≥100 μg/L 时，保留三位有效数字。

水质　65 种元素的测定　电感耦合等离子体质谱法（HJ 700—2014）

【适用范围】地表水、地下水、生活污水、低浓度工业废水。

【采样容器】—

【采样方法】样品采集后用 0.45 μm 滤膜过滤，弃去初始的滤液 50 mL，用少量的滤液清洗采样瓶，收集所需体积的滤液于采样瓶中。

【固定剂】（1+1）硝酸溶液。

【保存方法】加（1+1）硝酸酸化至 pH<2。

【保存期】—

【采样量】—

【容器洗涤】洗涤剂洗 1 次，自来水洗 2 次，（1+3）硝酸荡洗 1 次，自来水洗 3 次，蒸馏水洗 1 次。

【检出限】0.20 μg/L。

【质量保证和质量控制】每批样品应至少做一个全程序空白及实验室空白。空白值应符合下列的情况之一才能被认为是可接受的：（1）空白值低于方法检出限；（2）低于标准限值的 10%；（3）低于每一批样品最低值的 10%。否则须查找原因，重新分析直至合格之后才能分析样品。

【结果表示】小数位数与方法检出限保持一致，最多保留三位有效数字。

水质　32 种元素的测定　电感耦合等离子体发射光谱法（HJ 776—2015）

【适用范围】地表水、地下水、生活污水及工业废水。

【采样容器】—

【采样方法】可溶性元素，样品采集后立即通过水系微孔滤膜过滤，弃去初始的 50～100 mL 滤液，收集所需体积的滤液，加入适量硝酸，使硝酸含量达到 1%。元素总量，样品采集后立即加入适量硝酸，使硝酸含量达到 1%。

【固定剂】硝酸。

【保存方法】加硝酸，使硝酸含量达到 1%。

【保存期】—

【采样量】—

【容器洗涤】用洗涤剂和水依次洗净聚乙烯瓶，置于（1+1）硝酸溶液浸泡 24 h，用实验水彻底洗净。

【检出限】水平检出限：0.01 mg/L；垂直检出限：0.002 mg/L。

【质量保证和质量控制】每批样品至少做一个全程序空白，空白值应低于方法测定下限。否则应查明原因，重新分析直至合格之后才能测定样品。

【结果表示】小数位数与方法检出限保持一致，最多保留三位有效数字。

生活饮用水标准检验方法　金属指标（1.5 电感耦合等离子体质谱法）(GB/T 5750.6—2006）

【适用范围】生活饮用水及其水源水。

【采样容器】聚乙烯瓶。

【采样方法】—

【固定剂】硝酸。

【保存方法】加硝酸酸化至 pH≤2。

【保存期】14 d。

【采样量】0.5～1 L。

【容器洗涤】将容器用水和洗涤剂清洗，除去灰尘、油垢后用自来水冲洗干净，然后用质量分数 10%的硝酸（或盐酸）浸泡 8 h，取出沥干后用自来水冲洗 3 次，并用蒸馏水充分淋洗干净。

【检出限】0.3 μg/L。

【质量保证和质量控制】—

【结果表示】—

4．铋

水质 汞、砷、硒、铋和锑的测定 原子荧光法（HJ 694—2014）

【适用范围】地表水、地下水、生活污水和工业废水。

【采样容器】—

【采样方法】—

【固定剂】—

【保存方法】—

【保存期】—

【采样量】—

【容器洗涤】洗涤剂洗 1 次，自来水洗 2 次，（1+3）硝酸荡洗 1 次，自来水洗 3 次，去离子水洗 1 次。

【检出限】0.2 mg/L。

【质量保证和质量控制】全程空白的测试结果应小于方法检出限。

【结果表示】当结果＜10 μg/L 时，保留至小数点后一位；＞10 μg/L 时，保留三位有效数字。

水质 65 种元素的测定 电感耦合等离子体质谱法（HJ 700—2014）

【适用范围】地表水、地下水、生活污水、低浓度工业废水。

【采样容器】—

【采样方法】样品采集后用 0.45 μm 滤膜过滤，弃去初始的滤液 50 mL，用少量的滤液清洗采样瓶，收集所需体积的滤液于采样瓶中。

【固定剂】（1+1）硝酸溶液。

【保存方法】加（1+1）硝酸酸化至 pH＜2。

【保存期】—

【采样量】—

【容器洗涤】洗涤剂洗 1 次，自来水洗 2 次，（1+3）硝酸荡洗 1 次，自来水洗 3 次，蒸馏水洗 1 次。

【检出限】0.03 μg/L。

【质量保证和质量控制】每批样品应至少做一个全程序空白及实验室空白。空白值应符合下列的情况之一才能被认为是可接受的：（1）空白值低于方法检出限；（2）低于标准限值的 10%；（3）低于每一批样品最低值的 10%。否则须查找原因，重新分析直至合格之后才能分析样品。

【结果表示】小数位数与方法检出限保持一致，最多保留三位有效数字。

水质 32 种元素的测定 电感耦合等离子体发射光谱法（HJ 776—2015）

【适用范围】地表水、地下水、生活污水及工业废水。

【采样容器】—

【采样方法】可溶性元素，样品采集后立即通过水系微孔滤膜过滤，弃去初始的 50～100 mL 滤液，收集所需体积的滤液，加入适量硝酸，使硝酸含量达到 1%。元素总量，样品采集后立即加入适量硝酸，使硝酸含量达到 1%。

【固定剂】硝酸。

【保存方法】加硝酸，使硝酸含量达到 1%。

【保存期】—

【采样量】—

【容器洗涤】用洗涤剂和水依次洗净聚乙烯瓶，置于（1+1）硝酸溶液浸泡 24 h，用实验水彻底洗净。

【检出限】水平检出限：0.04 mg/L；垂直检出限：0.08 mg/L。

【质量保证和质量控制】每批样品至少做一个全程序空白，空白值应低于方法测定下限。否则应查明原因，重新分析直至合格之后才能测定样品。

【结果表示】小数位数与方法检出限保持一致，最多保留三位有效数字。

5. 臭和味

生活饮用水标准检验方法 感官性状和物理指标（3.1 嗅气和尝味法）（GB/T 5750.4—2006）

【适用范围】生活饮用水及其水源水。

【采样容器】—

【采样方法】—

【固定剂】—

【保存方法】—

【保存期】—

【采样量】3～5 L。

【容器洗涤】—

【检出限】—

【质量保证和质量控制】—

【结果表示】—

6. 大肠埃希氏菌

水质 总大肠菌群、粪大肠菌群和大肠埃希氏菌的测定 酶底物法（HJ 1001—2018）

【适用范围】地表水、地下水、生活污水和工业废水。

【采样容器】灭菌采样瓶。

【采样方法】—

【固定剂】—

【保存方法】2 h 内检测，否则需 10℃以下冷藏保存并不得超过 6 h。

【保存期】6 h。
【采样量】采样瓶容量的 80%左右。
【容器洗涤】不得用水样洗涤。
【检出限】10 MPN/L。
【质量保证和质量控制】—
【结果表示】结果保留两位有效数字，当结果≥100 MPN /L 时，以科学计数法表示。

生活饮用水标准检验方法　微生物指标（大肠埃希氏菌 多管发酵法）（GB/T 5750.12—2006）

【适用范围】生活饮用水及水源水。
【采样容器】—
【采样方法】—
【固定剂】—
【保存方法】—
【保存期】—
【采样量】—
【容器洗涤】—
【检出限】—
【质量保证和质量控制】—
【结果表示】以 MPN/100 mL 表示。

生活饮用水标准检验方法　微生物指标（大肠埃希氏菌 滤膜法）（GB/T 5750.12—2006）

【适用范围】生活饮用水及水源水。
【采样容器】—
【采样方法】—
【固定剂】—
【保存方法】—
【保存期】—
【采样量】—
【容器洗涤】—
【检出限】—
【质量保证和质量控制】—
【结果表示】以 MPN/100 mL 表示。

生活饮用水标准检验方法　微生物指标（大肠埃希氏菌 酶底物法）（GB/T 5750.12—2006）

【适用范围】生活饮用水及水源水。
【采样容器】—
【采样方法】—
【固定剂】—

【保存方法】—
【保存期】—
【采样量】—
【容器洗涤】—
【检出限】—
【质量保证和质量控制】—
【结果表示】以 MPN/100 mL 表示。

7. 碘化物

水质　碘化物的测定　离子色谱法（HJ 778—2015）

【适用范围】地表水和地下水。
【采样容器】聚乙烯瓶或棕色玻璃瓶。
【采样方法】—
【固定剂】氢氧化钠。
【保存方法】加氢氧化钠调至 pH 值约为 12，0～4℃冷藏，避光保存。
【保存期】24 h。
【采样量】250 mL。
【容器洗涤】洗涤剂洗 1 次，自来水洗 3 次，蒸馏水洗 1 次。
【检出限】0.002 mg/L。
【质量保证和质量控制】每分析一批（≤20 个）样品至少测定一个全程序空白，空白值试验结果应低于方法检出限。否则应查明原因，重新分析直至合格后才能测定样品。
【结果表示】当结果＜1 mg/L 时，保留至小数点后三位；≥1 mg/L 时，保留三位有效数字。

生活饮用水标准检验方法　无机非金属指标（硫酸铈催化分光光度法）[GB/T 5750.5—2006（11.1）]

【适用范围】生活饮用水及其水源水。
【采样容器】硬质玻璃瓶。
【采样方法】—
【固定剂】氢氧化钠。
【保存方法】加氢氧化钠调至 pH 值为 12，0～4℃冷藏，避光保存。
【保存期】14 d。
【采样量】3～5 L。
【容器洗涤】将容器用水和洗涤剂清洗，除去灰尘、油垢后用自来水冲洗干净，然后用质量分数 10%的硝酸（或盐酸）浸泡 8 h，取出沥干后用自来水冲洗 3 次，并用蒸馏水充分淋洗干净。
【检出限】1 μg/L。
【质量保证和质量控制】—
【结果表示】—

生活饮用水标准检验方法　无机非金属指标（高浓度碘化物比色法）[GB/T 5750.5—2006（11.2）]

【适用范围】生活饮用水及其水源水。

【采样容器】硬质玻璃瓶。

【采样方法】—

【固定剂】氢氧化钠。

【保存方法】加氢氧化钠调至 pH 值为 12，0～4℃冷藏，避光保存。

【保存期】14 d。

【采样量】3～5 L。

【容器洗涤】将容器用水和洗涤剂清洗，除去灰尘、油垢后用自来水冲洗干净，然后用质量分数 10% 的硝酸（或盐酸）浸泡 8 h，取出沥干后用自来水冲洗 3 次，并用蒸馏水充分淋洗干净。

【检出限】0.05 mg/L。

【质量保证和质量控制】—

【结果表示】—

8. 钒

水质　钒的测定　石墨炉原子吸收分光光度法（HJ 673—2013）

【适用范围】地表水、地下水、生活污水和工业废水。

【采样容器】聚乙烯瓶。

【采样方法】—

【固定剂】（1+1）硝酸溶液。

【保存方法】加（1+1）硝酸酸化至 pH＜2，常温保存。

【保存期】3 个月。

【采样量】—

【容器洗涤】采样时先将聚乙烯瓶润洗 3 次。

【检出限】0.003 mg/L。

【质量保证和质量控制】—

【结果表示】当结果＜1 mg/L 时，保留至小数点后三位；＞1 mg/L 时，保留三位有效数字。

9. 粪大肠菌群

水质　粪大肠菌群的测定　滤膜法（HJ 347.1—2018）

【适用范围】地表水、地下水、生活污水和工业废水。

【采样容器】灭菌采样瓶。

【采样方法】—

【固定剂】—

【保存方法】2 h 内检测，否则需 10℃冷藏保存并不得超过 6 h。

【保存期】6 h。

【采样量】不少于 250 mL。

【容器洗涤】不得用水样洗涤。

【检出限】10 CFU/L（接种量为 100 mL），2 CFU/L（接种量为 500 mL）。

【质量保证和质量控制】—

【结果表示】结果保留至整数位，最多保留两位有效数字，当结果≥100 CFU/L 时，以科学计数法表示。

水质 粪大肠菌群的测定 多管发酵法（HJ 347.2—2018）

【适用范围】地表水、地下水、生活污水和工业废水。

【采样容器】灭菌采样瓶。

【采样方法】—

【固定剂】—

【保存方法】2 h 内检测，否则需 10℃冷藏保存并不得超过 6 h。

【保存期】6 h。

【采样量】清洁水样不低于 400 mL，其余水样采样量不低于 100 mL。

【容器洗涤】不得用水样洗涤。

【检出限】12 管法：3 MPN/L；15 管法：20 MPN/L。

【质量保证和质量控制】—

【结果表示】结果保留至整数位，最多保留两位有效数字，当结果≥100 MPN/L 时，以科学计数法表示。当结果低于检出限时，12 管法以“未检出”或“＜3 MPN/L”表示；15 管法以“未检出”或“＜20 MPN/L”表示。

水质 总大肠菌群、粪大肠菌群和大肠埃希氏菌的测定 酶底物法（HJ 1001—2018）

【适用范围】地表水、地下水、生活污水和工业废水。

【采样容器】灭菌采样瓶。

【采样方法】—

【固定剂】—

【保存方法】2 h 内检测，否则需 10℃冷藏保存并不得超过 6 h。

【保存期】6 h。

【采样量】采样瓶容量的 80%左右。

【容器洗涤】不得用水样洗涤。

【检出限】10 MPN/L。

【质量保证和质量控制】—

【结果表示】结果保留两位有效数字，当结果≥100 MPN/L 时，以科学计数法表示。

10. 氟化物

水质 氟化物的测定 离子选择电极法（GB/T 7484—1987）

【适用范围】地面水、地下水和工业废水。

【采样容器】聚乙烯瓶。如果氟含量不高，pH＞7，可用硬质玻璃瓶。

【采样方法】—

【固定剂】—

【保存方法】用聚乙烯瓶保存。

【保存期】—

【采样量】—

【容器洗涤】采样时先用水样冲洗取样瓶 3～4 次。

【检出限】—

【质量保证和质量控制】—

【结果表示】—

水质　氟化物的测定　茜素磺酸锆目视比色法（HJ 487—2009）

【适用范围】饮用水、地表水、地下水和工业废水。

【采样容器】聚乙烯瓶。

【采样方法】—

【固定剂】—

【保存方法】用聚乙烯瓶保存。

【保存期】24 h。

【采样量】—

【容器洗涤】—

【检出限】0.1 mg/L。

【质量保证和质量控制】—

【结果表示】—

水质　氟化物的测定　氟试剂分光光度法（HJ 488—2009）

【适用范围】地表水、地下水和工业废水。

【采样容器】聚乙烯瓶。

【采样方法】—

【固定剂】—

【保存方法】用聚乙烯瓶保存。

【保存期】—

【采样量】—

【容器洗涤】—

【检出限】0.02 mg/L。

【质量保证和质量控制】—

【结果表示】保留至小数点后两位。

水质　氰化物等的测定　真空检测管-电子比色法（HJ 659—2013）

【适用范围】地下水、地表水、生活污水和工业废水。

【采样容器】聚乙烯瓶。

【采样方法】—

【固定剂】无须添加固定剂。

【保存方法】—

【保存期】现场测定。

【采样量】250 mL。

【容器洗涤】洗涤剂洗 1 次，自来水洗 3 次，蒸馏水洗 1 次。

【检出限】0.5 mg/L。

【质量保证和质量控制】每批样品应同步做一个全程序空白，测定结果应低于方法检出限，否则应检查真空检测管。

【结果表示】有效位数保留到定量下限位数。

水质 无机阴离子（F^-、Cl^-、NO_2^-、Br^-、NO_3^-、PO_4^{3-}、SO_3^{2-}、SO_4^{2-}）的测定 离子色谱法（HJ 84—2016）

【适用范围】地表水、地下水、工业废水和生活污水。

【采样容器】聚乙烯瓶。

【采样方法】—

【固定剂】—

【保存方法】4℃冷藏，避光保存。

【保存期】14 d。

【采样量】250 mL。

【容器洗涤】洗涤剂洗 1 次，自来水洗 3 次，蒸馏水洗 1 次。

【检出限】0.006 mg/L。

【质量保证和质量控制】—

【结果表示】当结果＜1 mg/L 时，保留至小数点后三位；≥1 mg/L 时，保留三位有效数字。

生活饮用水标准检验方法 无机非金属指标（离子选择电极法）［GB/T 5750.5—2006（3.1）］

【适用范围】生活饮用水及其水源水。

【采样容器】聚乙烯瓶。

【采样方法】—

【固定剂】—

【保存方法】0～4℃冷藏，避光保存。

【保存期】14 d。

【采样量】3～5 L。

【容器洗涤】将容器用水和洗涤剂清洗，除去灰尘、油垢后用自来水冲洗干净，然后用质量分数 10% 的硝酸（或盐酸）浸泡 8 h，取出沥干后用自来水冲洗 3 次，并用蒸馏水充分淋洗干净。

【检出限】0.2 mg/L。

【质量保证和质量控制】—

【结果表示】—

生活饮用水标准检验方法　无机非金属指标（离子色谱法）［GB/T 5750.5—2006（3.2）］

【适用范围】生活饮用水及其水源水。

【采样容器】聚乙烯瓶。

【采样方法】—

【固定剂】—

【保存方法】0～4℃冷藏，避光保存。

【保存期】14 d。

【采样量】3～5 L。

【容器洗涤】将容器用水和洗涤剂清洗，除去灰尘、油垢后用自来水冲洗干净，然后用质量分数 10%的硝酸（或盐酸）浸泡 8 h，取出沥干后用自来水冲洗 3 次，并用蒸馏水充分淋洗干净。

【检出限】0.1 mg/L。

【质量保证和质量控制】—

【结果表示】—

生活饮用水标准检验方法　无机非金属指标（氟试剂分光光度法）［GB/T 5750.5—2006（3.3）］

【适用范围】生活饮用水及其水源水。

【采样容器】聚乙烯瓶。

【采样方法】—

【固定剂】—

【保存方法】0～4℃冷藏，避光保存。

【保存期】14 d。

【采样量】3～5 L。

【容器洗涤】将容器用水和洗涤剂清洗，除去灰尘、油垢后用自来水冲洗干净，然后用质量分数 10%的硝酸（或盐酸）浸泡 8 h，取出沥干后用自来水冲洗 3 次，并用蒸馏水充分淋洗干净。

【检出限】0.1 mg/L。

【质量保证和质量控制】—

【结果表示】—

生活饮用水标准检验方法　无机非金属指（双波长系数倍率氟试剂分光光度法）［GB/T 5750.5—2006（3.4）］

【适用范围】生活饮用水及其水源水。

【采样容器】聚乙烯瓶。

【采样方法】—

【固定剂】—

【保存方法】0～4℃冷藏，避光保存。

【保存期】14 d。

【采样量】3～5 L。

【容器洗涤】将容器用水和洗涤剂清洗，除去灰尘、油垢后用自来水冲洗干净，然后用质量分数 10%

的硝酸（或盐酸）浸泡 8 h，取出沥干后用自来水冲洗 3 次，并用蒸馏水充分淋洗干净。
【检出限】0.05 mg/L。
【质量保证和质量控制】—
【结果表示】—

11. 钙

水质 钙的测定 EDTA 滴定法（GB/T 7476—1987）

【适用范围】地下水和地面水，本方法不适用于海水及含盐量高的水。
【采样容器】聚乙烯瓶或硬质玻璃瓶。
【采样方法】—
【固定剂】硝酸。
【保存方法】加硝酸酸化至 pH 值为 1.5。
【保存期】—
【采样量】—
【容器洗涤】采样时用水冲洗 3 次。
【检出限】2 mg/L。
【质量保证和质量控制】—
【结果表示】—

水质 钙和镁的测定 原子吸收分光光度法（GB/T 11905—1989）

【适用范围】地下水和地面水。
【采样容器】聚乙烯瓶。
【采样方法】—
【固定剂】硝酸。
【保存方法】加硝酸酸化至 pH 值为 1～2。
【保存期】—
【采样量】—
【容器洗涤】采样瓶先用洗涤剂洗净，再用（1+1）硝酸浸泡至少 24 h，然后用去离子水冲洗干净。
【检出限】0.1 mg/L。
【质量保证和质量控制】—
【结果表示】—

水质 65 种元素的测定 电感耦合等离子体质谱法（HJ 700—2014）

【适用范围】地表水、地下水、生活污水、低浓度工业废水。
【采样容器】聚乙烯瓶（桶）或玻璃瓶。
【采样方法】样品采集后用 0.45 μm 滤膜过滤，弃去初始的滤液 50 mL，用少量的滤液清洗采样瓶，收集所需体积的滤液于采样瓶中。
【固定剂】（1+1）硝酸溶液。

【保存方法】加（1+1）硝酸酸化至 pH＜2。

【保存期】14 d。

【采样量】250 mL。

【容器洗涤】洗涤剂洗 1 次，自来水洗 2 次，（1+3）硝酸荡洗 1 次，自来水洗 3 次，去离子水洗 1 次。

【检出限】6.61 μg/L。

【质量保证和质量控制】每批样品应至少做一个全程序空白及实验室空白。空白值应符合下列的情况之一才能被认为是可接受的：（1）空白值低于方法检出限；（2）低于标准限值的 10%；（3）低于每一批样品最低值的 10%。否则须查找原因，重新分析直至合格之后才能分析样品。

【结果表示】小数位数与方法检出限保持一致，最多保留三位有效数字。

水质　32 种元素的测定　电感耦合等离子体发射光谱法（HJ 776—2015）

【适用范围】地表水、地下水、生活污水及工业废水。

【采样容器】聚乙烯瓶（桶）或玻璃瓶。

【采样方法】可溶性元素，样品采集后立即通过水系微孔滤膜过滤，弃去初始的 50～100 mL 滤液，收集所需体积的滤液，加入适量硝酸，使硝酸含量达到 1%。元素总量，样品采集后立即加入适量硝酸，使硝酸含量达到 1%。

【固定剂】硝酸。

【保存方法】加硝酸，使硝酸含量达到 1%。

【保存期】14 d。

【采样量】250 mL。

【容器洗涤】用洗涤剂和水依次洗净聚乙烯瓶，置于（1+1）硝酸溶液浸泡 24 h，用实验水彻底洗净。

【检出限】水平检出限：0.02 mg/L；垂直检出限：0.02 mg/L。

【质量保证和质量控制】每批样品至少做一个全程序空白，空白值应低于方法测定下限。否则应查明原因，重新分析直至合格之后才能测定样品。

【结果表示】小数位数与方法检出限保持一致，最多保留三位有效数字。

水质　可溶性阳离子（Li^+、Na^+、NH_4^+、K^+、Ca^{2+}、Mg^{2+}）的测定　离子色谱法（HJ 812—2016）

【适用范围】地表水、地下水、工业废水和生活污水。

【采样容器】聚乙烯瓶或硬质玻璃瓶。

【采样方法】—

【固定剂】—

【保存方法】4℃冷藏，避光保存。

【保存期】7 d。

【采样量】250 mL。

【容器洗涤】—

【检出限】0.03 mg/L。

【质量保证和质量控制】—

【结果表示】当结果<1 mg/L 时，保留至小数点后两位；≥1 mg/L 时，保留三位有效数字。

12. 高锰酸盐指数

水质　高锰酸盐指数的测定（GB/T 11892—1989）

【适用范围】饮用水、水源水和地面水。

【采样容器】—

【采样方法】—

【固定剂】（1+3）硫酸溶液，使样品 pH 值为 1～2。

【保存方法】—

【保存期】加入（1+3）硫酸，使样品 pH 值在 1～2 并尽快分析。如保存时间超过 6 h，则需避光保存，0～5℃冷藏，且不得超过 2 d。

【采样量】—

【容器洗涤】—

【检出限】0.5 mg/L。

【质量保证和质量控制】—

【结果表示】—

生活饮用水标准检验方法　有机物综合指标（酸性高锰酸钾滴定法）[GB/T 5750.7—2006（1.1）]

【适用范围】生活饮用水及其水源水。

【采样容器】—

【采样方法】—

【固定剂】—

【保存方法】—

【保存期】—

【采样量】3～5 L。

【容器洗涤】将容器用水和洗涤剂清洗，除去灰尘、油垢后用自来水冲洗干净，然后用质量分数 10% 的硝酸（或盐酸）浸泡 8 h，取出沥干后用自来水冲洗 3 次，并用蒸馏水充分淋洗干净。

【检出限】0.05 mg/L。

【质量保证和质量控制】—

【结果表示】—

生活饮用水标准检验方法　有机物综合指标（碱性高锰酸钾滴定法）[GB/T 5750.7—2006（1.2）]

【适用范围】生活饮用水及其水源水。

【采样容器】—

【采样方法】—

【固定剂】—

【保存方法】—

【保存期】—

【采样量】3～5 L。

【容器洗涤】将容器用水和洗涤剂清洗，除去灰尘、油垢后用自来水冲洗干净，然后用质量分数 10% 的硝酸（或盐酸）浸泡 8 h，取出沥干后用自来水冲洗 3 次，并用蒸馏水充分淋洗干净。

【检出限】0.05 mg/L。

【质量保证和质量控制】—

【结果表示】—

13. 镉

水质　镉的测定　双硫腙分光光度法（GB/T 7471—1987）

【适用范围】天然水和废水。

【采样容器】聚乙烯瓶。

【采样方法】—

【固定剂】2%硝酸。

【保存方法】加硝酸酸化至 pH 值约为 1.5。

【保存期】—

【采样量】—

【容器洗涤】用 2%硝酸溶液浸泡 24 h，然后用去离子水冲洗干净。

【检出限】1 μg/L。

【质量保证和质量控制】—

【结果表示】保留两位有效数字。

水质　铜、锌、铅、镉的测定　原子吸收分光光度法（GB/T 7475—1987）

【适用范围】第一部分为直接法，适用于测定地下水、地面水和废水中的铜、锌、铅、镉；第二部分为螯合萃取法，适用于测定地下水和清洁地面水中低浓度的铜、铅、镉。

【采样容器】聚乙烯瓶。

【采样方法】—

【固定剂】硝酸。

【保存方法】加硝酸酸化至 pH 值为 1～2。

【保存期】—

【采样量】—

【容器洗涤】—

【检出限】直接法：0.05 mg/L；螯合萃取法：1 mg/L。

【质量保证和质量控制】—

【结果表示】—

水质　65 种元素的测定　电感耦合等离子体质谱法（HJ 700—2014）

【适用范围】地表水、地下水、生活污水、低浓度工业废水。

【采样容器】聚乙烯瓶（桶）或玻璃瓶。

【采样方法】样品采集后用 0.45 μm 滤膜过滤，弃去初始的滤液 50 mL，用少量的滤液清洗采样瓶，收集所需体积的滤液于采样瓶中。

【固定剂】（1+1）硝酸溶液。

【保存方法】加（1+1）硝酸酸化至 pH<2。

【保存期】14 d。

【采样量】250 mL。

【容器洗涤】洗涤剂洗 1 次，自来水洗 2 次，（1+3）硝酸荡洗 1 次，自来水洗 3 次，蒸馏水洗 1 次。

【检出限】0.05 μg/L。

【质量保证和质量控制】每批样品应至少做一个全程序空白及实验室空白。空白值应符合下列的情况之一才能被认为是可接受的：（1）空白值低于方法检出限；（2）低于标准限值的 10%；（3）低于每一批样品最低值的 10%。否则须查找原因，重新分析直至合格之后才能分析样品。

【结果表示】小数位数与方法检出限保持一致，最多保留三位有效数字。

水质　32 种元素的测定　电感耦合等离子体发射光谱法（HJ 776—2015）

【适用范围】地表水、地下水、生活污水及工业废水。

【采样容器】聚乙烯瓶（桶）或玻璃瓶。

【采样方法】可溶性元素，样品采集后立即通过水系微孔滤膜过滤，弃去初始的 50～100 mL 滤液，收集所需体积的滤液，加入适量硝酸，使硝酸含量达到 1%。元素总量，样品采集后立即加入适量硝酸，使硝酸含量达到 1%。

【固定剂】硝酸。

【保存方法】加硝酸，使硝酸含量达到 1%。

【保存期】14 d。

【采样量】250 mL。

【容器洗涤】用洗涤剂和水依次洗净聚乙烯瓶，置于（1+1）硝酸溶液浸泡 24 h，用实验水彻底洗净。

【检出限】水平检出限：0.05 mg/L；垂直检出限：0.005 mg/L。

【质量保证和质量控制】每批样品至少做一个全程序空白，空白值应低于方法测定下限。否则应查明原因，重新分析直至合格之后才能测定样品。

【结果表示】小数位数与方法检出限保持一致，最多保留三位有效数字。

生活饮用水标准检验方法　金属指标（无火焰原子吸收分光光度法）［GB/T 5750.6—2006（9.1）］

【适用范围】生活饮用水及其水源水。

【采样容器】聚乙烯瓶。

【采样方法】—

【固定剂】硝酸。

【保存方法】加硝酸酸化至 pH≤2。

【保存期】14 d。

【采样量】0.5～1 L。
【容器洗涤】将容器用水和洗涤剂清洗，除去灰尘、油垢后用自来水冲洗干净，然后用质量分数 10%的硝酸（或盐酸）浸泡 8 h，取出沥干后用自来水冲洗 3 次，并用蒸馏水充分淋洗干净。
【检出限】0.5 μg/L。
【质量保证和质量控制】—
【结果表示】—

生活饮用水标准检验方法　金属指标（1.5 电感耦合等离子体质谱法）(GB/T 5750.6—2006）

【适用范围】生活饮用水及其水源水。
【采样容器】聚乙烯瓶。
【采样方法】—
【固定剂】硝酸。
【保存方法】加硝酸酸化至 pH≤2。
【保存期】14 d。
【采样量】0.5～1 L。
【容器洗涤】将容器用水和洗涤剂清洗，除去灰尘、油垢后用自来水冲洗干净，然后用质量分数 10%的硝酸（或盐酸）浸泡 8 h，取出沥干后用自来水冲洗 3 次，并用蒸馏水充分淋洗干净。
【检出限】0.06 μg/L。
【质量保证和质量控制】—
【结果表示】—

14. 铬（六价）

水质　六价铬的测定　二苯碳酰二肼分光光度法（GB/T 7467—1987）

【适用范围】地面水和工业废水。
【采样容器】玻璃瓶。
【采样方法】—
【固定剂】氢氧化钠。
【保存方法】加氢氧化钠调至 pH 值为 8，并在采集后尽快测定，如放置，不要超过 24 h。
【保存期】24 h。
【采样量】—
【容器洗涤】—
【检出限】0.004 mg/L。
【质量保证和质量控制】—
【结果表示】当结果＜0.1 mg/L 时，保留三位小数；≥0.1 mg/L 时，保留三位有效数字。

水质　氰化物等的测定　真空检测管-电子比色法（HJ 659—2013）

【适用范围】地下水、地表水、生活污水和工业废水。
【采样容器】聚乙烯瓶或硬质玻璃瓶。

【采样方法】—

【固定剂】无须添加固定剂。

【保存方法】—

【保存期】现场测定。

【采样量】250 mL。

【容器洗涤】洗涤剂洗 1 次，自来水洗 2 次，（1+3）硝酸荡洗 1 次，自来水洗 3 次，蒸馏水洗 1 次。

【检出限】0.1 mg/L。

【质量保证和质量控制】每批样品应同步做一个全程序空白，测定结果应低于方法检出限，否则应检查真空检测管。

【结果表示】有效位数保留到定量下限位数。

水质　六价铬的测定　流动注射-二苯碳酰二肼分光光度法（HJ 908—2017）

【适用范围】地表水、地下水和生活污水。

【采样容器】—

【采样方法】—

【固定剂】氢氧化钠。

【保存方法】加氢氧化钠调至 pH 值为 8～9。

【保存期】24 h。

【采样量】250 mL。

【容器洗涤】—

【检出限】0.001 mg/L。

【质量保证和质量控制】—

【结果表示】当结果＜1 mg/L 时，保留至小数点后三位；≥1 mg/L 时，保留三位有效数字。

生活饮用水标准检验方法　金属指标（二苯碳酰二肼分光光度法）［GB/T 5750.6—2006（10.1）］

【适用范围】生活饮用水及其水源水。

【采样容器】聚乙烯瓶或硬质玻璃瓶。

【采样方法】—

【固定剂】氢氧化钠。

【保存方法】加氢氧化钠调至 pH 值为 7～9。

【保存期】尽快测定。

【采样量】0.5～1 L。

【容器洗涤】将容器用水和洗涤剂清洗，除去灰尘、油垢后用自来水冲洗干净，然后用质量分数 10%的硝酸（或盐酸）浸泡 8 h，取出沥干后用自来水冲洗 3 次，并用蒸馏水充分淋洗干净。

【检出限】0.004 mg/L。

【质量保证和质量控制】—

【结果表示】—

15. 汞

水质 汞的测定 冷原子荧光法（试行）（HJ/T 341—2007）

【适用范围】地表水、地下水及氯离子含量较低的水样。

【采样容器】—

【采样方法】—

【固定剂】—

【保存方法】—

【保存期】—

【采样量】—

【容器洗涤】—

【检出限】0.001 5 μg/L。

【质量保证和质量控制】—

【结果表示】—

水质 总汞的测定 冷原子吸收分光光度法（HJ 597—2011）

【适用范围】地表水、地下水、工业废水和生活污水。

【采样容器】—

【采样方法】尽量充满样品瓶。

【固定剂】盐酸。

【保存方法】加盐酸酸化至 pH<1，室温阴凉处保存。

【保存期】1 个月。

【采样量】工业废水和生活污水采样量不少于 500 mL，地表水和地下水采样量不少于 1 000 mL。

【容器洗涤】—

【检出限】0.01 μg/L。

【质量保证和质量控制】—

【结果表示】当结果＜10 μg/L 时，保留至小数点后两位；≥10 μg/L 时，保留三位有效数字。

水质 汞、砷、硒、铋和锑的测定 原子荧光法（HJ 694—2014）

【适用范围】地表水、地下水、生活污水和工业废水。

【采样容器】聚乙烯瓶或硬质玻璃瓶。

【采样方法】—

【固定剂】浓盐酸。

【保存方法】1 L 水样中加浓盐酸 10 mL。

【保存期】14 d。

【采样量】250 mL。

【容器洗涤】洗涤剂洗 1 次，自来水洗 2 次，（1+3）硝酸荡洗 1 次，自来水洗 3 次，去离子水洗 1 次。

【检出限】0.04 mg/L。

【质量保证和质量控制】全程序空白的测试结果应小于方法检出限。

【结果表示】当结果＜1 μg/L 时，保留小数点后两位；＞1 μg/L 时，保留三位有效数字。

生活饮用水标准检验方法　金属指标（原子荧光法）［GB/T 5750.6—2006（8.1）］

【适用范围】生活饮用水及清洁水源水。

【采样容器】聚乙烯瓶或硬质玻璃瓶。

【采样方法】—

【固定剂】硝酸。

【保存方法】加（1+9）硝酸（含重铬酸钾 50 g/L）至 pH≤2。

【保存期】30 d。

【采样量】0.2 L。

【容器洗涤】将容器用水和洗涤剂清洗，除去灰尘、油垢后用自来水冲洗干净，然后用质量分数 10% 的硝酸（或盐酸）浸泡 8 h，取出沥干后用自来水冲洗 3 次，并用蒸馏水充分淋洗干净。

【检出限】0.1 μg/L。

【质量保证和质量控制】—

【结果表示】—

生活饮用水标准检验方法　金属指标（冷原子吸收法）［GB/T 5750.6—2006（8.2）］

【适用范围】生活饮用水及其水源水。

【采样容器】聚乙烯瓶或硬质玻璃瓶。

【采样方法】—

【固定剂】硝酸。

【保存方法】加（1+9）硝酸（含重铬酸钾 50 g/L）至 pH≤2。

【保存期】30 d。

【采样量】0.2 L。

【容器洗涤】将容器用水和洗涤剂清洗，除去灰尘、油垢后用自来水冲洗干净，然后用质量分数 10% 的硝酸（或盐酸）浸泡 8 h，取出沥干后用自来水冲洗 3 次，并用蒸馏水充分淋洗干净。

【检出限】0.2 μg/L。

【质量保证和质量控制】—

【结果表示】—

16. 钴

水质　钴的测定　5-氯-2-（吡啶偶氮）-1,3-二氨基苯分光光度法（HJ 550—2015）

【适用范围】地表水、工业废水和生活污水。

【采样容器】—

【采样方法】—

【固定剂】硫酸或硝酸。

【保存方法】加硫酸或硝酸酸化至 pH＜2，0～4℃冷藏，避光保存。

【保存期】14 d。

【采样量】—

【容器洗涤】洗涤剂洗 1 次，自来水洗 2 次，（1+3）硝酸荡洗 1 次，自来水洗 3 次，去离子水洗 1 次。

【检出限】0.009 mg/L。

【质量保证和质量控制】每批样品至少做一个全程序空白和实验室空白，其测定结果应低于方法检出限。

【结果表示】当结果<1 mg/L 时，保留至小数点后三位；≥1 mg/L 时，保留三位有效数字。

水质　65 种元素的测定　电感耦合等离子体质谱法（HJ 700—2014）

【适用范围】地表水、地下水、生活污水、低浓度工业废水。

【采样容器】聚乙烯瓶（桶）或玻璃瓶。

【采样方法】样品采集后用 0.45 μm 滤膜过滤，弃去初始的滤液 50 mL，用少量的滤液清洗采样瓶，收集所需体积的滤液于采样瓶中。

【固定剂】（1+1）硝酸溶液。

【保存方法】加（1+1）硝酸酸化至 pH<2。

【保存期】1 个月。

【采样量】100 mL。

【容器洗涤】酸洗。

【检出限】0.03 μg/L。

【质量保证和质量控制】每批样品应至少做一个全程序空白及实验室空白。空白值应符合下列的情况之一才能被认为是可接受的：（1）空白值低于方法检出限；（2）低于标准限值的 10%；（3）低于每一批样品最低值的 10%。否则须查找原因，重新分析直至合格之后才能分析样品。

【结果表示】小数位数与方法检出限保持一致，最多保留三位有效数字。

水质　32 种元素的测定　电感耦合等离子体发射光谱法（HJ 776—2015）

【适用范围】地表水、地下水、生活污水及工业废水。

【采样容器】聚乙烯瓶（桶）或玻璃瓶。

【采样方法】可溶性元素，样品采集后立即通过水系微孔滤膜过滤，弃去初始的 50～100 mL 滤液，收集所需体积的滤液，加入适量硝酸，使硝酸含量达到 1%。元素总量，样品采集后立即加入适量硝酸，使硝酸含量达到 1%。

【固定剂】硝酸。

【保存方法】加硝酸，使硝酸含量达到 1%。

【保存期】1 个月。

【采样量】100 mL。

【容器洗涤】用洗涤剂和水依次洗净聚乙烯瓶，置于（1+1）硝酸溶液浸泡 24 h，用实验水彻底洗净。

【检出限】水平检出限：0.02 mg/L；垂直检出限：0.01 mg/L。

【质量保证和质量控制】每批样品至少做一个全程序空白，空白值应低于方法测定下限。否则应查明原因，重新分析直至合格之后才能测定样品。

【结果表示】小数位数与方法检出限保持一致，最多保留三位有效数字。

水质　钴的测定　火焰原子吸收分光光度法（HJ 957—2018）

【适用范围】地表水、地下水和废水。

【采样容器】聚乙烯瓶。

【采样方法】—

【固定剂】硝酸。

【保存方法】加硝酸酸化至 pH≤2。

【保存期】14 d。

【采样量】250 mL。

【容器洗涤】洗涤剂洗 1 次，自来水洗 2 次，（1+3）硝酸荡洗 1 次，自来水洗 3 次，去离子水洗 1 次。

【检出限】0.05 mg/L。

【质量保证和质量控制】—

【结果表示】当结果＜1 mg/L 时，保留至小数点后两位；≥1 mg/L 时，保留三位有效数字。

水质　钴的测定　石墨炉原子吸收分光光度法（HJ 958—2018）

【适用范围】地表水、地下水和废水。

【采样容器】聚乙烯瓶。

【采样方法】—

【固定剂】硝酸。

【保存方法】加硝酸酸化至 pH≤2。

【保存期】14 d。

【采样量】250 mL

【容器洗涤】洗涤剂洗 1 次，自来水洗 2 次，（1+3）硝酸荡洗 1 次，自来水洗 3 次，去离子水洗 1 次。

【检出限】2 μg/L。

【质量保证和质量控制】—

【结果表示】当结果＜100 μg/L 时，保留至整数位；≥100 μg/L 时，保留三位有效数字。

生活饮用水标准检验方法　金属指标（1.5 电感耦合等离子体质谱法）(GB/T 5750.6—2006)

【适用范围】生活饮用水及其水源水。

【采样容器】聚乙烯瓶。

【采样方法】—

【固定剂】硝酸。

【保存方法】加硝酸酸化至 pH≤2。

【保存期】14 d。

【采样量】0.5～1 L。

【容器洗涤】将容器用水和洗涤剂清洗，除去灰尘、油垢后用自来水冲洗干净，然后用质量分数 10%的硝酸（或盐酸）浸泡 8 h，取出沥干后用自来水冲洗 3 次，并用蒸馏水充分淋洗干净。

【检出限】0.03 μg/L。

【质量保证和质量控制】—

【结果表示】—

17. 化学需氧量

水质 化学需氧量 重铬酸盐法（HJ 828—2017）

【适用范围】地表水、生活污水和工业废水。

【采样容器】玻璃瓶。

【采样方法】—

【固定剂】硫酸。

【保存方法】加入硫酸至 pH＜2，4℃冷藏保存。

【保存期】5 d。

【采样量】不少于 100 mL。

【容器洗涤】—

【检出限】4 mg/L。

【质量保证和质量控制】—

【结果表示】当结果＜100 mg/L 时，保留至整数位；≥100 mg/L 时，保留三位有效数字。

化学需氧量的测定 快速消解分光光度法（HJ/T 399—2007）

【适用范围】地表水、地下水、生活污水和工业废水。

【采样容器】玻璃瓶。

【采样方法】—

【固定剂】硫酸。

【保存方法】pH≤2，0～4℃冷藏，避光保存。

【保存期】24 h 内测定，否则加入硫酸调至 pH≤2，0～4℃冷藏可保存 7 d。

【采样量】不少于 100 mL。

【容器洗涤】—

【检出限】15 mg/L。

【质量保证和质量控制】—

【结果表示】一般保留三位有效数字。

水质 氰化物等的测定 真空检测管-电子比色法（HJ 659—2013）

【适用范围】地下水、地表水、生活污水和工业废水。

【采样容器】玻璃瓶。

【采样方法】—

【固定剂】无须添加固定剂。

【保存方法】—

【保存期】现场测定。

【采样量】500 mL。

【容器洗涤】洗涤剂洗 1 次，自来水洗 3 次，蒸馏水洗 1 次。

【检出限】10 mg/L。

【质量保证和质量控制】每批样品应同步做一个全程序空白，测定结果应低于方法检出限，否则应检查真空检测管。

【结果表示】取整数位。

18. 浑浊度

生活饮用水标准检验方法　感官性状和物理指标（散射法-福尔马肼标准）［GB/T 5750.4—2006（2.1）］

【适用范围】生活饮用水及其水源水。

【采样容器】—

【采样方法】—

【固定剂】—

【保存方法】—

【保存期】—

【采样量】3～5 L。

【容器洗涤】将容器用水和洗涤剂清洗，除去灰尘、油垢后用自来水冲洗干净，然后用质量分数 10% 的硝酸（或盐酸）浸泡 8 h，取出沥干后用自来水冲洗 3 次，并用蒸馏水充分淋洗干净。

【检出限】0.5 散射浑浊度单位（NTU）。

【质量保证和质量控制】—

【结果表示】—

生活饮用水标准检验方法　感官性状和物理指标（目视比浊法-福尔马肼标准）［GB/T 5750.4—2006（2.2）］

【适用范围】生活饮用水及其水源水。

【采样容器】—

【采样方法】—

【固定剂】—

【保存方法】—

【保存期】—

【采样量】3～5 L。

【容器洗涤】将容器用水和洗涤剂清洗，除去灰尘、油垢后用自来水冲洗干净，然后用质量分数 10% 的硝酸（或盐酸）浸泡 8 h，取出沥干后用自来水冲洗 3 次，并用蒸馏水充分淋洗干净。

【检出限】1 散射浑浊度单位（NTU）。

【质量保证和质量控制】—

【结果表示】—

19. 急性毒性

水质　物质对蚤类（大型蚤）急性毒性测定方法（GB/T 13266—1991）

【适用范围】在试验条件下可溶的化学物质（包括工业原料和产品、食品添加剂、农药、医药等）、工业废水、生活污水、地表水、地下水。

【采样容器】—

【采样方法】—

【固定剂】—

【保存方法】冷冻保存，0～4℃冷藏保存（废水）。

【保存期】—

【采样量】—

【容器洗涤】—

【检出限】—

【质量保证和质量控制】—

【结果表示】—

20. 钾

水质　钾和钠的测定　火焰原子吸收分光光度法（GB/T 11904—1989）

【适用范围】地面水和饮用水。

【采样容器】聚乙烯瓶。

【采样方法】—

【固定剂】（1+1）硝酸。

【保存方法】加（1+1）硝酸溶液调至 pH 值为 1～2。

【保存期】—

【采样量】—

【容器洗涤】—

【检出限】0.05 mg/L。

【质量保证和质量控制】—

【结果表示】—

水质　65 种元素的测定　电感耦合等离子体质谱法（HJ 700—2014）

【适用范围】地表水、地下水、生活污水、低浓度工业废水。

【采样容器】聚乙烯瓶（桶）。

【采样方法】样品采集后用 0.45 μm 滤膜过滤，弃去初始的滤液 50 mL，用少量的滤液清洗采样瓶，收集所需体积的滤液于采样瓶中。

【固定剂】（1+1）硝酸溶液。

【保存方法】加（1+1）硝酸酸化至 pH＜2。

【保存期】14 d。

【采样量】250 mL。

【容器洗涤】洗涤剂洗 1 次，自来水洗 2 次，（1+3）硝酸荡洗 1 次，自来水洗 3 次，去离子水洗 1 次。

【检出限】4.50 μg/L。

【质量保证和质量控制】每批样品应至少做一个全程序空白及实验室空白。空白值应符合下列的情况之一才能被认为是可接受的：（1）空白值低于方法检出限；（2）低于标准限值的 10%；（3）低于每一批样品最低值的 10%。否则须查找原因，重新分析直至合格之后才能分析样品。

【结果表示】小数位数与方法检出限保持一致，最多保留三位有效数字。

水质　32 种元素的测定　电感耦合等离子体发射光谱法（HJ 776—2015）

【适用范围】地表水、地下水、生活污水及工业废水。

【采样容器】聚乙烯瓶（桶）。

【采样方法】可溶性元素，样品采集后立即通过水系微孔滤膜过滤，弃去初始的 50～100 mL 滤液，收集所需体积的滤液，加入适量硝酸，使硝酸含量达到 1%。元素总量，样品采集后立即加入适量硝酸，使硝酸含量达到 1%。

【固定剂】硝酸。

【保存方法】加硝酸，使硝酸含量达到 1%。

【保存期】14 d。

【采样量】250 mL。

【容器洗涤】用洗涤剂和水依次洗净聚乙烯瓶，置于（1+1）硝酸溶液浸泡 24 h，用实验水彻底洗净。

【检出限】水平检出限：0.07 mg/L；垂直检出限：0.05 mg/L。

【质量保证和质量控制】每批样品至少做一个全程序空白，空白值应低于方法测定下限。否则应查明原因，重新分析直至合格之后才能测定样品。

【结果表示】小数位数与方法检出限保持一致，最多保留三位有效数字。

水质　可溶性阳离子（Li^+、Na^+、NH_4^+、K^+、Ca^{2+}、Mg^{2+}）的测定　离子色谱法（HJ 812—2016）

【适用范围】地表水、地下水、工业废水和生活污水。

【采样容器】聚乙烯瓶。

【采样方法】—

【固定剂】—

【保存方法】4℃冷藏，避光保存。

【保存期】7 d。

【采样量】250 mL。

【容器洗涤】洗涤剂洗 1 次，自来水洗 2 次，（1+3）硝酸荡洗 1 次，自来水洗 3 次，去离子水洗 1 次。

【检出限】0.02 mg/L。

【质量保证和质量控制】—

【结果表示】当样品含量＜1 mg/L 时，结果保留至小数点后两位；≥1 mg/L 时，保留三位有效数字。

21. 可吸附有机卤素

水质　可吸附有机卤素（AOX）的测定　微库仑法（GB/T 15959—1995）

【适用范围】饮用水、地下水、地面水、污水。

【采样容器】硬质玻璃瓶。

【采样方法】充满采样瓶。

【固定剂】酸化。

【保存方法】加酸酸化，4℃冷藏保存。

【保存期】3 d。

【采样量】—

【容器洗涤】—

【检出限】10 μg/L。

【质量保证和质量控制】—

【结果表示】—

22. 锂

水质　65 种元素的测定　电感耦合等离子体质谱法（HJ 700—2014）

【适用范围】地表水、地下水、生活污水、低浓度工业废水。

【采样容器】聚乙烯瓶（桶）。

【采样方法】样品采集后用 0.45 μm 滤膜过滤，弃去初始的滤液 50 mL，用少量的滤液清洗采样瓶，收集所需体积的滤液于采样瓶中。

【固定剂】（1+1）硝酸溶液。

【保存方法】加（1+1）硝酸酸化至 pH＜2。

【保存期】1 个月。

【采样量】100 mL。

【容器洗涤】—

【检出限】0.33 μg/L。

【质量保证和质量控制】每批样品应至少做一个全程序空白及实验室空白。空白值应符合下列的情况之一才能被认为是可接受的：（1）空白值低于方法检出限；（2）低于标准限值的 10%；（3）低于每一批样品最低值的 10%。否则须查找原因，重新分析直至合格之后才能分析样品。

【结果表示】小数位数与方法检出限保持一致，最多保留三位有效数字。

水质　32 种元素的测定　电感耦合等离子体发射光谱法（HJ 776—2015）

【适用范围】地表水、地下水、生活污水及工业废水。

【采样容器】聚乙烯瓶（桶）。

【采样方法】可溶性元素，样品采集后立即通过水系微孔滤膜过滤，弃去初始的 50～100 mL 滤液，收集所需体积的滤液，加入适量硝酸，使硝酸含量达到 1%。元素总量，样品采集后立即加入适量硝酸，使硝酸含量达到 1%。

【固定剂】硝酸。

【保存方法】加硝酸，使硝酸含量达到 1%。

【保存期】1 个月。

【采样量】100 mL。

【容器洗涤】用洗涤剂和水依次洗净聚乙烯瓶，置于（1+1）硝酸溶液浸泡 24 h，用实验水彻底洗净。

【检出限】水平检出限：0.02 mg/L；垂直检出限：0.009 mg/L。

【质量保证和质量控制】每批样品至少做一个全程序空白，空白值应低于方法测定下限。否则应查明原因，重新分析直至合格之后才能测定样品。

【结果表示】小数位数与方法检出限保持一致，最多保留三位有效数字。

水质　可溶性阳离子（Li^+、Na^+、NH_4^+、K^+、Ca^{2+}、Mg^{2+}）的测定　离子色谱法（HJ 812—2016）

【适用范围】地表水、地下水、工业废水和生活污水。

【采样容器】聚乙烯瓶。

【采样方法】—

【固定剂】—

【保存方法】4℃冷藏，避光保存。

【保存期】7 d。

【采样量】250 mL。

【容器洗涤】—

【检出限】0.01 mg/L。

【质量保证和质量控制】—

【结果表示】当样品含量＜1 mg/L 时，结果保留至小数点后两位；≥1 mg/L 时，保留三位有效数字。

23. 磷

水质　单质磷的测定　磷钼蓝分光光度法（暂行）（HJ 593—2010）

【适用范围】地表水、地下水、工业废水和生活污水。

【采样容器】聚乙烯瓶或硬质玻璃瓶。

【采样方法】—

【固定剂】—

【保存方法】调节 pH 值为 6～7。

【保存期】48 h。

【采样量】—

【容器洗涤】—

【检出限】0.003 mg/L。

【质量保证和质量控制】—

【结果表示】—

水质 65 种元素的测定 电感耦合等离子体质谱法（HJ 700—2014）

【适用范围】地表水、地下水、生活污水、低浓度工业废水。

【采样容器】—

【采样方法】样品采集后用 0.45 μm 滤膜过滤，弃去初始的滤液 50 mL，用少量的滤液清洗采样瓶，收集所需体积的滤液于采样瓶中。

【固定剂】（1+1）硝酸溶液。

【保存方法】加（1+1）硝酸酸化至 pH＜2。

【保存期】—

【采样量】—

【容器洗涤】洗涤剂洗 1 次，自来水洗 2 次，（1+3）硝酸荡洗 1 次，自来水洗 3 次，蒸馏水洗 1 次。

【检出限】19.6 μg/L。

【质量保证和质量控制】每批样品应至少做一个全程序空白及实验室空白。空白值应符合下列的情况之一才能被认为是可接受的：（1）空白值低于方法检出限；（2）低于标准限值的 10%；（3）低于每一批样品最低值的 10%。否则须查找原因，重新分析直至合格之后才能分析样品。

【结果表示】小数位数与方法检出限保持一致，最多保留三位有效数字。

水质 32 种元素的测定 电感耦合等离子体发射光谱法（HJ 776—2015）

【适用范围】地表水、地下水、生活污水及工业废水。

【采样容器】—

【采样方法】可溶性元素，样品采集后立即通过水系微孔滤膜过滤，弃去初始的 50～100 mL 滤液，收集所需体积的滤液，加入适量硝酸，使硝酸含量达到 1%。元素总量，样品采集后立即加入适量硝酸，使硝酸含量达到 1%。

【固定剂】硝酸。

【保存方法】加硝酸，使硝酸含量达到 1%。

【保存期】—

【采样量】—

【容器洗涤】用洗涤剂和水依次洗净聚乙烯瓶，置于（1+1）硝酸溶液浸泡 24 h，用实验水彻底洗净。

【检出限】水平检出限：0.04 mg/L；垂直检出限：0.06 mg/L。

【质量保证和质量控制】每批样品至少做一个全程序空白，空白值应低于方法测定下限。否则应查明原因，重新分析直至合格之后才能测定样品。

【结果表示】小数位数与方法检出限保持一致，最多保留三位有效数字。

24. 磷酸盐

水质　磷酸盐的测定　离子色谱法（HJ 669—2013）

【适用范围】地表水、地下水和降水。

【采样容器】聚乙烯瓶或硬质玻璃瓶。

【采样方法】—

【固定剂】—

【保存方法】0～4℃冷藏保存。

【保存期】48 h。

【采样量】250 mL。

【容器洗涤】铬酸洗液洗 1 次，自来水洗 3 次，蒸馏水洗 1 次。

【检出限】0.007 mg/L。

【质量保证和质量控制】每批样品至少做两个全程序空白，空白值不得超过方法检出限。否则应查明原因，重新分析直至合格后才能测定样品。

【结果表示】当结果＜1 mg/L 时，保留至小数点后三位；≥1 mg/L 时，保留三位有效数字。

水质　磷酸盐和总磷的测定　连续流动-钼酸铵分光光度法（HJ 670—2013）

【适用范围】地表水、地下水、生活污水和工业废水。

【采样容器】聚乙烯瓶或硬质玻璃瓶。

【采样方法】—

【固定剂】硫酸。

【保存方法】磷酸盐水样 0～4℃冷藏保存；总磷的水样加硫酸至 pH≤2。

【保存期】磷酸盐水样 0～4℃冷藏保存，可稳定 24 h。总磷的水样加硫酸至 pH≤2，常温可保存 24 h；于−20℃冷冻可保存 1 个月。

【采样量】—

【容器洗涤】—

【检出限】0.01 mg/L。

【质量保证和质量控制】—

【结果表示】当结果＜1 mg/L 时，保留至小数点后两位；≥1 mg/L 时，保留三位有效数字。

水质　氰化物等的测定　真空检测管-电子比色法（HJ 659—2013）

【适用范围】地下水、地表水、生活污水和工业废水。

【采样容器】聚乙烯瓶或硬质玻璃瓶。

【采样方法】—

【固定剂】无须添加固定剂。

【保存方法】—

【保存期】现场测定。

【采样量】250 mL。

【容器洗涤】铬酸洗液洗 1 次，自来水洗 3 次，蒸馏水洗 1 次。

【检出限】0.05 mg/L。

【质量保证和质量控制】每批样品应同步做一个全程序空白，测定结果应低于方法检出限，否则应检查真空检测管。

【结果表示】有效位数保留到定量下限位数。

水质 无机阴离子（F^-、Cl^-、NO_2^-、Br^-、NO_3^-、PO_4^{3-}、SO_3^{2-}、SO_4^{2-}）的测定 离子色谱法（HJ 84—2016）

【适用范围】地表水、地下水、工业废水和生活污水。

【采样容器】聚乙烯瓶或硬质玻璃瓶。

【采样方法】—

【固定剂】—

【保存方法】4℃冷藏，避光保存。

【保存期】2 d。

【采样量】250 mL。

【容器洗涤】铬酸洗液洗 1 次，自来水洗 3 次，蒸馏水洗 1 次。

【检出限】0.051 mg/L。

【质量保证和质量控制】—

【结果表示】当结果<1 mg/L 时，保留至小数点后三位；≥1 mg/L 时，保留三位有效数字。

25. 硫化物

水质 硫化物的测定 亚甲基蓝分光光度法（GB/T 16489—1996）

【适用范围】地面水、地下水、生活污水和工业废水。

【采样容器】棕色瓶。

【采样方法】水样应充满瓶，瓶塞下不留空气。

【固定剂】氢氧化钠、乙酸锌-乙酸钠至沉淀完全。

【保存方法】贮存在棕色瓶内。

【保存期】1 周。

【采样量】—

【容器洗涤】—

【检出限】0.005 mg/L。

【质量保证和质量控制】—

【结果表示】—

水质 硫化物的测定 直接显色分光光度法（GB/T 17133—1997）

【适用范围】地面水、地下水及生活污水、造纸废水、石油化工废水、炼焦废水与印染废水等。

【采样容器】聚乙烯瓶或硬质玻璃瓶。

【采样方法】水样注满瓶。

【固定剂】1 mL 1 mol/L 乙酸锌。

【保存方法】避免阳光直射。

【保存期】24 h。

【采样量】500 mL。

【容器洗涤】—

【检出限】0.008 mg/L。

【质量保证和质量控制】—

【结果表示】—

水质　硫化物的测定　碘量法（HJ/T 60—2000）

【适用范围】水和废水。

【采样容器】—

【采样方法】水样充满后立即密封保存，不留气泡，然后倒转，充分混匀。

【固定剂】0.3 mL 1 mol/L 乙酸锌，0.6 mL 1 mol/L 氢氧化钠。

【保存方法】加 0.3 mL 1 mol/L 乙酸锌、0.6 mL 1 mol/L 氢氧化钠调至 pH 为 10～12，4℃冷藏，避光保存。

【保存期】—

【采样量】—

【容器洗涤】—

【检出限】0.40 mg/L。

【质量保证和质量控制】—

【结果表示】当结果<1 mg/L 时，保留至小数点后两位；≥1 mg/L 时，保留三位有效数字。

水质　硫化物的测定　气相分子吸收光谱法（HJ/T 200—2005）

【适用范围】地表水、地下水、海水、饮用水、生活污水及工业污水。

【采样容器】棕色玻璃瓶。

【采样方法】防止曝气，水样充满瓶，瓶内无气泡，立即密塞，避免阳光直射。

【固定剂】乙酸锌+氢氧化钠。

【保存方法】3～5 mL 乙酸锌+氢氧化钠，调至弱碱性，4℃冷藏保存。

【保存期】24 h。

【采样量】—

【容器洗涤】—

【检出限】0.005 mg/L。

【质量保证和质量控制】—

【结果表示】—

水质　氰化物等的测定　真空检测管-电子比色法（HJ 659—2013）

【适用范围】地下水、地表水、生活污水和工业废水。

【采样容器】聚乙烯瓶或硬质玻璃瓶。

【采样方法】—

【固定剂】无须添加固定剂。

【保存方法】—

【保存期】现场测定。

【采样量】250 mL。

【容器洗涤】洗涤剂洗 1 次，自来水洗 3 次，蒸馏水洗 1 次。

【检出限】0.1 mg/L。

【质量保证和质量控制】每批样品应同步做一个全程序空白，测定结果应低于方法检出限，否则应检查真空检测管。

【结果表示】有效位数保留到定量下限位数。

水质 硫化物的测定 流动注射-亚甲基蓝分光光度法（HJ 824—2017）

【适用范围】地表水、地下水、生活污水和工业废水。

【采样容器】聚乙烯瓶或硬质玻璃瓶。

【采样方法】—

【固定剂】氢氧化钠、抗坏血酸。

【保存方法】每升水样加 5 mL 15 mol/L 氢氧化钠和 4 g 抗坏血酸，使样品 pH≥11，常温避光保存。

【保存期】24 h。

【采样量】250 mL。

【容器洗涤】—

【检出限】0.004 mg/L。

【质量保证和质量控制】每批样品至少测定一个全程序空白，空白值不得超过方法测定下限，否则应查明原因，重新分析直至合格后才能测定样品。

【结果表示】当结果＜1 mg/L 时，保留至小数点后三位；≥1 mg/L 时，保留三位有效数字。

26. 硫酸盐

水质 硫酸盐的测定 重量法（GB/T 11899—1989）

【适用范围】地面水、地下水、含盐水、生活污水及工业废水。

【采样容器】聚乙烯瓶或硬质玻璃瓶。

【采样方法】水样完全充满。

【固定剂】—

【保存方法】冷藏。

【保存期】—

【采样量】—

【容器洗涤】—

【检出限】10 mg/L。

【质量保证和质量控制】—

【结果表示】—

水质 硫酸盐的测定 铬酸钡分光光度法（试行）（HJ/T 342—2007）

【适用范围】地表水、地下水中含量较低硫酸盐。

【采样容器】—

【采样方法】—

【固定剂】—

【保存方法】—

【保存期】—

【采样量】—

【容器洗涤】—

【检出限】8 mg/L。

【质量保证和质量控制】—

【结果表示】—

水质 无机阴离子（F^-、Cl^-、NO_2^-、Br^-、NO_3^-、PO_4^{3-}、SO_3^{2-}、SO_4^{2-}）的测定 离子色谱法（HJ 84—2016）

【适用范围】地表水、地下水、工业废水和生活污水。

【采样容器】聚乙烯瓶或硬质玻璃瓶。

【采样方法】—

【固定剂】—

【保存方法】4℃冷藏，避光保存。

【保存期】30 d。

【采样量】250 mL。

【容器洗涤】洗涤剂洗 1 次，自来水洗 3 次，蒸馏水洗 1 次。

【检出限】0.018 mg/L。

【质量保证和质量控制】—

【结果表示】当结果＜1 mg/L 时，保留至小数点后三位；≥1 mg/L 时，保留三位有效数字。

生活饮用水标准检验方法 无机非金属指标（1.1 硫酸钡比浊法）（GB/T 5750.5—2006）

【适用范围】生活饮用水及其水源水。

【采样容器】聚乙烯瓶或硬质玻璃瓶。

【采样方法】—

【固定剂】—

【保存方法】0～4℃冷藏，避光保存。

【保存期】28 d。

【采样量】3～5 L。

【容器洗涤】将容器用水和洗涤剂清洗，除去灰尘、油垢后用自来水冲洗干净，然后用质量分数 10%的硝酸（或盐酸）浸泡 8 h，取出沥干后用自来水冲洗 3 次，并用蒸馏水充分淋洗干净。

【检出限】5.0 mg/L。

【质量保证和质量控制】—

【结果表示】—

生活饮用水标准检验方法　无机非金属指标（离子色谱法）［GB/T 5750.5—2006（2.2）］

【适用范围】生活饮用水及其水源水。

【采样容器】聚乙烯瓶或硬质玻璃瓶。

【采样方法】—

【固定剂】—

【保存方法】0～4℃冷藏，避光保存。

【保存期】28 d。

【采样量】3～5 L。

【容器洗涤】将容器用水和洗涤剂清洗，除去灰尘、油垢后用自来水冲洗干净，然后用质量分数 10% 的硝酸（或盐酸）浸泡 8 h，取出沥干后用自来水冲洗 3 次，并用蒸馏水充分淋洗干净。

【检出限】0.75 mg/L。

【质量保证和质量控制】—

【结果表示】—

27. 铝

水质　65 种元素的测定　电感耦合等离子体质谱法（HJ 700—2014）

【适用范围】地表水、地下水、生活污水、低浓度工业废水。

【采样容器】聚乙烯瓶（桶）或硅硼酸盐玻璃瓶。

【采样方法】样品采集后用 0.45 μm 滤膜过滤，弃去初始的滤液 50 mL，用少量的滤液清洗采样瓶，收集所需体积的滤液于采样瓶中。

【固定剂】（1+1）硝酸溶液。

【保存方法】加（1+1）硝酸酸化至 pH＜2。

【保存期】1 个月。

【采样量】100 mL。

【容器洗涤】洗涤剂洗 1 次，自来水洗 2 次，（1+3）硝酸荡洗 1 次，自来水洗 3 次，蒸馏水洗 1 次。

【检出限】1.15 μg/L。

【质量保证和质量控制】每批样品应至少做一个全程序空白及实验室空白。空白值应符合下列的情况之一才能被认为是可接受的：（1）空白值低于方法检出限；（2）低于标准限值的 10%；（3）低于每一批样品最低值的 10%。否则须查找原因，重新分析直至合格之后才能分析样品。

【结果表示】小数位数与方法检出限保持一致，最多保留三位有效数字。

水质　32 种元素的测定　电感耦合等离子体发射光谱法（HJ 776—2015）

【适用范围】地表水、地下水、生活污水及工业废水。

【采样容器】聚乙烯瓶（桶）。

【采样方法】可溶性元素，样品采集后立即通过水系微孔滤膜过滤，弃去初始的 50～100 mL 滤液，收集所需体积的滤液，加入适量硝酸，使硝酸含量达到 1%。元素总量，样品采集后立即加入适量硝酸，使硝酸含量达到 1%。

【固定剂】硝酸。

【保存方法】加硝酸，使硝酸含量达到 1%。

【保存期】14 d。

【采样量】250 mL。

【容器洗涤】用洗涤剂和水依次洗净聚乙烯瓶，置于（1+1）硝酸溶液浸泡 24 h，用实验水彻底洗净。

【检出限】水平检出限：0.009 mg/L；垂直检出限：0.07 mg/L。

【质量保证和质量控制】每批样品至少做一个全程序空白，空白值应低于方法测定下限。否则应查明原因，重新分析直至合格之后才能测定样品。

【结果表示】小数位数与方法检出限保持一致，最多保留三位有效数字。

生活饮用水标准检验方法　金属指标（1.4　电感耦合等离子体质谱法）(GB/T 5750.6—2006)

【适用范围】生活饮用水及其水源水。

【采样容器】聚乙烯瓶。

【采样方法】—

【固定剂】硝酸。

【保存方法】加硝酸酸化至 pH≤2。

【保存期】14 d。

【采样量】0.5～1 L。

【容器洗涤】将容器用水和洗涤剂清洗，除去灰尘、油垢后用自来水冲洗干净，然后用质量分数 10% 的硝酸（或盐酸）浸泡 8 h，取出沥干后用自来水冲洗 3 次，并用蒸馏水充分淋洗干净。

【检出限】40 μg/L。

【质量保证和质量控制】—

【结果表示】—

生活饮用水标准检验方法　金属指标（1.5 电感耦合等离子体质谱法）(GB/T 5750.6—2006)

【适用范围】生活饮用水及其水源水。

【采样容器】聚乙烯瓶。

【采样方法】—

【固定剂】硝酸。

【保存方法】加硝酸酸化至 pH≤2。

【保存期】14 d。

【采样量】0.5～1 L。

【容器洗涤】将容器用水和洗涤剂清洗，除去灰尘、油垢后用自来水冲洗干净，然后用质量分数 10% 的硝酸（或盐酸）浸泡 8 h，取出沥干后用自来水冲洗 3 次，并用蒸馏水充分淋洗干净。

【检出限】0.63 μg/L。

【质量保证和质量控制】—

【结果表示】—

28. 氯化物

水质　氯化物的测定　硝酸银滴定法（GB/T 11896—1989）

【适用范围】天然水、咸水、海水以及经过预处理除去干扰物的生活污水或工业废水。

【采样容器】聚乙烯瓶或硬质玻璃瓶。

【采样方法】—

【固定剂】—

【保存方法】—

【保存期】—

【采样量】—

【容器洗涤】—

【检出限】10 mg/L。

【质量保证和质量控制】—

【结果表示】—

水质　氯化物的测定　硝酸汞滴定法（试行）（HJ/T 343—2007）

【适用范围】地表水、地下水。

【采样容器】—

【采样方法】—

【固定剂】—

【保存方法】—

【保存期】—

【采样量】—

【容器洗涤】—

【检出限】2.5 mg/L。

【质量保证和质量控制】—

【结果表示】—

水质　无机阴离子（F^-、Cl^-、NO_2^-、Br^-、NO_3^-、PO_4^{3-}、SO_3^{2-}、SO_4^{2-}）的测定　离子色谱法（HJ 84—2016）

【适用范围】地表水、地下水、工业废水和生活污水。

【采样容器】聚乙烯瓶或硬质玻璃瓶。

【采样方法】—

【固定剂】—

【保存方法】4℃冷藏，避光保存。

【保存期】30 d。

【采样量】250 mL。
【容器洗涤】洗涤剂洗 1 次，自来水洗 3 次，蒸馏水洗 1 次。
【检出限】0.007 mg/L。
【质量保证和质量控制】—
【结果表示】当结果<1 mg/L 时，保留至小数点后三位；≥1 mg/L 时，保留三位有效数字。

生活饮用水标准检验方法　无机非金属指标（2.1 硝酸银容量法）（GB/T 5750.5—2006）
【适用范围】生活饮用水及其水源水。
【采样容器】聚乙烯瓶或硬质玻璃瓶。
【采样方法】—
【固定剂】—
【保存方法】0～4℃冷藏，避光保存。
【保存期】28 d。
【采样量】3～5 L。
【容器洗涤】将容器用水和洗涤剂清洗，除去灰尘、油垢后用自来水冲洗干净，然后用质量分数 10%的硝酸（或盐酸）浸泡 8 h，取出沥干后用自来水冲洗 3 次，并用蒸馏水充分淋洗干净。
【检出限】1.0 mg/L。
【质量保证和质量控制】—
【结果表示】—

生活饮用水标准检验方法　无机非金属指标（2.2 离子色谱法）（GB/T 5750.5—2006）
【适用范围】生活饮用水及其水源水。
【采样容器】聚乙烯瓶或硬质玻璃瓶。
【采样方法】—
【固定剂】—
【保存方法】0～4℃冷藏，避光保存。
【保存期】28 d。
【采样量】3～5 L。
【容器洗涤】将容器用水和洗涤剂清洗，除去灰尘、油垢后用自来水冲洗干净，然后用质量分数 10%的硝酸（或盐酸）浸泡 8 h，取出沥干后用自来水冲洗 3 次，并用蒸馏水充分淋洗干净。
【检出限】0.15 mg/L。
【质量保证和质量控制】—
【结果表示】—

生活饮用水标准检验方法　无机非金属指标（2.3 硝酸汞容量法）（GB/T 5750.5—2006）
【适用范围】生活饮用水及其水源水。
【采样容器】聚乙烯瓶或硬质玻璃瓶。
【采样方法】—

【固定剂】—

【保存方法】0～4℃冷藏，避光保存。

【保存期】28 d。

【采样量】3～5 L。

【容器洗涤】将容器用水和洗涤剂清洗，除去灰尘、油垢后用自来水冲洗干净，然后用质量分数10%的硝酸（或盐酸）浸泡8 h，取出沥干后用自来水冲洗3次，并用蒸馏水充分淋洗干净。

【检出限】1.0 mg/L。

【质量保证和质量控制】—

【结果表示】—

29. 镁

水质　钙和镁的测定　原子吸收分光光度法（GB/T 11905—1989）

【适用范围】地下水和地面水。

【采样容器】聚乙烯瓶。

【采样方法】—

【固定剂】硝酸。

【保存方法】加硝酸酸化至pH值为1～2。

【保存期】—

【采样量】—

【容器洗涤】采样瓶先用洗涤剂洗净，再用（1+1）硝酸浸泡至少24 h，然后用去离子水冲洗干净。

【检出限】0.01 mg/L。

【质量保证和质量控制】—

【结果表示】—

水质　65种元素的测定　电感耦合等离子体质谱法（HJ 700—2014）

【适用范围】地表水、地下水、生活污水、低浓度工业废水。

【采样容器】聚乙烯瓶（桶）或玻璃瓶。

【采样方法】样品采集后用0.45 μm滤膜过滤，弃去初始的滤液50 mL，用少量的滤液清洗采样瓶，收集所需体积的滤液于采样瓶中。

【固定剂】（1+1）硝酸溶液。

【保存方法】加（1+1）硝酸酸化至pH＜2。

【保存期】14 d。

【采样量】250 mL。

【容器洗涤】洗涤剂洗1次，自来水洗2次，（1+3）硝酸荡洗1次，自来水洗3次，去离子水洗1次。

【检出限】1.94 μg/L。

【质量保证和质量控制】每批样品应至少做一个全程序空白及实验室空白。空白值应符合下列的情况之一才能被认为是可接受的：（1）空白值低于方法检出限；（2）低于标准限值的 10%；（3）低于每一批样品最低值的 10%。否则须查找原因，重新分析直至合格之后才能分析样品。

【结果表示】小数位数与方法检出限保持一致，最多保留三位有效数字。

水质　32 种元素的测定　电感耦合等离子体发射光谱法（HJ 776—2015）

【适用范围】地表水、地下水、生活污水及工业废水。

【采样容器】聚乙烯瓶（桶）或玻璃瓶。

【采样方法】可溶性元素，样品采集后立即通过水系微孔滤膜过滤，弃去初始的 50～100 mL 滤液，收集所需体积的滤液，加入适量硝酸，使硝酸含量达到 1%。元素总量，样品采集后立即加入适量硝酸，使硝酸含量达到 1%。

【固定剂】硝酸。

【保存方法】加硝酸，使硝酸含量达到 1%。

【保存期】14 d。

【采样量】250 mL。

【容器洗涤】用洗涤剂和水依次洗净聚乙烯瓶，置于（1+1）硝酸溶液浸泡 24 h，用实验水彻底洗净。

【检出限】水平检出限：0.02 mg/L；垂直检出限：0.003 mg/L。

【质量保证和质量控制】每批样品至少做一个全程序空白，空白值应低于方法测定下限。否则应查明原因，重新分析直至合格之后才能测定样品。

【结果表示】小数位数与方法检出限保持一致，最多保留三位有效数字。

水质　可溶性阳离子（Li^+、Na^+、NH_4^+、K^+、Ca^{2+}、Mg^{2+}）的测定　离子色谱法（HJ 812—2016）

【适用范围】地表水、地下水、工业废水和生活污水。

【采样容器】聚乙烯瓶或硬质玻璃瓶。

【采样方法】—

【固定剂】—

【保存方法】4℃冷藏，避光保存。

【保存期】7 d。

【采样量】250 mL。

【容器洗涤】—

【检出限】0.02 mg/L。

【质量保证和质量控制】—

【结果表示】当样品含量＜1 mg/L 时，保留至小数点后两位；≥1 mg/L 时，保留三位有效数字。

30. 锰

水质　锰的测定　高碘酸钾分光光度法（GB/T 11906—1989）

【适用范围】饮用水、地面水、地下水及工业废水。

【采样容器】聚乙烯瓶或硬质玻璃瓶。

【采样方法】—

【固定剂】硝酸。

【保存方法】加硝酸调节 pH 值为 1～2。

【保存期】—

【采样量】—

【容器洗涤】—

【检出限】0.02 mg/L。

【质量保证和质量控制】—

【结果表示】—

水质　铁、锰的测定　火焰原子吸收分光光度法（GB/T 11911—1989）

【适用范围】地面水、地下水及工业废水。

【采样容器】聚乙烯瓶。

【采样方法】—

【固定剂】硝酸。

【保存方法】加硫酸酸化至 pH 值为 1～2。

【保存期】—

【采样量】—

【容器洗涤】洗涤剂洗净，再用（1+1）硝酸浸泡 24 h，然后用水冲洗干净。

【检出限】0.01 mg/L。

【质量保证和质量控制】—

【结果表示】—

水质　氰化物等的测定　真空检测管-电子比色法（HJ 659—2013）

【适用范围】地下水、地表水、生活污水和工业废水。

【采样容器】聚乙烯瓶或硬质玻璃瓶。

【采样方法】—

【固定剂】无须添加固定剂。

【保存方法】—

【保存期】现场测定。

【采样量】250 mL。

【容器洗涤】洗涤剂洗 1 次，自来水洗 2 次，（1+3）硝酸荡洗 1 次，自来水洗 3 次，蒸馏水洗 1 次。

【检出限】0.5 mg/L。

【质量保证和质量控制】每批样品应同步做一个全程序空白，测定结果应低于方法检出限，否则应检查真空检测管。

【结果表示】有效位数保留到定量下限位数。

水质　65 种元素的测定　电感耦合等离子体质谱法（HJ 700—2014）

【适用范围】地表水、地下水、生活污水、低浓度工业废水。

【采样容器】聚乙烯瓶（桶）或玻璃瓶。

【采样方法】样品采集后用 0.45 μm 滤膜过滤，弃去初始的滤液 50 mL，用少量的滤液清洗采样瓶，收集所需体积的滤液于采样瓶中。

【固定剂】（1+1）硝酸溶液。

【保存方法】加（1+1）硝酸酸化至 pH<2。

【保存期】14 d。

【采样量】250 mL。

【容器洗涤】洗涤剂洗 1 次，自来水洗 2 次，（1+3）硝酸荡洗 1 次，自来水洗 3 次，蒸馏水洗 1 次。

【检出限】0.12 μg/L。

【质量保证和质量控制】每批样品应至少做一个全程序空白及实验室空白。空白值应符合下列的情况之一才能被认为是可接受的：（1）空白值低于方法检出限；（2）低于标准限值的 10%；（3）低于每一批样品最低值的 10%。否则须查找原因，重新分析直至合格之后才能分析样品。

【结果表示】小数位数与方法检出限保持一致，最多保留三位有效数字。

水质　32 种元素的测定　电感耦合等离子体发射光谱法（HJ 776—2015）

【适用范围】地表水、地下水、生活污水及工业废水。

【采样容器】聚乙烯瓶（桶）或玻璃瓶。

【采样方法】可溶性元素，样品采集后立即通过水系微孔滤膜过滤，弃去初始的 50～100 mL 滤液，收集所需体积的滤液，加入适量硝酸，使硝酸含量达到 1%。元素总量，样品采集后立即加入适量硝酸，使硝酸含量达到 1%。

【固定剂】硝酸。

【保存方法】加硝酸，使硝酸含量达到 1%。

【保存期】14 d。

【采样量】250 mL。

【容器洗涤】用洗涤剂和水依次洗净聚乙烯瓶，置于（1+1）硝酸溶液浸泡 24 h，用实验水彻底洗净。

【检出限】水平检出限：0.01 mg/L；垂直检出限：0.004 mg/L。

【质量保证和质量控制】每批样品至少做一个全程序空白，空白值应低于方法测定下限。否则应查明原因，重新分析直至合格之后才能测定样品。

【结果表示】小数位数与方法检出限保持一致，最多保留三位有效数字。

生活饮用水标准检验方法　金属指标（2.1 原子吸收分光光度法）（GB/T 5750.6—2006）

【适用范围】生活饮用水及其水源水。

【采样容器】聚乙烯瓶。

【采样方法】—

【固定剂】硝酸。

【保存方法】加硝酸酸化至 pH≤2。

【保存期】14 d。

【采样量】0.5～1 L。

【容器洗涤】将容器用水和洗涤剂清洗，除去灰尘、油垢后用自来水冲洗干净，然后用质量分数 10% 的硝酸（或盐酸）浸泡 8 h，取出沥干后用自来水冲洗 3 次，并用蒸馏水充分淋洗干净。

【检出限】0.1 mg/L。

【质量保证和质量控制】—

【结果表示】—

生活饮用水标准检验方法　金属指标（1.4　电感耦合等离子体质谱法）(GB/T 5750.6—2006)

【适用范围】生活饮用水及其水源水。

【采样容器】聚乙烯瓶。

【采样方法】—

【固定剂】硝酸。

【保存方法】加硝酸酸化至 pH≤2。

【保存期】14 d。

【采样量】0.5～1 L。

【容器洗涤】将容器用水和洗涤剂清洗，除去灰尘、油垢后用自来水冲洗干净，然后用质量分数 10% 的硝酸（或盐酸）浸泡 8 h，取出沥干后用自来水冲洗 3 次，并用蒸馏水充分淋洗干净。

【检出限】0.5 μg/L。

【质量保证和质量控制】—

【结果表示】—

生活饮用水标准检验方法　金属指标（1.5 电感耦合等离子体质谱法）(GB/T 5750.6—2006)

【适用范围】生活饮用水及其水源水。

【采样容器】聚乙烯瓶。

【采样方法】—

【固定剂】硝酸。

【保存方法】加硝酸酸化至 pH≤2。

【保存期】14 d。

【采样量】0.5～1 L。

【容器洗涤】将容器用水和洗涤剂清洗，除去灰尘、油垢后用自来水冲洗干净，然后用质量分数 10% 的硝酸（或盐酸）浸泡 8 h，取出沥干后用自来水冲洗 3 次，并用蒸馏水充分淋洗干净。

【检出限】0.06 μg/L。

【质量保证和质量控制】—

【结果表示】—

31. 钼

水质　65 种元素的测定　电感耦合等离子体质谱法（HJ 700—2014）

【适用范围】地表水、地下水、生活污水、低浓度工业废水。

【采样容器】—

【采样方法】样品采集后用 0.45 μm 滤膜过滤，弃去初始的滤液 50 mL，用少量的滤液清洗采样瓶，收集所需体积的滤液于采样瓶中。

【固定剂】（1+1）硝酸溶液。

【保存方法】加（1+1）硝酸酸化至 pH＜2。

【保存期】—

【采样量】—

【容器洗涤】洗涤剂洗 1 次，自来水洗 2 次，（1+3）硝酸荡洗 1 次，自来水洗 3 次，蒸馏水洗 1 次。

【检出限】0.06 μg/L。

【质量保证和质量控制】每批样品应至少做一个全程序空白及实验室空白。空白值应符合下列的情况之一才能被认为是可接受的：（1）空白值低于方法检出限；（2）低于标准限值的 10%；（3）低于每一批样品最低值的 10%。否则须查找原因，重新分析直至合格之后才能分析样品。

【结果表示】小数位数与方法检出限保持一致，最多保留三位有效数字。

水质　32 种元素的测定　电感耦合等离子体发射光谱法（HJ 776—2015）

【适用范围】地表水、地下水、生活污水及工业废水。

【采样容器】—

【采样方法】可溶性元素，样品采集后立即通过水系微孔滤膜过滤，弃去初始的 50～100 mL 滤液，收集所需体积的滤液，加入适量硝酸，使硝酸含量达到 1%。元素总量，样品采集后立即加入适量硝酸，使硝酸含量达到 1%。

【固定剂】硝酸。

【保存方法】加硝酸，使硝酸含量达到 1%。

【保存期】—

【采样量】—

【容器洗涤】用洗涤剂和水依次洗净聚乙烯瓶，置于（1+1）硝酸溶液浸泡 24 h，用实验水彻底洗净。

【检出限】水平检出限：0.05 mg/L；垂直检出限：0.02 mg/L。

【质量保证和质量控制】每批样品至少做一个全程序空白，空白值应低于方法测定下限。否则应查明原因，重新分析直至合格之后才能测定样品。

【结果表示】小数位数与方法检出限保持一致，最多保留三位有效数字。

水质　钼和钛的测定　石墨炉原子吸收分光光度法（HJ 807—2016）

【适用范围】地表水、地下水、生活污水和工业废水。

【采样容器】聚乙烯瓶。

【采样方法】—

【固定剂】硝酸。

【保存方法】加硝酸酸化至 pH 值为 1～2。

【保存期】14 d。

【采样量】250 mL。

【容器洗涤】洗涤剂洗 1 次，自来水洗 2 次，（1+3）硝酸荡洗 1 次，自来水洗 3 次，去离子水洗 1 次。

【检出限】0.6 μg/L。

【质量保证和质量控制】—

【结果表示】当结果＜10 μg/L 时，保留至小数点后一位；≥10 μg/L 时，保留三位有效数字。

生活饮用水标准检验方法　金属指标（1.5 电感耦合等离子体质谱法）(GB/T 5750.6—2006）

【适用范围】生活饮用水及其水源水。

【采样容器】聚乙烯瓶。

【采样方法】—

【固定剂】硝酸。

【保存方法】加硝酸酸化至 pH≤2。

【保存期】14 d。

【采样量】0.5～1 L。

【容器洗涤】将容器用水和洗涤剂清洗，除去灰尘、油垢后用自来水冲洗干净，然后用质量分数 10%的硝酸（或盐酸）浸泡 8 h，取出沥干后用自来水冲洗 3 次，并用蒸馏水充分淋洗干净。

【检出限】0.06 μg/L。

【质量保证和质量控制】—

【结果表示】—

32. 钠

水质　钾和钠的测定　火焰原子吸收分光光度法（GB/T 11904—1989）

【适用范围】地面水和饮用水。

【采样容器】聚乙烯瓶。

【采样方法】—

【固定剂】硝酸。

【保存方法】加（1+1）硝酸溶液调至 pH 值为 1～2。

【保存期】—

【采样量】—

【容器洗涤】—

【检出限】0.01 mg/L。

【质量保证和质量控制】—

【结果表示】—

水质　65 种元素的测定　电感耦合等离子体质谱法（HJ 700—2014）

【适用范围】地表水、地下水、生活污水、低浓度工业废水。

【采样容器】聚乙烯瓶（桶）。

【采样方法】样品采集后用 0.45 μm 滤膜过滤，弃去初始的滤液 50 mL，用少量的滤液清洗采样瓶，收集所需体积的滤液于采样瓶中。

【固定剂】（1+1）硝酸溶液。

【保存方法】加（1+1）硝酸酸化至 pH＜2。

【保存期】14 d。

【采样量】250 mL。

【容器洗涤】洗涤剂洗 1 次，自来水洗 2 次，（1+3）硝酸荡洗 1 次，自来水洗 3 次，去离子水洗 1 次。

【检出限】6.36 μg/L。

【质量保证和质量控制】每批样品应至少做一个全程序空白及实验室空白。空白值应符合下列的情况之一才能被认为是可接受的：（1）空白值低于方法检出限；（2）低于标准限值的 10%；（3）低于每一批样品最低值的 10%。否则须查找原因，重新分析直至合格之后才能分析样品。

【结果表示】小数位数与方法检出限保持一致，最多保留三位有效数字。

水质 32 种元素的测定 电感耦合等离子体发射光谱法（HJ 776—2015）

【适用范围】地表水、地下水、生活污水及工业废水。

【采样容器】聚乙烯瓶（桶）或玻璃瓶。

【采样方法】可溶性元素，样品采集后立即通过水系微孔滤膜过滤，弃去初始的 50～100 mL 滤液，收集所需体积的滤液，加入适量硝酸，使硝酸含量达到 1%。元素总量，样品采集后立即加入适量硝酸，使硝酸含量达到 1%。

【固定剂】硝酸。

【保存方法】加硝酸，使硝酸含量达到 1%。

【保存期】14 d。

【采样量】250 mL。

【容器洗涤】用洗涤剂和水依次洗净聚乙烯瓶，置于（1+1）硝酸溶液浸泡 24 h，用实验水彻底洗净。

【检出限】水平检出限：0.03 mg/L；垂直检出限：0.12 mg/L。

【质量保证和质量控制】每批样品至少做一个全程序空白，空白值应低于方法测定下限。否则应查明原因，重新分析直至合格之后才能测定样品。

【结果表示】小数位数与方法检出限保持一致，最多保留三位有效数字。

水质 可溶性阳离子（Li^+、Na^+、NH_4^+、K^+、Ca^{2+}、Mg^{2+}）的测定 离子色谱法（HJ 812—2016）

【适用范围】地表水、地下水、工业废水和生活污水。

【采样容器】聚乙烯瓶。

【采样方法】—

【固定剂】—

【保存方法】4℃冷藏，避光保存。

【保存期】7 d。

【采样量】250 mL。

【容器洗涤】洗涤剂洗 1 次，自来水洗 2 次，（1+3）硝酸荡洗 1 次，自来水洗 3 次，去离子水洗 1 次。

【检出限】0.02 mg/L。

【质量保证和质量控制】—

【结果表示】当样品含量<1 mg/L 时，保留至小数点后两位；≥1 mg/L 时，保留三位有效数字。

33. 镍

水质　镍的测定　丁二酮肟分光光度法（GB/T 11910—1989）

【适用范围】工业废水及受到镍污染的环境水。

【采样容器】—

【采样方法】—

【固定剂】硝酸。

【保存方法】加硝酸调节 pH 值为 1～2。

【保存期】—

【采样量】—

【容器洗涤】—

【检出限】0.25 mg/L。

【质量保证和质量控制】—

【结果表示】—

水质　镍的测定　火焰原子吸收分光光度法（GB/T 11912—1989）

【适用范围】工业废水及受到污染的环境水样。

【采样容器】聚乙烯瓶。

【采样方法】—

【固定剂】硝酸。

【保存方法】加硝酸调节 pH 值为 1～2。

【保存期】—

【采样量】—

【容器洗涤】采样瓶用洗涤剂洗净，再用硝酸（1+1）硝酸浸泡 24 h 以上，然后用水冲洗干净。

【检出限】0.05 mg/L。

【质量保证和质量控制】—

【结果表示】—

水质　氰化物等的测定　真空检测管-电子比色法（HJ 659—2013）

【适用范围】地下水、地表水、生活污水和工业废水。

【采样容器】聚乙烯瓶或硬质玻璃瓶。

【采样方法】—

【固定剂】无须添加固定剂。

【保存方法】—

【保存期】现场测定。

【采样量】250 mL。

【容器洗涤】洗涤剂洗 1 次，自来水洗 2 次，（1+3）硝酸荡洗 1 次，自来水洗 3 次，蒸馏水洗 1 次。

【检出限】0.2 mg/L。

【质量保证和质量控制】每批样品应同步做一个全程序空白，测定结果应低于方法检出限，否则应检查真空检测管。

【结果表示】有效位数保留到定量下限位数。

水质　65 种元素的测定　电感耦合等离子体质谱法（HJ 700—2014）

【适用范围】地表水、地下水、生活污水、低浓度工业废水。

【采样容器】聚乙烯瓶（桶）或玻璃瓶。

【采样方法】样品采集后用 0.45 μm 滤膜过滤，弃去初始的滤液 50 mL，用少量的滤液清洗采样瓶，收集所需体积的滤液于采样瓶中。

【固定剂】（1+1）硝酸溶液。

【保存方法】加（1+1）硝酸酸化至 pH＜2。

【保存期】14 d。

【采样量】250 mL。

【容器洗涤】洗涤剂洗 1 次，自来水洗 2 次，（1+3）硝酸荡洗 1 次，自来水洗 3 次，蒸馏水洗 1 次。

【检出限】0.06 μg/L。

【质量保证和质量控制】每批样品应至少做一个全程序空白及实验室空白。空白值应符合下列的情况之一才能被认为是可接受的：（1）空白值低于方法检出限；（2）低于标准限值的 10%；（3）低于每一批样品最低值的 10%。否则须查找原因，重新分析直至合格之后才能分析样品。

【结果表示】小数位数与方法检出限保持一致，最多保留三位有效数字。

水质　32 种元素的测定　电感耦合等离子体发射光谱法（HJ 776—2015）

【适用范围】地表水、地下水、生活污水及工业废水。

【采样容器】聚乙烯瓶（桶）或玻璃瓶。

【采样方法】可溶性元素，样品采集后立即通过水系微孔滤膜过滤，弃去初始的 50～100 mL 滤液，收集所需体积的滤液，加入适量硝酸，使硝酸含量达到 1%。元素总量，样品采集后立即加入适量硝酸，使硝酸含量达到 1%。

【固定剂】硝酸。

【保存方法】加硝酸，使硝酸含量达到 1%。

【保存期】14 d。

【采样量】250 mL。

【容器洗涤】用洗涤剂和水依次洗净聚乙烯瓶，置于（1+1）硝酸溶液浸泡 24 h，用实验水彻底洗净。

【检出限】水平检出限：0.007 mg/L；垂直检出限：0.02 mg/L。

【质量保证和质量控制】每批样品至少做一个全程序空白，空白值应低于方法测定下限。否则应查明原因，重新分析直至合格之后才能测定样品。

【结果表示】小数位数与方法检出限保持一致，最多保留三位有效数字。

生活饮用水标准检验方法　金属指标（1.5 电感耦合等离子体质谱法）(GB/T 5750.6—2006）

【适用范围】生活饮用水及其水源水。

【采样容器】聚乙烯瓶。

【采样方法】—

【固定剂】硝酸。

【保存方法】加硝酸酸化至 pH≤2。

【保存期】14 d。

【采样量】0.5～1 L。

【容器洗涤】将容器用水和洗涤剂清洗，除去灰尘、油垢后用自来水冲洗干净，然后用质量分数 10% 的硝酸（或盐酸）浸泡 8 h，取出沥干后用自来水冲洗 3 次，并用蒸馏水充分淋洗干净。

【检出限】0.07 μg/L。

【质量保证和质量控制】—

【结果表示】—

34．硼

水质　硼的测定　姜黄素分光光度法（HJ/T 49—1999）

【适用范围】农田灌溉水、地下水和城市污水。

【采样容器】聚乙烯瓶。

【采样方法】—

【固定剂】—

【保存方法】密封冷藏。

【保存期】1 个月。

【采样量】—

【容器洗涤】—

【检出限】0.02 mg/L。

【质量保证和质量控制】—

【结果表示】—

水质　65 种元素的测定　电感耦合等离子体质谱法（HJ 700—2014）

【适用范围】地表水、地下水、生活污水、低浓度工业废水。

【采样容器】聚乙烯瓶（桶）。

【采样方法】样品采集后用 0.45 μm 滤膜过滤，弃去初始的滤液 50 mL，用少量的滤液清洗采样瓶，收集所需体积的滤液于采样瓶中。

【固定剂】（1+1）硝酸溶液。

【保存方法】加（1+1）硝酸酸化至 pH＜2。

【保存期】14 d。

【采样量】250 mL。

【容器洗涤】洗涤剂洗 1 次，自来水洗 2 次，（1+3）硝酸荡洗 1 次，自来水洗 3 次，蒸馏水洗 1 次。

【检出限】1.25 μg/L。

【质量保证和质量控制】每批样品应至少做一个全程序空白及实验室空白。空白值应符合下列的情况之一才能被认为是可接受的：（1）空白值低于方法检出限；（2）低于标准限值的 10%；（3）低于每一批样品最低值的 10%。否则须查找原因，重新分析直至合格之后才能分析样品。

【结果表示】小数位数与方法检出限保持一致，最多保留三位有效数字。

水质　32 种元素的测定　电感耦合等离子体发射光谱法（HJ 776—2015）

【适用范围】地表水、地下水、生活污水及工业废水。

【采样容器】聚乙烯瓶（桶）。

【采样方法】可溶性元素，样品采集后立即通过水系微孔滤膜过滤，弃去初始的 50～100 mL 滤液，收集所需体积的滤液，加入适量硝酸，使硝酸含量达到 1%。元素总量，样品采集后立即加入适量硝酸，使硝酸含量达到 1%。

【固定剂】硝酸。

【保存方法】加硝酸，使硝酸含量达到 1%。

【保存期】14 d。

【采样量】250 mL。

【容器洗涤】用洗涤剂和水依次洗净聚乙烯瓶，置于（1+1）硝酸溶液浸泡 24 h，用实验水彻底洗净。

【检出限】水平检出限：0.01 mg/L；垂直检出限：0.4 mg/L。

【质量保证和质量控制】每批样品至少做一个全程序空白，空白值应低于方法测定下限。否则应查明原因，重新分析直至合格之后才能测定样品。

【结果表示】小数位数与方法检出限保持一致，最多保留三位有效数字。

生活饮用水标准检验方法　金属指标（1.5　电感耦合等离子体质谱法）(GB/T 5750.6—2006）

【适用范围】生活饮用水及其水源水。

【采样容器】聚乙烯瓶。

【采样方法】—

【固定剂】—

【保存方法】—

【保存期】14 d。

【采样量】0.5～1 L。

【容器洗涤】将容器用水和洗涤剂清洗，除去灰尘、油垢后用自来水冲洗干净，然后用质量分数 10% 的硝酸（或盐酸）浸泡 8 h，取出沥干后用自来水冲洗 3 次，并用蒸馏水充分淋洗干净。

【检出限】0.9 μg/L。

【质量保证和质量控制】—

【结果表示】—

35. 铍

水质 65 种元素的测定 电感耦合等离子体质谱法（HJ 700—2014）

【适用范围】地表水、地下水、生活污水、低浓度工业废水。

【采样容器】聚乙烯瓶（桶）或玻璃瓶。

【采样方法】样品采集后用 0.45 μm 滤膜过滤，弃去初始的滤液 50 mL，用少量的滤液清洗采样瓶，收集所需体积的滤液于采样瓶中。

【固定剂】（1+1）硝酸溶液。

【保存方法】加（1+1）硝酸酸化至 pH＜2。

【保存期】14 d。

【采样量】250 mL。

【容器洗涤】洗涤剂洗 1 次，自来水洗 2 次，（1+3）硝酸荡洗 1 次，自来水洗 3 次，蒸馏水洗 1 次。

【检出限】0.04 μg/L。

【质量保证和质量控制】每批样品应至少做一个全程序空白及实验室空白。空白值应符合下列的情况之一才能被认为是可接受的：（1）空白值低于方法检出限；（2）低于标准限值的 10%；（3）低于每一批样品最低值的 10%。否则须查找原因，重新分析直至合格之后才能分析样品。

【结果表示】小数位数与方法检出限保持一致，最多保留三位有效数字。

水质 32 种元素的测定 电感耦合等离子体发射光谱法（HJ 776—2015）

【适用范围】地表水、地下水、生活污水及工业废水。

【采样容器】聚乙烯瓶（桶）或玻璃瓶。

【采样方法】可溶性元素，样品采集后立即通过水系微孔滤膜过滤，弃去初始的 50～100 mL 滤液，收集所需体积的滤液，加入适量硝酸，使硝酸含量达到 1%。元素总量，样品采集后立即加入适量硝酸，使硝酸含量达到 1%。

【固定剂】硝酸。

【保存方法】加硝酸，使硝酸含量达到 1%。

【保存期】14 d。

【采样量】250 mL。

【容器洗涤】用洗涤剂和水依次洗净聚乙烯瓶，置于（1+1）硝酸溶液浸泡 24 h，用实验水彻底洗净。

【检出限】水平检出限：0.008 mg/L；垂直检出限：0.010 mg/L。

【质量保证和质量控制】每批样品至少做一个全程序空白，空白值应低于方法测定下限。否则应查明原因，重新分析直至合格之后才能测定样品。

【结果表示】小数位数与方法检出限保持一致，最多保留三位有效数字。

生活饮用水标准检验方法　金属指标（1.5 电感耦合等离子体质谱法）(GB/T 5750.6—2006）

【适用范围】生活饮用水及其水源水。

【采样容器】聚乙烯瓶。

【采样方法】—

【固定剂】硝酸。

【保存方法】加硝酸酸化至 pH≤2。

【保存期】14 d。

【采样量】0.5～1 L。

【容器洗涤】将容器用水和洗涤剂清洗，除去灰尘、油垢后用自来水冲洗干净，然后用质量分数 10%的硝酸（或盐酸）浸泡 8 h，取出沥干后用自来水冲洗 3 次，并用蒸馏水充分淋洗干净。

【检出限】0.03 μg/L。

【质量保证和质量控制】—

【结果表示】—

36. 铅

水质　铜、锌、铅、镉的测定　原子吸收分光光度法（GB/T 7475—1987）

【适用范围】第一部分为直接法，适用于测定地下水、地面水和废水中的铜、锌、铅、镉；第二部分为螯合萃取法，适用于测定地下水和清洁地面水中低浓度的铜、铅、镉。

【采样容器】聚乙烯瓶。

【采样方法】—

【固定剂】硝酸。

【保存方法】加硝酸酸化至 pH 值为 1～2。

【保存期】—

【采样量】—

【容器洗涤】—

【检出限】直接法：0.2 mg/L；螯合萃取法：10 mg/L。

【质量保证和质量控制】—

【结果表示】—

水质　铅的测定　双硫腙分光光度法（GB/T 7470—1987）

【适用范围】天然水和废水中微量铅。

【采样容器】—

【采样方法】—

【固定剂】2%硝酸、碘溶液。

【保存方法】加硝酸酸化至 pH 值约为 1.5，加入 5 mL 碘溶液。

【保存期】—

【采样量】—

【容器洗涤】—

【检出限】0.010 mg/L。

【质量保证和质量控制】—

【结果表示】结果最多保留两位有效数字。

水质　65 种元素的测定　电感耦合等离子体质谱法（HJ 700—2014）

【适用范围】地表水、地下水、生活污水、低浓度工业废水。

【采样容器】聚乙烯瓶（桶）或玻璃瓶。

【采样方法】样品采集后用 0.45 μm 滤膜过滤，弃去初始的滤液 50 mL，用少量的滤液清洗采样瓶，收集所需体积的滤液于采样瓶中。

【固定剂】（1+1）硝酸溶液。

【保存方法】加（1+1）硝酸酸化至 pH＜2。

【保存期】14 d。

【采样量】250 mL。

【容器洗涤】洗涤剂洗 1 次，自来水洗 2 次，（1+3）硝酸荡洗 1 次，自来水洗 3 次，蒸馏水洗 1 次。

【检出限】0.09 μg/L。

【质量保证和质量控制】每批样品应至少做一个全程序空白及实验室空白。空白值应符合下列的情况之一才能被认为是可接受的：（1）空白值低于方法检出限；（2）低于标准限值的 10%；（3）低于每一批样品最低值的 10%。否则须查找原因，重新分析直至合格之后才能分析样品。

【结果表示】小数位数与方法检出限保持一致，最多保留三位有效数字。

水质　32 种元素的测定　电感耦合等离子体发射光谱法（HJ 776—2015）

【适用范围】地表水、地下水、生活污水及工业废水。

【采样容器】聚乙烯瓶（桶）或玻璃瓶。

【采样方法】可溶性元素，样品采集后立即通过水系微孔滤膜过滤，弃去初始的 50～100 mL 滤液，收集所需体积的滤液，加入适量硝酸，使硝酸含量达到 1%。元素总量，样品采集后立即加入适量硝酸，使硝酸含量达到 1%。

【固定剂】硝酸。

【保存方法】加硝酸，使硝酸含量达到 1%。

【保存期】14 d。

【采样量】250 mL。

【容器洗涤】用洗涤剂和水依次洗净聚乙烯瓶，置于（1+1）硝酸溶液浸泡 24 h，用实验水彻底洗净。

【检出限】水平检出限：0.1 mg/L；垂直检出限：0.07 mg/L。

【质量保证和质量控制】每批样品至少做一个全程序空白，空白值应低于方法测定下限。否则应查明原因，重新分析直至合格之后才能测定样品。

【结果表示】小数位数与方法检出限保持一致，最多保留三位有效数字。

生活饮用水标准检验方法　金属指标（1.5　电感耦合等离子体质谱法）(GB/T 5750.6—2006)

【适用范围】生活饮用水及其水源水。

【采样容器】聚乙烯瓶。

【采样方法】—

【固定剂】硝酸。

【保存方法】加硝酸酸化至 pH≤2。

【保存期】14 d。

【采样量】0.5～1 L。

【容器洗涤】将容器用水和洗涤剂清洗，除去灰尘、油垢后用自来水冲洗干净，然后用质量分数 10%的硝酸（或盐酸）浸泡 8 h，取出沥干后用自来水冲洗 3 次，并用蒸馏水充分淋洗干净。

【检出限】0.07 μg/L。

【质量保证和质量控制】—

【结果表示】—

37. 氰化物

水质　氰化物等的测定　真空检测管-电子比色法（HJ 659—2013）

【适用范围】地下水、地表水、生活污水和工业废水。

【采样容器】聚乙烯瓶或硬质玻璃瓶。

【采样方法】—

【固定剂】无须添加固定剂。

【保存方法】—

【保存期】现场测定。

【采样量】250 mL。

【容器洗涤】洗涤剂洗 1 次，自来水洗 3 次，蒸馏水洗 1 次。

【检出限】0.009 mg/L。

【质量保证和质量控制】每批样品应同步做一个全程序空白，测定结果应低于方法检出限，否则应检查真空检测管。

【结果表示】有效位数保留到定量下限位数。

水质　氰化物的测定　流动注射-分光光度法（HJ 823—2017）

【适用范围】地表水、地下水、生活污水和工业废水。

【采样容器】聚乙烯瓶。

【采样方法】—

【固定剂】氢氧化钠。

【保存方法】加氢氧化钠调至 pH 值为 12～12.5，4℃冷藏保存。

【保存期】24 h。

【采样量】—

【容器洗涤】—

【检出限】异烟酸-巴比妥酸法：0.001 mg/L；吡啶-巴比妥酸法：0.002 mg/L。

【质量保证和质量控制】每批样品至少测定一个全程序空白，空白值不得超过方法测定下限。否则应查明原因，重新分析直至合格后才能测定样品。

【结果表示】当结果<1 mg/L 时，保留至小数点后三位；≥1 mg/L 时，保留三位有效数字。

生活饮用水标准检验方法 无机非金属指标（4.1 异烟酸-吡唑酮分光光度法）（GB/T 5750.5—2006）

【适用范围】生活饮用水及其水源水。

【采样容器】硬质玻璃瓶。

【采样方法】—

【固定剂】氢氧化钠。

【保存方法】加氢氧化钠调至 pH≥12，0～4℃冷藏，避光保存。

【保存期】24 h。

【采样量】0.5～1 L。

【容器洗涤】将容器用水和洗涤剂清洗，除去灰尘、油垢后用自来水冲洗干净，然后用质量分数 10%的硝酸（或盐酸）浸泡 8 h，取出沥干后用自来水冲洗 3 次，并用蒸馏水充分淋洗干净。

【检出限】0.002 mg/L。

【质量保证和质量控制】—

【结果表示】—

生活饮用水标准检验方法 无机非金属指标（4.2 异烟酸-巴比妥酸分光光度法）（GB/T 5750.5—2006）

【适用范围】生活饮用水及其水源水。

【采样容器】硬质玻璃瓶。

【采样方法】—

【固定剂】氢氧化钠。

【保存方法】加氢氧化钠调至 pH≥12，0～4℃冷藏，避光保存。

【保存期】24 h。

【采样量】3～5 L。

【容器洗涤】将容器用水和洗涤剂清洗，除去灰尘、油垢后用自来水冲洗干净，然后用质量分数 10%的硝酸（或盐酸）浸泡 8 h，取出沥干后用自来水冲洗 3 次，并用蒸馏水充分淋洗干净。

【检出限】0.002 mg/L。

【质量保证和质量控制】—

【结果表示】—

38. 全盐量

水质 全盐量的测定 重量法（HJ/T 51—1999）

【适用范围】农田灌溉水质、地下水和城市污水。

【采样容器】聚乙烯瓶或硬质玻璃瓶。

【采样方法】—
【固定剂】—
【保存方法】—
【保存期】—
【采样量】500 mL。
【容器洗涤】—
【检出限】10 mg/L。
【质量保证和质量控制】—
【结果表示】—

39. 溶解性总固体

生活饮用水标准检验方法　感官性状和物理指标（8.1 称量法）（GB/T 5750.4—2006）

【适用范围】生活饮用水及其水源水。
【采样容器】—
【采样方法】—
【固定剂】—
【保存方法】—
【保存期】—
【采样量】3～5 L。
【容器洗涤】将容器用水和洗涤剂清洗，除去灰尘、油垢后用自来水冲洗干净，然后用质量分数 10% 的硝酸（或盐酸）浸泡 8 h，取出沥干后用自来水冲洗 3 次，并用蒸馏水充分淋洗干净。
【检出限】—
【质量保证和质量控制】—
【结果表示】—

40. 溶解氧

水质　溶解氧的测定　碘量法（GB/T 7489—1987）

【适用范围】溶解氧浓度大于 0.2 mg/L 和小于氧的饱和浓度两倍（约 20 mg/L）的水样。
【采样容器】细口玻璃瓶。
【采样方法】试样充满全部细口瓶。
【固定剂】1 mL 二价硫酸锰、2 mL 碱性碘化物—叠氮化物。
【保存方法】避光保存。
【保存期】若避光保存，样品最长贮藏 24 h。
【采样量】250～300 mL。
【容器洗涤】—
【检出限】—
【质量保证和质量控制】—
【结果表示】保留小数点后一位小数。

水质　溶解氧的测定　电化学探头法（HJ 506—2009）

【适用范围】地表水、地下水、生活污水、工业废水和盐水。

【采样容器】溶解氧瓶。

【采样方法】—

【固定剂】—

【保存方法】—

【保存期】—

【采样量】—

【容器洗涤】—

【检出限】—

【质量保证和质量控制】—

【结果表示】—

41. 肉眼可见物

生活饮用水标准检验方法　感官性状和物理指标（4.1 直接观察法）（GB/T 5750.4—2006）

【适用范围】生活饮用水及其水源水。

【采样容器】—

【采样方法】—

【固定剂】—

【保存方法】—

【保存期】—

【采样量】3～5 L。

【容器洗涤】—

【检出限】—

【质量保证和质量控制】—

【结果表示】—

42. 色度

水质　色度的测定（GB/T 11903—1989）

【适用范围】铂钴比色法适用于清洁水、轻度污染并略带黄色调的水、比较清洁的地面水、地下水和饮用水等。稀释倍数法适用于污染较严重的地面水和工业废水。

【采样容器】玻璃瓶。

【采样方法】—

【固定剂】—

【保存方法】贮存于暗处，避免与空气接触，同时要避免温度的变化。

【保存期】—

【采样量】1 L。

【容器洗涤】盐酸或表面活性剂溶液清洗，然后用蒸馏水或去离子水清洗、沥干。

【检出限】—

【质量保证和质量控制】—

【结果表示】0～40 度（不包括 40 度）准确到 5 度，40～70 度准确到 10 度。

生活饮用水标准检验方法　感官性状和物理指标（1.1 铂-钴标准比色法）（GB/T 5750.4—2006）

【适用范围】生活饮用水及其水源水。

【采样容器】—

【采样方法】—

【固定剂】—

【保存方法】—

【保存期】—

【采样量】3～5 L。

【容器洗涤】将容器用水和洗涤剂清洗，除去灰尘、油垢后用自来水冲洗干净，然后用质量分数 10%的硝酸（或盐酸）浸泡 8 h，取出沥干后用自来水冲洗 3 次，并用蒸馏水充分淋洗干净。

【检出限】5 度。

【质量保证和质量控制】—

【结果表示】—

43. 砷

水质　总砷的测定　二乙基二硫代氨基甲酸银分光光度法（GB/T 7485—1987）

【适用范围】水和废水。

【采样容器】—

【固定剂】—

【保存方法】—

【保存期】—

【采样量】—

【容器洗涤】—

【检出限】0.007 mg/L。

【质量保证和质量控制】—

【结果表示】保留两位或三位有效数字。

水质　痕量砷的测定　硼氢化钾-硝酸银分光光度法（GB/T 11900—1989）

【适用范围】地面水、地下水和饮用水。

【采样容器】聚乙烯瓶或硬质玻璃瓶。

【采样方法】—

【固定剂】硫酸。

【保存方法】加硫酸调至 pH<2，低温保存。

【保存期】—

【采样量】—

【容器洗涤】—

【检出限】0.4 μg/L。

【质量保证和质量控制】—

【结果表示】—

水质　汞、砷、硒、铋和锑的测定　原子荧光法（HJ 694—2014）

【适用范围】地表水、地下水、生活污水和工业废水。

【采样容器】聚乙烯瓶或硬质玻璃瓶。

【采样方法】—

【固定剂】浓硝酸。

【保存方法】1 L 水样中加浓硝酸 10 mL。

【保存期】14 d。

【采样量】250 mL。

【容器洗涤】洗涤剂洗 1 次，自来水洗 2 次，（1+3）硝酸荡洗 1 次，自来水洗 3 次，去离子水洗 1 次。

【检出限】0.3 mg/L。

【质量保证和质量控制】全程空白的测试结果应小于方法检出限。

【结果表示】当结果＜10 μg/L 时，保留至小数点后一位；＞10 μg/L 时，保留三位有效数字。

水质　65 种元素的测定　电感耦合等离子体质谱法（HJ 700—2014）

【适用范围】地表水、地下水、生活污水、低浓度工业废水。

【采样容器】聚乙烯瓶（桶）或玻璃瓶。

【采样方法】样品采集后用 0.45 μm 滤膜过滤，弃去初始的滤液 50 mL，用少量的滤液清洗采样瓶，收集所需体积的滤液于采样瓶中。

【固定剂】（1+1）硝酸溶液。

【保存方法】加（1+1）硝酸酸化至 pH＜2。

【保存期】14 d。

【采样量】250 mL。

【容器洗涤】洗涤剂洗 1 次，自来水洗 2 次，（1+3）硝酸荡洗 1 次，自来水洗 3 次，蒸馏水洗 1 次。

【检出限】0.12 μg/L。

【质量保证和质量控制】每批样品应至少做一个全程序空白及实验室空白。空白值应符合下列的情况之一才能被认为是可接受的：（1）空白值低于方法检出限；（2）低于标准限值的 10%；（3）低于每一批样品最低值的 10%。否则须查找原因，重新分析直至合格之后才能分析样品。

【结果表示】小数位数与方法检出限保持一致，最多保留三位有效数字。

水质 32 种元素的测定 电感耦合等离子体发射光谱法（HJ 776—2015）

【适用范围】地表水、地下水、生活污水及工业废水。

【采样容器】聚乙烯瓶（桶）或玻璃瓶。

【采样方法】可溶性元素，样品采集后立即通过水系微孔滤膜过滤，弃去初始的 50～100 mL 滤液，收集所需体积的滤液，加入适量硝酸，使硝酸含量达到 1%。元素总量，样品采集后立即加入适量硝酸，使硝酸含量达到 1%。

【固定剂】硝酸。

【保存方法】加硝酸，使硝酸含量达到 1%。

【保存期】14 d。

【采样量】250 mL。

【容器洗涤】用洗涤剂和水依次洗净聚乙烯瓶，置于（1+1）硝酸溶液浸泡 24 h，用实验水彻底洗净。

【检出限】水平检出限：0.2 mg/L；垂直检出限：0.2 mg/L。

【质量保证和质量控制】每批样品至少做一个全程序空白，空白值应低于方法测定下限。否则应查明原因，重新分析直至合格之后才能测定样品。

【结果表示】小数位数与方法检出限保持一致，最多保留三位有效数字。

生活饮用水标准检验方法 金属指标（6.1 氢化物原子荧光法）（GB/T 5750.6—2006）

【适用范围】生活饮用水及其水源水。

【采样容器】聚乙烯瓶或硬质玻璃瓶。

【采样方法】—

【固定剂】硫酸。

【保存方法】加硫酸酸化至 pH≤2。

【保存期】7 d。

【采样量】0.2 L。

【容器洗涤】将容器用水和洗涤剂清洗，除去灰尘、油垢后用自来水冲洗干净，然后用质量分数 10% 的硝酸（或盐酸）浸泡 8 h，取出沥干后用自来水冲洗 3 次，并用蒸馏水充分淋洗干净。

【检出限】1.0 μg/L。

【质量保证和质量控制】—

【结果表示】—

生活饮用水标准检验方法 金属指标（1.5 电感耦合等离子体质谱法）(GB/T 5750.6—2006）

【适用范围】生活饮用水及其水源水。

【采样容器】聚乙烯瓶或硬质玻璃瓶。

【采样方法】—

【固定剂】硫酸。

【保存方法】加硫酸酸化至 pH≤2。

【保存期】7 d。

【采样量】0.2 L。

【容器洗涤】将容器用水和洗涤剂清洗，除去灰尘、油垢后用自来水冲洗干净，然后用质量分数 10% 的硝酸（或盐酸）浸泡 8 h，取出沥干后用自来水冲洗 3 次，并用蒸馏水充分淋洗干净。

【检出限】0.09 μg/L。

【质量保证和质量控制】—

【结果表示】—

44. 铊

水质 65 种元素的测定 电感耦合等离子体质谱法（HJ 700—2014）

【适用范围】地表水、地下水、生活污水、低浓度工业废水。

【采样容器】—

【采样方法】样品采集后用 0.45 μm 滤膜过滤，弃去初始的滤液 50 mL，用少量的滤液清洗采样瓶，收集所需体积的滤液于采样瓶中。

【固定剂】（1+1）硝酸溶液。

【保存方法】加（1+1）硝酸酸化至 pH＜2。

【保存期】—

【采样量】—

【容器洗涤】—

【检出限】0.02 μg/L。

【质量保证和质量控制】每批样品应至少做一个全程序空白及实验室空白。空白值应符合下列的情况之一才能被认为是可接受的：（1）空白值低于方法检出限；（2）低于标准限值的 10%；（3）低于每一批样品最低值的 10%。否则须查找原因，重新分析直至合格之后才能分析样品。

【结果表示】小数位数与方法检出限保持一致，最多保留三位有效数字。

水质 铊的测定 石墨炉原子吸收分光光度法（HJ 748—2015）

【适用范围】地表水、地下水、生活污水和工业废水。

【采样容器】聚乙烯瓶或硬质玻璃瓶。

【采样方法】—

【固定剂】硝酸。

【保存方法】加 10 mL 硝酸。

【保存期】14 d。

【采样量】1L。

【容器洗涤】—

【检出限】0.83 μg/L。

【质量保证和质量控制】—

【结果表示】沉淀富集法测定结果保留至小数点后两位；直接法测定结果保留三位有效数字。

生活饮用水标准检验方法　金属指标（1.5 电感耦合等离子体质谱法）(GB/T 5750.6—2006）

【适用范围】生活饮用水及其水源水。

【采样容器】聚乙烯瓶。

【采样方法】—

【固定剂】硝酸。

【保存方法】加硝酸酸化至 pH≤2。

【保存期】14 d。

【采样量】0.5～1 L。

【容器洗涤】将容器用水和洗涤剂清洗，除去灰尘、油垢后用自来水冲洗干净，然后用质量分数 10%的硝酸（或盐酸）浸泡 8 h，取出沥干后用自来水冲洗 3 次，并用蒸馏水充分淋洗干净。

【检出限】0.01 μg/L。

【质量保证和质量控制】—

【结果表示】—

45. 钛

水质　65 种元素的测定　电感耦合等离子体质谱法（HJ 700—2014）

【适用范围】地表水、地下水、生活污水、低浓度工业废水。

【采样容器】—

【采样方法】样品采集后用 0.45 μm 滤膜过滤，弃去初始的滤液 50 mL，用少量的滤液清洗采样瓶，收集所需体积的滤液于采样瓶中。

【固定剂】（1+1）硝酸溶液。

【保存方法】加（1+1）硝酸酸化至 pH＜2。

【保存期】—

【采样量】—

【容器洗涤】洗涤剂洗 1 次，自来水洗 2 次，（1+3）硝酸荡洗 1 次，自来水洗 3 次，蒸馏水洗 1 次。

【检出限】0.46 μg/L。

【质量保证和质量控制】每批样品应至少做一个全程序空白及实验室空白。空白值应符合下列的情况之一才能被认为是可接受的：（1）空白值低于方法检出限；（2）低于标准限值的 10%；（3）低于每一批样品最低值的 10%。否则须查找原因，重新分析直至合格之后才能分析样品。

【结果表示】小数位数与方法检出限保持一致，最多保留三位有效数字。

水质　32 种元素的测定　电感耦合等离子体发射光谱法（HJ 776—2015）

【适用范围】地表水、地下水、生活污水及工业废水。

【采样容器】—

【采样方法】可溶性元素，样品采集后立即通过水系微孔滤膜过滤，弃去初始的 50～100 mL 滤液，收集所需体积的滤液，加入适量硝酸，使硝酸含量达到 1%。元素总量，样品采集后立即加入适量硝酸，使硝酸含量达到 1%。

【固定剂】硝酸。
【保存方法】加硝酸，使硝酸含量达到 1%。
【保存期】—
【采样量】—
【容器洗涤】用洗涤剂和水依次洗净聚乙烯瓶，置于（1+1）硝酸溶液浸泡 24 h，用实验水彻底洗净。
【检出限】水平检出限：0.02 mg/L；垂直检出限：0.02 mg/L。
【质量保证和质量控制】每批样品至少做一个全程序空白，空白值应低于方法测定下限。否则应查明原因，重新分析直至合格之后才能测定样品。
【结果表示】小数位数与方法检出限保持一致，最多保留三位有效数字。

水质　钼和钛的测定　石墨炉原子吸收分光光度法（HJ 807—2016）

【适用范围】地表水、地下水、生活污水和工业废水。
【采样容器】聚乙烯瓶。
【采样方法】—
【固定剂】硝酸。
【保存方法】加硝酸酸化至 pH 值为 1～2。
【保存期】14 d。
【采样量】250 mL。
【容器洗涤】—
【检出限】7 μg/L。
【质量保证和质量控制】—
【结果表示】当结果＜100 μg/L 时，保留至整数位；≥100 μg/L 时，保留三位有效数字。

46. 锑

水质　汞、砷、硒、铋和锑的测定　原子荧光法（HJ 694—2014）

【适用范围】地表水、地下水、生活污水和工业废水。
【采样容器】聚乙烯瓶或硬质玻璃瓶。
【采样方法】—
【固定剂】浓盐酸。
【保存方法】1 L 水样中加浓盐酸 2 mL。
【保存期】14 d。
【采样量】250 mL。
【容器洗涤】洗涤剂洗 1 次，自来水洗 2 次，（1+3）硝酸荡洗 1 次，自来水洗 3 次，去离子水洗 1 次。
【检出限】0.2 mg/L。
【质量保证和质量控制】全程空白的测试结果应小于方法检出限。
【结果表示】当结果＜10 μg/L 时，保留至小数点后一位；＞10 μg/L 时，保留三位有效数字。

水质　65 种元素的测定　电感耦合等离子体质谱法（HJ 700—2014）

【适用范围】地表水、地下水、生活污水、低浓度工业废水。

【采样容器】聚乙烯瓶（桶）或玻璃瓶。

【采样方法】样品采集后用 0.45 μm 滤膜过滤，弃去初始的滤液 50 mL，用少量的滤液清洗采样瓶，收集所需体积的滤液于采样瓶中。

【固定剂】（1+1）硝酸溶液。

【保存方法】加（1+1）硝酸酸化至 pH＜2。

【保存期】14 d。

【采样量】250 mL。

【容器洗涤】洗涤剂洗 1 次，自来水洗 2 次，（1+3）硝酸荡洗 1 次，自来水洗 3 次，蒸馏水洗 1 次。

【检出限】0.15 μg/L。

【质量保证和质量控制】每批样品应至少做一个全程序空白及实验室空白。空白值应符合下列的情况之一才能被认为是可接受的：（1）空白值低于方法检出限；（2）低于标准限值的 10%；（3）低于每一批样品最低值的 10%。否则须查找原因，重新分析直至合格之后才能分析样品。

【结果表示】小数位数与方法检出限保持一致，最多保留三位有效数字。

水质　32 种元素的测定　电感耦合等离子体发射光谱法（HJ 776—2015）

【适用范围】地表水、地下水、生活污水及工业废水。

【采样容器】聚乙烯瓶（桶）或玻璃瓶。

【采样方法】可溶性元素，样品采集后立即通过水系微孔滤膜过滤，弃去初始的 50～100 mL 滤液，收集所需体积的滤液，加入适量硝酸，使硝酸含量达到 1%。元素总量，样品采集后立即加入适量硝酸，使硝酸含量达到 1%。

【固定剂】硝酸。

【保存方法】加硝酸，使硝酸含量达到 1%。

【保存期】14 d。

【采样量】250 mL。

【容器洗涤】用洗涤剂和水依次洗净聚乙烯瓶，置于（1+1）硝酸溶液浸泡 24 h，用实验水彻底洗净。

【检出限】水平检出限：0.2 mg/L；垂直检出限：0.06 mg/L。

【质量保证和质量控制】每批样品至少做一个全程序空白，空白值应低于方法测定下限。否则应查明原因，重新分析直至合格之后才能测定样品。

【结果表示】小数位数与方法检出限保持一致，最多保留三位有效数字。

生活饮用水标准检验方法　金属指标（1.5　电感耦合等离子体质谱法）(GB/T 5750.6—2006）

【适用范围】生活饮用水及其水源水。

【采样容器】聚乙烯瓶。

【采样方法】—

【固定剂】硝酸。

【保存方法】加硝酸酸化至 pH≤2。
【保存期】14 d。
【采样量】0.5～1 L。
【容器洗涤】将容器用水和洗涤剂清洗，除去灰尘、油垢后用自来水冲洗干净，然后用质量分数 10%的硝酸（或盐酸）浸泡 8 h，取出沥干后用自来水冲洗 3 次，并用蒸馏水充分淋洗干净。
【检出限】0.07 μg/L。
【质量保证和质量控制】—
【结果表示】—

47. 铁

水质　铁、锰的测定　火焰原子吸收分光光度法（GB/T 11911—1989）

【适用范围】地面水、地下水及工业废水。
【采样容器】聚乙烯瓶。
【采样方法】—
【固定剂】硝酸。
【保存方法】加硫酸酸化至 pH 值为 1～2。
【保存期】—
【采样量】—
【容器洗涤】洗涤剂洗净，再用（1+1）硝酸浸泡 24 h，然后用水冲洗干净。
【检出限】0.03 μg/L。
【质量保证和质量控制】—
【结果表示】—

水质　铁的测定　邻菲啰啉分光光度法（试行）（HJ/T 345—2007）

【适用范围】地表水、地下水及废水。
【采样容器】—
【采样方法】—
【固定剂】盐酸。
【保存方法】加盐酸酸化至 pH＜1。
【保存期】—
【采样量】—
【容器洗涤】—
【检出限】0.03 mg/L。
【质量保证和质量控制】—
【结果表示】—

水质　65 种元素的测定　电感耦合等离子体质谱法（HJ 700—2014）

【适用范围】地表水、地下水、生活污水、低浓度工业废水。

【采样容器】聚乙烯瓶（桶）或硅硼酸盐玻璃瓶。

【采样方法】样品采集后用 0.45 μm 滤膜过滤，弃去初始的滤液 50 mL，用少量的滤液清洗采样瓶，收集所需体积的滤液于采样瓶中。

【固定剂】（1+1）硝酸溶液。

【保存方法】加（1+1）硝酸酸化至 pH<2。

【保存期】1 个月。

【采样量】100 mL。

【容器洗涤】洗涤剂洗 1 次，自来水洗 2 次，（1+3）硝酸荡洗 1 次，自来水洗 3 次，蒸馏水洗 1 次。

【检出限】0.82 μg/L。

【质量保证和质量控制】每批样品应至少做一个全程序空白及实验室空白。空白值应符合下列的情况之一才能被认为是可接受的：（1）空白值低于方法检出限；（2）低于标准限值的 10%；（3）低于每一批样品最低值的 10%。否则须查找原因，重新分析直至合格之后才能分析样品。

【结果表示】小数位数与方法检出限保持一致，最多保留三位有效数字。

水质　32 种元素的测定　电感耦合等离子体发射光谱法（HJ 776—2015）

【适用范围】地表水、地下水、生活污水及工业废水。

【采样容器】聚乙烯瓶（桶）或硅硼酸盐玻璃瓶。

【采样方法】可溶性元素，样品采集后立即通过水系微孔滤膜过滤，弃去初始的 50～100 mL 滤液，收集所需体积的滤液，加入适量硝酸，使硝酸含量达到 1%。元素总量，样品采集后立即加入适量硝酸，使硝酸含量达到 1%。

【固定剂】硝酸。

【保存方法】加硝酸，使硝酸含量达到 1%。

【保存期】1 个月。

【采样量】100 mL。

【容器洗涤】用洗涤剂和水依次洗净聚乙烯瓶，置于（1+1）硝酸溶液浸泡 24 h，用实验水彻底洗净。

【检出限】水平检出限：0.01 mg/L；垂直检出限：0.02 mg/L。

【质量保证和质量控制】每批样品至少做一个全程序空白，空白值应低于方法测定下限。否则应查明原因，重新分析直至合格之后才能测定样品。

【结果表示】小数位数与方法检出限保持一致，最多保留三位有效数字。

生活饮用水标准检验方法　金属指标（2.1 原子吸收分光光度法）（GB/T 5750.6—2006）

【适用范围】生活饮用水及其水源水。

【采样容器】聚乙烯瓶。

【采样方法】—

【固定剂】硝酸。

【保存方法】加硝酸酸化至 pH≤2。

【保存期】14 d。

【采样量】0.5～1 L。

【容器洗涤】将容器用水和洗涤剂清洗，除去灰尘、油垢后用自来水冲洗干净，然后用质量分数 10% 的硝酸（或盐酸）浸泡 8 h，取出沥干后用自来水冲洗 3 次，并用蒸馏水充分淋洗干净。

【检出限】0.3 mg/L。

【质量保证和质量控制】—

【结果表示】—

生活饮用水标准检验方法　金属指标（2.2 二氮杂菲分光光度法）（GB/T 5750.6—2006）

【适用范围】生活饮用水及其水源水。

【采样容器】—

【采样方法】—

【固定剂】—

【保存方法】—

【保存期】—

【采样量】—

【容器洗涤】—

【检出限】0.05 mg/L。

【质量保证和质量控制】—

【结果表示】—

生活饮用水标准检验方法　金属指标（1.4　电感耦合等离子体质谱法）(GB/T 5750.6—2006）

【适用范围】生活饮用水及其水源水。

【采样容器】聚乙烯瓶。

【采样方法】—

【固定剂】硝酸。

【保存方法】加硝酸酸化至 pH≤2。

【保存期】14 d。

【采样量】0.5～1 L。

【容器洗涤】将容器用水和洗涤剂清洗，除去灰尘、油垢后用自来水冲洗干净，然后用质量分数 10% 的硝酸（或盐酸）浸泡 8 h，取出沥干后用自来水冲洗 3 次，并用蒸馏水充分淋洗干净。

【检出限】4.5 μg/L。

【质量保证和质量控制】—

【结果表示】—

生活饮用水标准检验方法　金属指标（1.5 电感耦合等离子体质谱法）(GB/T 5750.6—2006）

【适用范围】生活饮用水及其水源水。

【采样容器】聚乙烯瓶。

【采样方法】—

【固定剂】硝酸。

【保存方法】加硝酸酸化至 pH≤2。

【保存期】14 d。

【采样量】0.5～1 L。

【容器洗涤】将容器用水和洗涤剂清洗，除去灰尘、油垢后用自来水冲洗干净，然后用质量分数 10% 的硝酸（或盐酸）浸泡 8 h，取出沥干后用自来水冲洗 3 次，并用蒸馏水充分淋洗干净。

【检出限】0.9 μg/L。

【质量保证和质量控制】—

【结果表示】—

48. 铜

水质　铜、锌、铅、镉的测定　原子吸收分光光度法（GB/T 7475—1987）

【适用范围】第一部分为直接法，适用于地下水、地面水和中低浓度的铜、锌、铅、镉；第二部分为螯合萃取法，适用于测定地下水和清洁地面水中低浓度的铜、铅、镉。

【采样容器】聚乙烯瓶。

【采样方法】—

【固定剂】硝酸。

【保存方法】加硝酸酸化至 pH 值为 1～2。

【保存期】—

【采样量】—

【容器洗涤】—

【检出限】直接法：0.05 mg/L；螯合萃取法：1 mg/L。

【质量保证和质量控制】—

【结果表示】—

水质　铜的测定　二乙基二硫代氨基甲酸钠分光光度法（HJ 485—2009）

【适用范围】地表水、地下水、生活污水和工业废水。

【采样容器】—

【采样方法】—

【固定剂】盐酸。

【保存方法】加盐酸酸化至 pH 值为 1.5（仅适合测定水中的总铜）。

【保存期】尽快分析。

【采样量】—

【容器洗涤】—

【检出限】0.010 mg/L。

【质量保证和质量控制】—

【结果表示】两位小数。

水质 铜的测定 2,9-二甲基-1,10-菲啰啉分光光度法（HJ 486—2009）

【适用范围】直接光度法适用于较清洁的地表水和地下水中可溶性铜和总铜的测定；萃取光度法适用于地表水、地下水、生活污水和工业废水中可溶性铜和总铜的测定。

【采样容器】聚乙烯瓶。

【采样方法】—

【固定剂】盐酸。

【保存方法】加盐酸酸化至 pH 值为 1.5（仅适合测定水中的总铜）。

【保存期】尽快分析。

【采样量】—

【容器洗涤】—

【检出限】直接光度法：0.03 mg/L；萃取光度法：0.02 mg/L。

【质量保证和质量控制】—

【结果表示】保留两位小数。

水质 65 种元素的测定 电感耦合等离子体质谱法（HJ 700—2014）

【适用范围】地表水、地下水、生活污水、低浓度工业废水。

【采样容器】聚乙烯瓶（桶）。

【采样方法】样品采集后用 0.45 μm 滤膜过滤，弃去初始的滤液 50 mL，用少量的滤液清洗采样瓶，收集所需体积的滤液于采样瓶中。

【固定剂】（1+1）硝酸溶液。

【保存方法】加（1+1）硝酸酸化至 pH＜2。

【保存期】14 d。

【采样量】250 mL。

【容器洗涤】洗涤剂洗 1 次，自来水洗 2 次，（1+3）硝酸荡洗 1 次，自来水洗 3 次，蒸馏水洗 1 次。

【检出限】0.08 μg/L。

【质量保证和质量控制】每批样品应至少做一个全程序空白及实验室空白。空白值应符合下列的情况之一才能被认为是可接受的：（1）空白值低于方法检出限；（2）低于标准限值的 10%；（3）低于每一批样品最低值的 10%。否则须查找原因，重新分析直至合格之后才能分析样品。

【结果表示】小数位数与方法检出限保持一致，最多保留三位有效数字。

水质 32 种元素的测定 电感耦合等离子体发射光谱法（HJ 776—2015）

【适用范围】地表水、地下水、生活污水及工业废水。

【采样容器】聚乙烯瓶（桶）。

【采样方法】可溶性元素，样品采集后立即通过水系微孔滤膜过滤，弃去初始的 50～100 mL 滤液，收集所需体积的滤液，加入适量硝酸，使硝酸含量达到 1%。元素总量，样品采集后立即加入适量硝酸，使硝酸含量达到 1%。

【固定剂】硝酸。

【保存方法】加硝酸，使硝酸含量达到 1%。

【保存期】14 d。

【采样量】250 mL。

【容器洗涤】用洗涤剂和水依次洗净聚乙烯瓶，置于（1+1）硝酸溶液浸泡 24 h，用实验水彻底洗净。

【检出限】水平检出限：0.04 mg/L；垂直检出限：0.006 mg/L。

【质量保证和质量控制】每批样品至少做一个全程序空白，空白值应低于方法测定下限。否则应查明原因，重新分析直至合格之后才能测定样品。

【结果表示】小数位数与方法检出限保持一致，最多保留三位有效数字。

生活饮用水标准检验方法　金属指标（4.1 无火焰原子吸收分光光度）法（GB/T 5750.6—2006）

【适用范围】生活饮用水及其水源水。

【采样容器】聚乙烯瓶。

【采样方法】—

【固定剂】硝酸。

【保存方法】加硝酸酸化至 pH≤2。

【保存期】14 d。

【采样量】0.5～1 L。

【容器洗涤】将容器用水和洗涤剂清洗，除去灰尘、油垢后用自来水冲洗干净，然后用质量分数 10% 的硝酸（或盐酸）浸泡 8 h，取出沥干后用自来水冲洗 3 次，并用蒸馏水充分淋洗干净。

【检出限】5 μg/L。

【质量保证和质量控制】—

【结果表示】—

生活饮用水标准检验方法　金属指标（4.2.1 火焰原子吸收分光光度法-直接法）（GB/T 5750.6—2006）

【适用范围】生活饮用水及其水源水。

【采样容器】聚乙烯瓶。

【采样方法】—

【固定剂】硝酸。

【保存方法】加硝酸酸化至 pH≤2。

【保存期】14 d。

【采样量】0.5～1 L。

【容器洗涤】将容器用水和洗涤剂清洗，除去灰尘、油垢后用自来水冲洗干净，然后用质量分数 10% 的硝酸（或盐酸）浸泡 8 h，取出沥干后用自来水冲洗 3 次，并用蒸馏水充分淋洗干净。

【检出限】0.2 mg/L。

【质量保证和质量控制】—

【结果表示】—

生活饮用水标准检验方法　金属指标（4.2.2 火焰原子吸收分光光度法-萃取法）（GB/T 5750.6—2006）

【适用范围】生活饮用水及其水源水。

【采样容器】聚乙烯瓶。

【采样方法】—

【固定剂】硝酸。

【保存方法】加硝酸酸化至 pH≤2。

【保存期】14 d。

【采样量】0.5～1 L。

【容器洗涤】将容器用水和洗涤剂清洗，除去灰尘、油垢后用自来水冲洗干净，然后用质量分数 10%的硝酸（或盐酸）浸泡 8 h，取出沥干后用自来水冲洗 3 次，并用蒸馏水充分淋洗干净。

【检出限】7.5 μg/L。

【质量保证和质量控制】—

【结果表示】—

生活饮用水标准检验方法　金属指标（4.2.3 火焰原子吸收分光光度法-共沉淀法）（GB/T 5750.6—2006）

【适用范围】生活饮用水及其水源水。

【采样容器】聚乙烯瓶。

【采样方法】—

【固定剂】硝酸。

【保存方法】加硝酸酸化至 pH≤2。

【保存期】14 d。

【采样量】0.5～1 L。

【容器洗涤】将容器用水和洗涤剂清洗，除去灰尘、油垢后用自来水冲洗干净，然后用质量分数 10%的硝酸（或盐酸）浸泡 8 h，取出沥干后用自来水冲洗 3 次，并用蒸馏水充分淋洗干净。

【检出限】0.008 mg/L。

【质量保证和质量控制】—

【结果表示】—

生活饮用水标准检验方法　金属指标（4.2.4 火焰原子吸收分光光度法-巯基棉富集法）（GB/T 5750.6—2006）

【适用范围】生活饮用水及其水源水。

【采样容器】聚乙烯瓶。

【采样方法】—

【固定剂】硝酸。

【保存方法】加硝酸酸化至 pH≤2。

【保存期】14 d。

【采样量】0.5～1 L。

【容器洗涤】将容器用水和洗涤剂清洗，除去灰尘、油垢后用自来水冲洗干净，然后用质量分数 10%的硝酸（或盐酸）浸泡 8 h，取出沥干后用自来水冲洗 3 次，并用蒸馏水充分淋洗干净。

【检出限】0.004 mg/L。

【质量保证和质量控制】—

【结果表示】—

生活饮用水标准检验方法 金属指标（1.5 电感耦合等离子体质谱法）(GB/T 5750.6—2006）

【适用范围】生活饮用水及其水源水。

【采样容器】聚乙烯瓶。

【采样方法】—

【固定剂】硝酸。

【保存方法】加硝酸酸化至 pH≤2。

【保存期】14 d。

【采样量】0.5～1 L。

【容器洗涤】将容器用水和洗涤剂清洗，除去灰尘、油垢后用自来水冲洗干净，然后用质量分数 10%的硝酸（或盐酸）浸泡 8 h，取出沥干后用自来水冲洗 3 次，并用蒸馏水充分淋洗干净。

【检出限】0.09 μg/L。

【质量保证和质量控制】—

【结果表示】—

49. 温度

水质 水温的测定 温度计或颠倒温度计测定法（GB/T 13195—1991）

【适用范围】井水、江河水、湖泊和水库水，以及海水。

【采样容器】—

【固定剂】—

【保存方法】—

【保存期】现场测定。

【采样量】—

【容器洗涤】—

【检出限】—

【质量保证和质量控制】—

【结果表示】—

50. 无机阴离子

水质 无机阴离子（F^-、Cl^-、NO_2^-、Br^-、NO_3^-、PO_4^{3-}、SO_3^{2-}、SO_4^{2-}）的测定 离子色谱法（HJ 84—2016）

【适用范围】地表水、地下水、工业废水和生活污水。

【采样容器】见表 1。

【采样方法】—

【固定剂】—

【保存方法】及【保存期】见表 1。

【采样量】—

【容器洗涤】—

【检出限】见表 2。

【质量保证和质量控制】—

【结果表示】当结果<1 mg/L 时，保留至小数点后三位；≥1 mg/L 时，保留三位有效数字。

表 1 水样的保存方法及保存期

离子名称	盛放容器的材质	保存时间
F^-	聚乙烯瓶	14 d
Cl^-	聚乙烯瓶或硬质玻璃瓶	30 d
NO_2^-	聚乙烯瓶或硬质玻璃瓶	2 d
Br^-	聚乙烯瓶或硬质玻璃瓶	2 d
NO_3^-	聚乙烯瓶或硬质玻璃瓶	7 d
PO_4^{3-}	聚乙烯瓶或硬质玻璃瓶	2 d
SO_3^{2-}	聚乙烯瓶或硬质玻璃瓶	7 d
SO_4^{2-}	聚乙烯瓶或硬质玻璃瓶	30 d

表 2 方法检出限 单位：mg/L

离子名称	F^-	Cl^-	NO_2^-	Br^-	NO_3^-	PO_4^{3-}	SO_3^{2-}	SO_4^{2-}
方法检出限	0.006	0.007	0.016	0.016	0.016	0.051	0.046	0.018

51. 硒

水质 硒的测定 2,3-二氨基萘荧光法（GB/T 11902—1989）

【适用范围】各种清洁水、生活污水及某些工业废水。

【采样容器】聚乙烯瓶或硬质玻璃瓶。

【采样方法】—

【固定剂】—

【保存方法】天然水及饮用水可与室内阴凉处保存，工业废水最好及时分析或贮于冰箱内。

【保存期】—

【采样量】—

【容器洗涤】经 1+1 硝酸浸泡 4 h 以上，用大量自来水和蒸馏水冲洗干净。

【检出限】0.25 mg/L。

【质量保证和质量控制】—

【结果表示】保留两位小数。

水质　硒的测定　石墨炉原子吸收分光光度法（GB/T 15505—1995）

【适用范围】水与废水。

【采样容器】聚乙烯瓶。

【采样方法】—

【固定剂】硝酸。

【保存方法】加硝酸酸化至 pH 值为 1～2，常温保存。

【保存期】半年。

【采样量】—

【容器洗涤】—

【检出限】0.003 mg/L。

【质量保证和质量控制】—

【结果表示】—

水质　汞、砷、硒、铋和锑的测定　原子荧光法（HJ 694—2014）

【适用范围】地表水、地下水、生活污水和工业废水。

【采样容器】聚乙烯瓶或硬质玻璃瓶。

【采样方法】—

【固定剂】浓盐酸。

【保存方法】1 L 水样中加浓盐酸 2 mL。

【保存期】14 d。

【采样量】250 mL。

【容器洗涤】洗涤剂洗 1 次，自来水洗 2 次，（1+3）硝酸荡洗 1 次，自来水洗 3 次，去离子水洗 1 次。

【检出限】0.4 μg/L。

【质量保证和质量控制】全程空白的测试结果应小于方法检出限。

【结果表示】当结果＜10 μg/L 时，保留至小数点后一位；＞10 μg/L 时，保留三位有效数字。

水质　65 种元素的测定　电感耦合等离子体质谱法（HJ 700—2014）

【适用范围】地表水、地下水、生活污水、低浓度工业废水。

【采样容器】聚乙烯瓶（桶）或玻璃瓶。

【采样方法】样品采集后用 0.45 μm 滤膜过滤，弃去初始的滤液 50 mL，用少量的滤液清洗采样瓶，收集所需体积的滤液于采样瓶中。

【固定剂】（1+1）硝酸溶液。

【保存方法】加（1+1）硝酸酸化至 pH＜2。

【保存期】14 d。

【采样量】250 mL。

【容器洗涤】洗涤剂洗 1 次，自来水洗 2 次，（1+3）硝酸荡洗 1 次，自来水洗 3 次，蒸馏水洗 1 次。

【检出限】0.41 μg/L。

【质量保证和质量控制】每批样品应至少做一个全程序空白及实验室空白。空白值应符合下列的情况之一才能被认为是可接受的：（1）空白值低于方法检出限；（2）低于标准限值的 10%；（3）低于每一批样品最低值的 10%。否则须查找原因，重新分析直至合格之后才能分析样品。

【结果表示】小数位数与方法检出限保持一致，最多保留三位有效数字。

水质　32 种元素的测定　电感耦合等离子体发射光谱法（HJ 776—2015）

【适用范围】地表水、地下水、生活污水及工业废水。

【采样容器】聚乙烯瓶（桶）或玻璃瓶。

【采样方法】可溶性元素，样品采集后立即通过水系微孔滤膜过滤，弃去初始的 50～100 mL 滤液，收集所需体积的滤液，加入适量硝酸，使硝酸含量达到 1%。元素总量，样品采集后立即加入适量硝酸，使硝酸含量达到 1%。

【固定剂】硝酸。

【保存方法】加硝酸，使硝酸含量达到 1%。

【保存期】14 d。

【采样量】250 mL。

【容器洗涤】用洗涤剂和水依次洗净聚乙烯瓶，置于（1+1）硝酸溶液浸泡 24 h，用实验水彻底洗净。

【检出限】水平检出限：0.03 mg/L；垂直检出限：0.1 mg/L。

【质量保证和质量控制】每批样品至少做一个全程序空白，空白值应低于方法测定下限。否则应查明原因，重新分析直至合格之后才能测定样品。

水质　总硒的测定　3,3′-二氨基联苯胺分光光度法（HJ 811—2016）

【适用范围】地表水、地下水、生活污水和工业废水。

【采样容器】聚乙烯瓶或硬质玻璃瓶。

【采样方法】—

【固定剂】硝酸。

【保存方法】1 000 mL 样品加 10 mL 硝酸，于 4℃冷藏保存。

【保存期】14 d。

【采样量】—

【容器洗涤】（1+1）硝酸荡洗，并依次用自来水和实验用水冲洗干净。

【检出限】2.0 mg/L。

【质量保证和质量控制】—

【结果表示】当结果＜10 μg/L 时，保留至小数点后一位；≥10 μg/L 时，保留三位有效数字。

生活饮用水标准检验方法　金属指标（7.1 氢化物原子荧光法）（GB/T 5750.6—2006）

【适用范围】生活饮用水及其水源水。

【采样容器】聚乙烯瓶。

【采样方法】—

【固定剂】硝酸。

【保存方法】加硝酸酸化至 pH≤2。

【保存期】14 d。

【采样量】0.5～1 L。

【容器洗涤】将容器用水和洗涤剂清洗，除去灰尘、油垢后用自来水冲洗干净，然后用质量分数 10%的硝酸（或盐酸）浸泡 8 h，取出沥干后用自来水冲洗 3 次，并用蒸馏水充分淋洗干净。

【检出限】0.4 μg/L。

【质量保证和质量控制】—

【结果表示】—

生活饮用水标准检验方法　金属指标（1.5 电感耦合等离子体质谱法）(GB/T 5750.6—2006）

【适用范围】生活饮用水及其水源水。

【采样容器】聚乙烯瓶。

【采样方法】—

【固定剂】硝酸。

【保存方法】加硝酸酸化至 pH≤2。

【保存期】14 d。

【采样量】0.5～1 L。

【容器洗涤】将容器用水和洗涤剂清洗，除去灰尘、油垢后用自来水冲洗干净，然后用质量分数 10%的硝酸（或盐酸）浸泡 8 h，取出沥干后用自来水冲洗 3 次，并用蒸馏水充分淋洗干净。

【检出限】0.09 μg/L。

【质量保证和质量控制】—

【结果表示】—

52. 细菌总数

生活饮用水标准检验方法　微生物指标（1.1 平皿计数法）（GB/T 5750.12—2006）

【适用范围】生活饮用水及其水源水。

【采样容器】—

【采样方法】—

【固定剂】—

【保存方法】—

【保存期】—

【采样量】0.5 L。

【容器洗涤】将容器用自来水和洗涤剂洗涤，并用自来水彻底冲洗后用质量分数为 10%盐酸溶液浸泡过夜，然后依次用自来水、蒸馏水洗净。

【检出限】—

【质量保证和质量控制】—

【结果表示】—

水质 细菌总数的测定 平皿计数法（HJ 1000—2018）

【适用范围】地表水、地下水、生活污水和工业废水。

【采样容器】玻璃瓶。

【采样方法】—

【固定剂】—

【保存方法】样品在 2 h 内检测，否则在 10℃冷藏保存。

【保存期】6 h。

【采样量】采样容量的 80%。

【容器洗涤】不得用样品洗涤。

【检出限】—

【质量保证和质量控制】—

【结果表示】结果保留至整数位，最多保留两位有效数字。

53. 硝酸盐氮

水质 硝酸盐氮的测定 酚二磺酸分光光度法（GB/T 7480—1987）

【适用范围】饮用水、地下水和清洁地面水。

【采样容器】聚乙烯瓶或硬质玻璃瓶。

【采样方法】—

【固定剂】—

【保存方法】4℃冷藏保存，不得超过 24 h。

【保存期】24 h。

【采样量】—

【容器洗涤】—

【检出限】0.02 mg/L。

【质量保证和质量控制】—

【结果表示】—

水质 硝酸盐氮的测定 气相分子吸收光谱法（HJ/T 198—2005）

【适用范围】地表水、地下水、海水、饮用水、生活污水及工业污水。

【采样容器】聚乙烯瓶或硬质玻璃瓶。

【采样方法】—

【固定剂】硫酸。

【保存方法】加硫酸酸化至 pH＜2，24 h 内测定。

【保存期】24 h。

【采样量】—

【容器洗涤】—

【检出限】0.006 mg/L。

【质量保证和质量控制】—

【结果表示】—

水质　硝酸盐氮的测定　紫外分光光度法（HJ/T 346—2007）

【适用范围】地表水、地下水。
【采样容器】—
【采样方法】—
【固定剂】—
【保存方法】—
【保存期】—
【采样量】—
【容器洗涤】—
【检出限】0.08 mg/L。
【质量保证和质量控制】—
【结果表示】—

水质　氰化物等的测定　真空检测管-电子比色法（HJ 659—2013）

【适用范围】地下水、地表水、生活污水和工业废水。
【采样容器】聚乙烯瓶或硬质玻璃瓶。
【采样方法】—
【固定剂】无须添加固定剂。
【保存方法】—
【保存期】现场测定。
【采样量】250 mL。
【容器洗涤】洗涤剂洗 1 次，自来水洗 3 次，蒸馏水洗 1 次。
【检出限】0.7 mg/L。
【质量保证和质量控制】每批样品应同步做一个全程序空白，测定结果应低于方法检出限，否则应检查真空检测管。
【结果表示】有效位数保留到定量下限位数。

水质　无机阴离子（F^-、Cl^-、NO_2^-、Br^-、NO_3^-、PO_4^{3-}、SO_3^{2-}、SO_4^{2-}）的测定　离子色谱法（HJ/T 84—2016）

【适用范围】地表水、地下水、工业废水和生活污水。
【采样容器】聚乙烯瓶或硬质玻璃瓶。
【采样方法】—
【固定剂】—
【保存方法】4℃冷藏，避光保存。
【保存期】7 d。
【采样量】250 mL。

【容器洗涤】洗涤剂洗 1 次，自来水洗 3 次，蒸馏水洗 1 次。

【检出限】0.016 mg/L。

【质量保证和质量控制】—

【结果表示】当结果＜1 mg/L 时，保留至小数点后三位；≥1 mg/L 时，保留三位有效数字。

生活饮用水标准检验方法　无机非金属指标（5.2 紫外分光光度法）（GB/T 5750.5—2006）

【适用范围】生活饮用水及其水源水。

【采样容器】聚乙烯瓶或硬质玻璃瓶。

【采样方法】—

【固定剂】硫酸。

【保存方法】每升水样加入 0.8 mL 浓硫酸，0～4℃冷藏，避光保存。

【保存期】24 h。

【采样量】3～5 L。

【容器洗涤】将容器用水和洗涤剂清洗，除去灰尘、油垢后用自来水冲洗干净，然后用质量分数 10%的硝酸（或盐酸）浸泡 8 h，取出沥干后用自来水冲洗 3 次，并用蒸馏水充分淋洗干净。

【检出限】0.2 mg/L。

【质量保证和质量控制】—

【结果表示】—

生活饮用水标准检验方法　无机非金属指标（3.2 离子色谱法）（GB/T 5750.5—2006）

【适用范围】生活饮用水及其水源水。

【采样容器】聚乙烯瓶或硬质玻璃瓶。

【采样方法】—

【固定剂】浓硫酸。

【保存方法】每升水样加入 0.8 mL 浓硫酸，0～4℃冷藏，避光保存。

【保存期】24 h。

【采样量】3～5 L。

【容器洗涤】将容器用水和洗涤剂清洗，除去灰尘、油垢后用自来水冲洗干净，然后用质量分数 10%的硝酸（或盐酸）浸泡 8 h，取出沥干后用自来水冲洗 3 次，并用蒸馏水充分淋洗干净。

【检出限】0.15 mg/L。

【质量保证和质量控制】—

【结果表示】—

54．锌

水质　铜、锌、铅、镉的测定　原子吸收分光光度法（GB/T 7475—1987）

【适用范围】第一部分为直接法，适用于测定地下水、地面水和废水中的铜、锌、铅、镉；第二部分为螯合萃取法，适用于测定地下水和清洁地面水中低浓度的铜、铅、镉。

【采样容器】聚乙烯瓶。

【采样方法】—
【固定剂】硝酸。
【保存方法】加硝酸酸化至 pH 值为 1～2。
【保存期】—
【采样量】—
【容器洗涤】—
【检出限】直接法：0.05 mg/L。
【质量保证和质量控制】—
【结果表示】—

水质　锌的测定　双硫腙分光光度法（GB/T 7472—1987）

【适用范围】天然水和某些废水中微量锌。
【采样容器】聚乙烯瓶。
【采样方法】—
【固定剂】硝酸。
【保存方法】加硝酸酸化至 pH 值约为 1.5。
【保存期】—
【采样量】—
【容器洗涤】硝酸溶液浸泡 24 h，然后用无锌水冲洗干净。
【检出限】5 μg/L。
【质量保证和质量控制】—
【结果表示】保留两位有效数字。

水质　65 种元素的测定　电感耦合等离子体质谱法（HJ 700—2014）

【适用范围】地表水、地下水、生活污水、低浓度工业废水。
【采样容器】聚乙烯瓶（桶）。
【采样方法】样品采集后用 0.45 μm 滤膜过滤，弃去初始的滤液 50 mL，用少量的滤液清洗采样瓶，收集所需体积的滤液于采样瓶中。
【固定剂】（1+1）硝酸溶液。
【保存方法】加（1+1）硝酸酸化至 pH＜2。
【保存期】14 d。
【采样量】250 mL。
【容器洗涤】洗涤剂洗 1 次，自来水洗 2 次，（1+3）硝酸荡洗 1 次，自来水洗 3 次，蒸馏水洗 1 次。
【检出限】0.67 μg/L。
【质量保证和质量控制】每批样品应至少做一个全程序空白及实验室空白。空白值应符合下列的情况之一才能被认为是可接受的：（1）空白值低于方法检出限；（2）低于标准限值的 10%；（3）低于每一批样品最低值的 10%。否则须查找原因，重新分析直至合格之后才能分析样品。

【结果表示】小数位数与方法检出限保持一致，最多保留三位有效数字。

水质　32 种元素的测定　电感耦合等离子体发射光谱法（HJ 776—2015）

【适用范围】地表水、地下水、生活污水及工业废水。

【采样容器】聚乙烯瓶（桶）。

【采样方法】可溶性元素，样品采集后立即通过水系微孔滤膜过滤，弃去初始的 50～100 mL 滤液，收集所需体积的滤液，加入适量硝酸，使硝酸含量达到 1%。元素总量，样品采集后立即加入适量硝酸，使硝酸含量达到 1%。

【固定剂】硝酸。

【保存方法】加硝酸，使硝酸含量达到 1%。

【保存期】14 d。

【采样量】250 mL。

【容器洗涤】用洗涤剂和水依次洗净聚乙烯瓶，置于（1+1）硝酸溶液浸泡 24 h，用实验水彻底洗净。

【检出限】水平检出限：0.009 mg/L；垂直检出限：0.004 mg/L。

【质量保证和质量控制】每批样品至少做一个全程序空白，空白值应低于方法测定下限。否则应查明原因，重新分析直至合格之后才能测定样品。

【结果表示】小数位数与方法检出限保持一致，最多保留三位有效数字。

生活饮用水标准检验方法　金属指标（5.1 火焰原子吸收分光光度法）（GB/T 5750.6—2006）

【适用范围】生活饮用水及水源水中较高浓度的铜、铁、锰、锌、镉和铅的测定。

【采样容器】聚乙烯瓶。

【采样方法】—

【固定剂】硝酸。

【保存方法】加硝酸酸化至 pH≤2。

【保存期】14 d。

【采样量】0.5～1 L。

【容器洗涤】将容器用水和洗涤剂清洗，除去灰尘、油垢后用自来水冲洗干净，然后用质量分数 10% 的硝酸（或盐酸）浸泡 8 h，取出沥干后用自来水冲洗 3 次，并用蒸馏水充分淋洗干净。

【检出限】0.05 mg/L。

【质量保证和质量控制】—

【结果表示】—

生活饮用水标准检验方法　金属指标（1.5 电感耦合等离子体质谱法）(GB/T 5750.6—2006)

【适用范围】生活饮用水及其水源水。

【采样容器】聚乙烯瓶。

【采样方法】—

【固定剂】硝酸。

【保存方法】加硝酸酸化至 pH≤2。

【保存期】14 d。

【采样量】0.5～1 L。

【容器洗涤】将容器用水和洗涤剂清洗，除去灰尘、油垢后用自来水冲洗干净，然后用质量分数 10% 的硝酸（或盐酸）浸泡 8 h，取出沥干后用自来水冲洗 3 次，并用蒸馏水充分淋洗干净。

【检出限】0.8 μg/L。

【质量保证和质量控制】—

【结果表示】—

55. 悬浮物

水质　悬浮物的测定　重量法（GB/T 11901—1989）

【适用范围】地面水、地下水，也适用于生活污水和工业废水。

【采样容器】聚乙烯瓶或硬质玻璃瓶。

【采样方法】—

【固定剂】—

【保存方法】4℃冷藏保存。

【保存期】7 d。

【采样量】500～1 000 mL。

【容器洗涤】采样瓶用洗涤剂洗净，再依次用自来水和蒸馏水冲洗干净，在采样之前，再用即将采集的水样清洗 3 次。

【检出限】—

【质量保证和质量控制】—

【结果表示】—

56. 亚硝酸盐氮

水质　亚硝酸盐氮的测定　分光光度法（GB/T 7493—1987）

【适用范围】饮用水、地下水、地面水及废水。

【采样容器】聚乙烯瓶或硬质玻璃瓶。

【采样方法】—

【固定剂】氯化汞。

【保存方法】每升样品加入 40 mg 氯化汞，2～5℃冷藏保存。

【保存期】1～2 d。

【采样量】—

【容器洗涤】—

【检出限】0.003 mg/L。

【质量保证和质量控制】—

【结果表示】保留三位小数。

水质 亚硝酸盐氮的测定 气相分子吸收光谱法（HJ/T 197—2005）

【适用范围】地表水、地下水、海水、饮用水、生活污水及工业污水。

【采样容器】聚乙烯瓶或硬质玻璃瓶。

【采样方法】水样充满瓶。

【固定剂】—

【保存方法】4℃冷藏保存。

【保存期】—

【采样量】—

【容器洗涤】—

【检出限】0.003 mg/L。

【质量保证和质量控制】—

【结果表示】—

水质 氰化物等的测定 真空检测管-电子比色法（HJ 659—2013）

【适用范围】地下水、地表水、生活污水和工业废水。

【采样容器】聚乙烯瓶或硬质玻璃瓶。

【采样方法】—

【固定剂】无须添加固定剂。

【保存方法】—

【保存期】现场测定。

【采样量】250 mL。

【容器洗涤】洗涤剂洗 1 次，自来水洗 3 次，蒸馏水洗 1 次。

【检出限】0.03 mg/L。

【质量保证和质量控制】每批样品应同步做一个全程序空白，测定结果应低于方法检出限，否则应检查真空检测管。

【结果表示】有效位数保留到定量下限位数。

水质 无机阴离子（F^-、Cl^-、NO_2^-、Br^-、NO_3^-、PO_4^{3-}、SO_3^{2-}、SO_4^{2-}）的测定 离子色谱法（HJ 84—2016）

【适用范围】地表水、地下水、工业废水和生活污水。

【采样容器】聚乙烯瓶或硬质玻璃瓶。

【采样方法】—

【固定剂】—

【保存方法】4℃冷藏，避光保存。

【保存期】2 d。

【采样量】250 mL。

【容器洗涤】洗涤剂洗 1 次，自来水洗 3 次，蒸馏水洗 1 次。

【检出限】0.016 mg/L。

【质量保证和质量控制】—

【结果表示】当结果＜1 mg/L 时，保留至小数点后三位；≥1 mg/L 时，保留三位有效数字。

生活饮用水标准检验方法　无机非金属指标（10.1 重氮偶合分光光度法）（GB/T 5750.5—2006）

【适用范围】生活饮用水及其水源水。

【采样容器】聚乙烯瓶或硬质玻璃瓶。

【采样方法】—

【固定剂】—

【保存方法】0～4℃冷藏，避光保存。

【保存期】尽快测定。

【采样量】3～5 L。

【容器洗涤】将容器用水和洗涤剂清洗，除去灰尘、油垢后用自来水冲洗干净，然后用质量分数 10%的硝酸（或盐酸）浸泡 8 h，取出沥干后用自来水冲洗 3 次，并用蒸馏水充分淋洗干净。

【检出限】0.001 mg/L。

【质量保证和质量控制】—

【结果表示】—

57. 阴离子表面活性剂

水质　阴离子表面活性剂的测定　亚甲蓝分光光度法（GB/T 7494—1987）

【适用范围】饮用水、地面水、生活污水及工业废水。

【采样容器】玻璃瓶。

【采样方法】—

【固定剂】1%的 40%甲醛溶液。

【保存方法】短期保存 4℃冷藏保存，超过 24 h，甲醛保存。

【保存期】加甲醛溶液可保存 4 d，氯仿饱和水样可保存 8 d。

【采样量】—

【容器洗涤】甲醇。

【检出限】0.05 mg/L。

【质量保证和质量控制】—

【结果表示】保留三位小数。

水质　阴离子表面活性剂的测定　流动注射-亚甲基蓝分光光度法（HJ 826—2017）

【适用范围】地表水、地下水、生活污水和工业废水。

【采样容器】玻璃瓶。

【采样方法】—

【固定剂】甲醛。

【保存方法】加甲醛使甲醛体积浓度为 1%，4℃冷藏保存。

【保存期】1 周。

【采样量】—
【容器洗涤】—
【检出限】0.04 mg/L。
【质量保证和质量控制】每批样品至少测定一个全程序空白，空白值不得超过方法测定下限。否则应查明原因，重新分析直至合格后才能测定样品。
【结果表示】当结果<1 mg/L 时，保留至小数点后两位；≥1 mg/L 时，保留三位有效数字。

生活饮用水标准检验方法　感官性状和物理指标（10.1 亚甲蓝分光光度法）（GB/T 5750.4—2006）
【适用范围】生活饮用水及其水源水。
【采样容器】—
【采样方法】—
【固定剂】—
【保存方法】—
【保存期】—
【采样量】3～5 L。
【容器洗涤】将容器用水和洗涤剂清洗，除去灰尘、油垢后用自来水冲洗干净，然后用质量分数 10%的硝酸（或盐酸）浸泡 8 h，取出沥干后用自来水冲洗 3 次，并用蒸馏水充分淋洗干净。
【检出限】0.050 mg/L。
【质量保证和质量控制】—
【结果表示】—

生活饮用水标准检验方法　感官性状和物理指标（10.2 二氮杂菲萃取分光光度法）（GB/T 5750.4—2006）
【适用范围】生活饮用水及其水源水。
【采样容器】—
【采样方法】—
【固定剂】—
【保存方法】—
【保存期】—
【采样量】3～5 L。
【容器洗涤】将容器用水和洗涤剂清洗，除去灰尘、油垢后用自来水冲洗干净，然后用质量分数 10%的硝酸（或盐酸）浸泡 8 h，取出沥干后用自来水冲洗 3 次，并用蒸馏水充分淋洗干净。
【检出限】0.025 mg/L。
【质量保证和质量控制】—
【结果表示】—

58. 银

水质 65 种元素的测定 电感耦合等离子体质谱法（HJ 700—2014）

【适用范围】地表水、地下水、生活污水、低浓度工业废水。

【采样容器】聚乙烯瓶（桶）或玻璃瓶。

【采样方法】样品采集后用 0.45 μm 滤膜过滤，弃去初始的滤液 50 mL，用少量的滤液清洗采样瓶，收集所需体积的滤液于采样瓶中。

【固定剂】（1+1）硝酸溶液。

【保存方法】加（1+1）硝酸酸化至 pH＜2。

【保存期】14 d。

【采样量】250 mL。

【容器洗涤】洗涤剂洗 1 次，自来水洗 2 次，（1+3）硝酸荡洗 1 次，自来水洗 3 次，蒸馏水洗 1 次。

【检出限】0.04 μg/L。

【质量保证和质量控制】每批样品应至少做一个全程序空白及实验室空白。空白值应符合下列的情况之一才能被认为是可接受的：（1）空白值低于方法检出限；（2）低于标准限值的 10%；（3）低于每一批样品最低值的 10%。否则须查找原因，重新分析直至合格之后才能分析样品。

【结果表示】小数位数与方法检出限保持一致，最多保留三位有效数字。

水质 32 种元素的测定 电感耦合等离子体发射光谱法（HJ 776—2015）

【适用范围】地表水、地下水、生活污水及工业废水。

【采样容器】聚乙烯瓶（桶）或玻璃瓶。

【采样方法】可溶性元素，样品采集后立即通过水系微孔滤膜过滤，弃去初始的 50～100 mL 滤液，收集所需体积的滤液，加入适量硝酸，使硝酸含量达到 1%。元素总量，样品采集后立即加入适量硝酸，使硝酸含量达到 1%。

【固定剂】硝酸。

【保存方法】加硝酸，使硝酸含量达到 1%。

【保存期】14 d。

【采样量】250 mL。

【容器洗涤】用洗涤剂和水依次洗净聚乙烯瓶，置于（1+1）硝酸溶液浸泡 24 h，用实验水彻底洗净。

【检出限】水平检出限：0.03 mg/L；垂直检出限：0.02 mg/L。

【质量保证和质量控制】每批样品至少做一个全程序空白，空白值应低于方法测定下限。否则应查明原因，重新分析直至合格之后才能测定样品。

【结果表示】小数位数与方法检出限保持一致，最多保留二位有效数字。

生活饮用水标准检验方法 金属指标（12.1 无火焰原子吸收分光光度法）（GB/T 5750.6—2006）

【适用范围】生活饮用水及其水源水。

【采样容器】聚乙烯瓶或硬质玻璃瓶（棕色）。

【采样方法】—

【固定剂】硝酸。

【保存方法】加硝酸酸化至 pH≤2。

【保存期】14 d。

【采样量】0.5～1 L。

【容器洗涤】将容器用水和洗涤剂清洗，除去灰尘、油垢后用自来水冲洗干净，然后用质量分数 10% 的硝酸（或盐酸）浸泡 8 h，取出沥干后用自来水冲洗 3 次，并用蒸馏水充分淋洗干净。

【检出限】2.5 μg/L。

【质量保证和质量控制】—

【结果表示】—

生活饮用水标准检验方法　金属指标（1.5　电感耦合等离子体质谱法）(GB/T 5750.6—2006)

【适用范围】生活饮用水及其水源水。

【采样容器】聚乙烯瓶或硬质玻璃瓶（棕色）。

【采样方法】—

【固定剂】硝酸。

【保存方法】加硝酸酸化至 pH≤2。

【保存期】14 d。

【采样量】0.5～1 L。

【容器洗涤】将容器用水和洗涤剂清洗，除去灰尘、油垢后用自来水冲洗干净，然后用质量分数 10% 的硝酸（或盐酸）浸泡 8 h，取出沥干后用自来水冲洗 3 次，并用蒸馏水充分淋洗干净。

【检出限】0.03 μg/L。

【质量保证和质量控制】—

【结果表示】—

59. 致突变性的鉴别

水质　致突变性的鉴别　蚕豆根尖微核试验法（HJ 1016—2019）

【适用范围】地表水、地下水、生活污水和工业废水。

【采样容器】1 000 mL 以上棕色玻璃瓶或聚丙烯、聚四氟乙烯、聚乙烯材质的容器。

【采样方法】采样应注意将样品沿瓶壁缓慢倒入采样瓶，样品与瓶塞之间不留空隙。

【固定剂】—

【保存方法】8℃冷藏，避光保存，在 48 h 内进行试验。

【保存期】样品若需长期保存，须充分混匀分装并留有适当空隙，于−18℃以下冷冻保存，保存期不超过 2 个月。

【采样量】1 000 mL。

【容器洗涤】—

【检出限】—

【质量保证和质量控制】—

【结果表示】—

60. 重金属

水质 65 种元素的测定 电感耦合等离子体质谱法（HJ 700—2014）

【适用范围】地表水、地下水、生活污水、低浓度工业废水。

【采样容器】—

【采样方法】样品采集后用 0.45 μm 滤膜过滤，弃去初始的滤液 50 mL，用少量的滤液清洗采样瓶，收集所需体积的滤液于采样瓶中。

【固定剂】硝酸。

【保存方法】加硝酸酸化至 pH＜2。

【保存期】—

【采样量】—

【容器洗涤】—

【检出限】见表 1。

表 1 65 种元素检出限

单位：μg/L

元素	检出限	元素	检出限	元素	检出限	元素	检出限
银	0.04	铒	0.02	钼	0.06	硒	0.41
铝	1.15	铕	0.04	钠	6.36	钐	0.04
砷	0.12	铁	0.82	铌	0.02	锡	0.08
金	0.02	镓	0.02	钕	0.04	锶	0.29
硼	1.25	钆	0.03	镍	0.06	铽	0.05
钡	0.20	锗	0.02	磷	19.6	碲	0.05
铍	0.04	铪	0.03	铅	0.09	钍	0.05
铋	0.03	钬	0.03	钯	0.02	钛	0.46
钙	6.61	铟	0.03	镨	0.04	铊	0.02
镉	0.05	铱	0.04	铂	0.03	铥	0.04
铈	0.03	钾	4.50	铷	0.04	铀	0.04
钴	0.03	镧	0.02	铼	0.04	钒	0.08
铬	0.11	锂	0.33	铑	0.03	钨	0.43
铯	0.03	镥	0.04	钌	0.05	钇	0.04
铜	0.08	镁	1.94	锑	0.15	镱	0.05
镝	0.03	锰	0.12	钪	0.20	锌	0.67
锆	0.04						

【质量保证和质量控制】每批样品应至少做一个全程序空白及实验室空白。空白值应符合下列的情况之一才能被认为是可接受的：（1）空白值低于方法检出限；（2）低于标准限值的 10%；（3）低于每一批样品最低值的 10%。否则须查找原因，重新分析直至合格之后才能分析样品。

【结果表示】小数位数与方法检出限保持一致，最多保留三位有效数字。

水质 32 种元素的测定 电感耦合等离子体发射光谱法（HJ 776—2015）

【适用范围】地表水、地下水、生活污水及工业废水。

【采样容器】聚乙烯瓶。

【采样方法】可溶性元素，样品采集后立即通过水系微孔滤膜过滤，弃去初始的 50～100 mL 滤液，收集所需体积的滤液，加入适量硝酸，使硝酸含量达到 1%。元素总量，样品采集后立即加入适量硝酸，使硝酸含量达到 1%。

【固定剂】硝酸。

【保存方法】加硝酸，使硝酸含量达到 1%。

【保存期】—

【采样量】—

【容器洗涤】用洗涤剂和水依次洗净聚乙烯瓶，置于（1+1）硝酸溶液浸泡 24 h，用实验水彻底洗净。

【检出限】见表 1。

表 1　32 种元素检出限　　单位：mg/L

元素	水平检出限	垂直检出限	元素	水平检出限	垂直检出限
银	0.03	0.02	锰	0.01	0.004
铝	0.009	0.07	钼	0.05	0.02
砷	0.2	0.2	钠	0.03	0.12
硼	0.01	0.4	镍	0.007	0.02
钡	0.01	0.002	磷	0.04	0.06
铍	0.008	0.010	铅	0.1	0.07
铋	0.04	0.08	硫	1.0	0.52
钙	0.02	0.02	锑	0.2	0.06
镉	0.05	0.005	硒	0.03	0.1
钴	0.02	0.01	硅	0.02	0.1
铬	0.03	0.03	锡	0.04	0.2
铜	0.04	0.006	锶	0.01	0.01
铁	0.01	0.02	钛	0.02	0.02
钾	0.07	0.05	钒	0.01	0.01
锂	0.02	0.009	锌	0.009	0.004
镁	0.02	0.003	锆	0.01	0.09

【质量保证和质量控制】每批样品至少做一个全程序空白，空白值应低于方法测定下限。否则应查明原因，重新分析直至合格之后才能测定样品。

【结果表示】小数位数与方法检出限保持一致，最多保留三位有效数字。

61. 浊度

水质　浊度的测定（GB/T 13200—1991）

【适用范围】第一篇分光光度法，适用于饮用水、天然水及高浊度水；第二篇目视比浊法，适用于饮用水和水源水等低浊度的水。

【采样容器】玻璃瓶。

【采样方法】—

【固定剂】—

【保存方法】冷暗处保存。

【保存期】24 h。

【采样量】—
【容器洗涤】—
【检出限】分光光度法：3 度；目视比浊法：1 度。
【质量保证和质量控制】—
【结果表示】—

62. 总 α 放射性

水质 总 α 放射性的测定 厚源法（HJ 898—2017）

【适用范围】地表水、地下水、工业废水和生活污水。
【采样容器】聚乙烯桶。
【采样方法】—
【固定剂】（1+1）硝酸溶液。
【保存方法】每升样品加（1+1）硝酸 20 mL，2～5℃冷藏保存。
【保存期】2 个月。
【采样量】6 L。
【容器洗涤】将采样设备冲洗干净，并用原水冲洗 3 次。
【检出限】1.5×10^{-2} Bq/L。
【质量保证和质量控制】—
【结果表示】当结果＜0.1 Bq/L 时，保留至小数点后三位；≥0.1 Bq/L 时，保留三位有效数字。

63. 总 β 放射性

水质 总 β 放射性的测定 厚源法（HJ 899—2017）

【适用范围】地表水、地下水、工业废水和生活污水。
【采样容器】聚乙烯桶。
【采样方法】—
【固定剂】（1+1）硝酸溶液。
【保存方法】每升样品加（1+1）硝酸 20 mL，2～5℃冷藏保存。
【保存期】2 个月。
【采样量】6 L。
【容器洗涤】将采样设备冲洗干净，并用原水冲洗 3 次。
【检出限】1.5×10^{-2} Bq/L。
【质量保证和质量控制】—
【结果表示】当结果＜0.1 Bq/L 时，保留至小数点后三位；≥0.1 Bq/L 时，保留三位有效数字。

64. 总大肠菌群

生活饮用水标准检验方法 微生物指标（2.1 多管发酵法）（GB/T 5750.12—2006）

【适用范围】生活饮用水及其水源水。
【采样容器】—

【采样方法】—
【固定剂】—
【保存方法】—
【保存期】—
【采样量】0.5 L。
【容器洗涤】将容器用自来水和洗涤剂洗涤，并用自来水彻底冲洗后用质量分数为 10%盐酸溶液浸泡过夜，然后依次用自来水、蒸馏水洗净。
【检出限】—
【质量保证和质量控制】—
【结果表示】—

生活饮用水标准检验方法　微生物指标（2.2 滤膜法）（GB/T 5750.12—2006）

【适用范围】生活饮用水及水源水。
【采样容器】—
【采样方法】—
【固定剂】—
【保存方法】—
【保存期】—
【采样量】—
【容器洗涤】—
【检出限】—
【质量保证和质量控制】—
【结果表示】以 CFU/100 mL 表示。

生活饮用水标准检验方法　微生物指标（2.3 酶底物法）（GB/T 5750.12—2006）

【适用范围】生活饮用水及水源水。
【采样容器】—
【采样方法】—
【固定剂】—
【保存方法】—
【保存期】—
【采样量】—
【容器洗涤】—
【检出限】—
【质量保证和质量控制】—
【结果表示】以 MPN/100 mL 表示。

水质　总大肠菌群、粪大肠菌群和大肠埃希氏菌的测定　酶底物法（HJ 1001—2018）

【适用范围】地表水、地下水、生活污水和工业废水。

【采样容器】灭菌采样瓶。

【采样方法】—

【固定剂】—

【保存方法】2 h 内检测，否则需 10℃冷藏保存并不得超过 6 h。

【保存期】6 h。

【采样量】采样瓶容量的 80%左右。

【容器洗涤】不得用水样洗涤。

【检出限】10 MPN/L。

【质量保证和质量控制】—

【结果表示】结果保留两位有效数字，当结果≥100 MPN/L 时，以科学计数法表示。

水质　总大肠菌群和粪大肠菌群的测定　纸片快速法（HJ 755—2015）

【适用范围】地表水、地下水和废水。

【采样容器】玻璃瓶。

【采样方法】采样前灭菌，采样时不得用样品洗涤。

【固定剂】—

【保存方法】10℃冷藏保存。0.10 g/mL 硫代硫酸钠溶液 0.2 mL 去除活性氯，0.15 g/mL EDTA 0.6 mL 去除重金属。

【保存期】10℃冷藏保存不超过 6 h。

【采样量】200 mL。

【容器洗涤】—

【检出限】20 MPN/L。

【质量保证和质量控制】—

【结果表示】以 MPN/L 表示。

65. 总氮

水质　总氮的测定　碱性过硫酸钾消解紫外分光光度法（HJ 636—2012）

【适用范围】地表水、地下水、工业废水和生活污水。

【采样容器】聚乙烯瓶或硬质玻璃瓶。

【采样方法】—

【固定剂】硫酸。

【保存方法】加硫酸调 pH 值为 1～2，常温下可保存 7 d。贮存在聚乙烯瓶中，−20℃冷冻，可保存 1 个月。

【保存期】常温 7 d。

【采样量】—

【容器洗涤】—

【检出限】0.05 mg/L。
【质量保证和质量控制】—
【结果表示】当结果<1 mg/L 时，保留到小数点后两位；≥1 mg/L 时，保留三位有效数字。

水质　总氮的测定　连续流动-盐酸萘乙二胺分光光度法（HJ 667—2013）
【适用范围】地表水、地下水、生活污水和工业废水。
【采样容器】聚乙烯瓶或硬质玻璃瓶。
【采样方法】—
【固定剂】硫酸。
【保存期】加硫酸酸化至 pH≤2，常温下可保存 7 d。贮存在聚乙烯瓶中，−20℃冷冻，可保存 1 个月。
【采样量】—
【容器洗涤】—
【检出限】0.04 mg/L。
【质量保证和质量控制】—
【结果表示】当结果<1 mg/L 时，保留至小数点后两位；≥1 mg/L 时，保留三位有效数字。

水质　总氮的测定　流动注射-盐酸萘乙二胺分光光度法（HJ 668—2013）
【适用范围】地表水、地下水、生活污水和工业废水。
【采样容器】聚乙烯瓶或硬质玻璃瓶。
【采样方法】—
【固定剂】硫酸。
【保存方法】加硫酸酸化至 pH≤2，常温下可保存。贮存在聚乙烯瓶中，−20℃冷冻。
【保存期】加硫酸酸化至 pH≤2，常温下可保存 7 d。贮存在聚乙烯瓶中，−20℃冷冻，可保存 1 个月。
【采样量】—
【容器洗涤】—
【检出限】0.03 mg/L。
【质量保证和质量控制】—
【结果表示】当结果<1 mg/L 时，保留至小数点后两位；≥1 mg/L 时，保留三位有效数字。

66. 总铬

水质　65 种元素的测定　电感耦合等离子体质谱法（HJ 700—2014）
【适用范围】地表水、地下水、生活污水、低浓度工业废水。
【采样容器】聚乙烯瓶（桶）或玻璃瓶。
【采样方法】样品采集后用 0.45 μm 滤膜过滤，弃去初始的滤液 50 mL，用少量的滤液清洗采样瓶，收集所需体积的滤液于采样瓶中。
【固定剂】（1+1）硝酸溶液。
【保存方法】加（1+1）硝酸酸化至 pH<2。
【保存期】1 个月。

【采样量】100 mL。

【容器洗涤】酸洗。

【检出限】0.11 μg/L。

【质量保证和质量控制】每批样品应至少做一个全程序空白及实验室空白。空白值应符合下列的情况之一才能被认为是可接受的：（1）空白值低于方法检出限；（2）低于标准限值的 10%；（3）低于每一批样品最低值的 10%。否则须查找原因，重新分析直至合格之后才能分析样品。

【结果表示】小数位数与方法检出限保持一致，最多保留三位有效数字。

水质 32 种元素的测定 电感耦合等离子体发射光谱法（HJ 776—2015）

【适用范围】地表水、地下水、生活污水及工业废水。

【采样容器】聚乙烯瓶（桶）或玻璃瓶。

【采样方法】可溶性元素，样品采集后立即通过水系微孔滤膜过滤，弃去初始的 50～100 mL 滤液，收集所需体积的滤液，加入适量硝酸，使硝酸含量达到 1%。元素总量，样品采集后立即加入适量硝酸，使硝酸含量达到 1%。

【固定剂】硝酸。

【保存方法】加硝酸，使硝酸含量达到 1%。

【保存期】1 个月。

【采样量】100 mL。

【容器洗涤】用洗涤剂和水依次洗净聚乙烯瓶，置于（1+1）硝酸溶液浸泡 24 h，用实验水彻底洗净。

【检出限】水平检出限：0.03 mg/L；垂直检出限：0.03 mg/L。

【质量保证和质量控制】每批样品至少做一个全程序空白，空白值应低于方法测定下限。否则应查明原因，重新分析直至合格之后才能测定样品。

【结果表示】小数位数与方法检出限保持一致，最多保留三位有效数字。

水质 铬的测定 火焰原子吸收分光光度法（HJ 757—2015）

【适用范围】水和废水中高浓度可溶性铬和总铬。

【采样容器】—

【采样方法】—

【固定剂】硝酸。

【保存方法】加硝酸酸化至 pH≤2。

【保存期】14 d。

【采样量】—

【容器洗涤】—

【检出限】0.03 mg/L。

【质量保证和质量控制】—

【结果表示】当结果＜1 mg/L 时，保留至小数点后两位；≥1 mg/L 时，保留三位有效数字。

67. 总磷

水质 磷酸盐和总磷的测定 连续流动-钼酸铵分光光度法（HJ 670—2013）

【适用范围】地表水、地下水、生活污水和工业废水。

【采样容器】聚乙烯瓶或硬质玻璃瓶。

【采样方法】—

【固定剂】硫酸。

【保存方法】磷酸盐水样 0～4℃冷藏保存；总磷的水样加硫酸至 pH≤2。

【保存期】磷酸盐水样 0～4℃冷藏保存，可稳定 24 h。总磷的水样加硫酸至 pH≤2，常温可保存 24 h；于−20℃冷冻可保存 1 个月。

【采样量】—

【容器洗涤】—

【检出限】0.01 mg/L。

【质量保证和质量控制】—

【结果表示】当结果＜1 mg/L 时，保留至小数点后两位；≥1 mg/L 时，保留三位有效数字。

水质 总磷的测定 流动注射-钼酸铵分光光度法（HJ 671—2013）

【适用范围】地表水、地下水、生活污水和工业废水。

【采样容器】聚乙烯瓶或硬质玻璃瓶。

【采样方法】—

【固定剂】硫酸。

【保存方法】磷酸盐水样 0～4℃冷藏保存；总磷的水样加硫酸至 pH≤2。

【保存期】磷酸盐水样 0～4℃冷藏保存，可稳定 24 h。总磷的水样加硫酸至 pH≤2，常温可保存 24 h；于−20℃冷冻可保存 1 个月。

【采样量】—

【容器洗涤】—

【检出限】0.005 mg/L。

【质量保证和质量控制】—

【结果表示】当结果＜1 mg/L 时，保留至小数点后三位；≥1 mg/L 时，保留三位有效数字。

68. 总硬度

生活饮用水标准检验方法 感官性状和物理指标（7.1 乙二胺四乙酸二钠滴定法）（GB/T 5750.4—2006）

【适用范围】生活饮用水及其水源水。

【采样容器】—

【采样方法】—

【固定剂】—

【保存方法】—

【保存期】—

【采样量】3～5 L。

【容器洗涤】将容器用水和洗涤剂清洗，除去灰尘、油垢后用自来水冲洗干净，然后用质量分数 10%的硝酸（或盐酸）浸泡 8 h，取出沥干后用自来水冲洗 3 次，并用蒸馏水充分淋洗干净。

【检出限】1.0 mg/L。

【质量保证和质量控制】—

【结果表示】—

水质　钙和镁总量的测定　EDTA 滴定法（GB/T 7477—1987）

【适用范围】地下水和地面水。

【采样容器】聚乙烯瓶或硬质玻璃瓶。

【采样方法】—

【固定剂】硝酸。

【保存方法】加硝酸酸化至 pH 值为 1.5。

【保存期】—

【采样量】—

【容器洗涤】先将瓶洗净，采样时用水冲洗 3 次。

【检出限】0.05 mmol/L。

【质量保证和质量控制】—

【结果表示】—

69. 总有机碳

水质　总有机碳的测定　燃烧氧化-非分散红外吸收法（HJ 501—2009）

【适用范围】地表水、地下水、生活污水和工业废水。

【采样容器】棕色玻璃瓶。

【采样方法】充满采样瓶。

【固定剂】硫酸。

【保存方法】加硫酸酸化至 pH＜2，4℃冷藏保存。

【保存期】7 d。

【采样量】—

【容器洗涤】—

【检出限】0.1 mg/L。

【质量保证和质量控制】—

【结果表示】当结果＜100 mg/L 时，保留至小数点后一位；≥100 mg/L 时，保留三位有效数字。

（二）有机项目

1. 1,1,1–三氯乙烷

水质 挥发性有机物的测定 吹扫捕集/气相色谱-质谱法（HJ 639—2012）

【适用范围】海水、地下水、地表水、生活污水和工业废水。

【采样容器】40 mL 棕色玻璃瓶，具硅橡胶-聚四氟乙烯衬垫螺旋盖。

【采样方法】采样前，需要向每个样品瓶中加入抗坏血酸，每 40 mL 样品需加入 25 mg 的抗坏血酸。如果水样中总余氯的量超过 5 mg/L，应先按 HJ 586 附录 A 的方法测定总余氯后，再确定抗坏血酸的加入量。在 40 mL 样品瓶中，总余氯每超过 5 mg/L，需多加 25 mg 的抗坏血酸。采样时，水样呈中性时，向每个样品瓶中加入 0.5 mL 盐酸溶液，拧紧瓶盖；水样呈碱性时应加入适量盐酸溶液使样品 pH≤2。采集完水样后，应在样品瓶上立即贴上标签。当水样加盐酸溶液后产生大量气泡时，应弃去该样品，重新采集样品。重新采集的样品不应加盐酸溶液，样品标签上应注明未酸化，该样品应在 24 h 内分析。

【固定剂】盐酸。

【保存方法】样品采集后冷藏运输。运回实验室后应立即放入冰箱中，4℃以下冷藏保存，14 d 内分析完毕。样品存放区域应无有机物干扰。

【保存期】14 d。

【采样量】40 mL。

【容器洗涤】—

【检出限】1.4 μg/L。

【质量保证和质量控制】所有样品均采集平行双样。每批样品应带一个全程序空白和一个运输空白。

水质 挥发性有机物的测定 顶空/气相色谱-质谱法（HJ 810—2016）

【适用范围】地表水、地下水、生活污水、工业废水和海水。

【采样容器】40 mL 棕色螺口玻璃瓶，具硅橡胶-聚四氟乙烯衬垫螺旋盖，放置于不含挥发性有机物的区域。

【采样方法】若水样中含有余氯，采样前，应向 40 mL 棕色采样瓶中加 25 mg（精确至 0.001 g）抗坏血酸。若水样中余氯含量超过 5 mg/L，应按比例增加抗坏血酸的加入量，余氯含量每增加 5 mg/L，则应多加入 25 mg（精确至 0.001 g）抗坏血酸。采集样品时，不宜用水样进行荡洗，应使水样在样品瓶中溢流且不留空间，取样时应尽量避免或减少样品在空气中暴露。

【固定剂】盐酸。

【保存方法】样品采集后，应立即加入适量盐酸溶液，使样品 pH≤2，拧紧瓶塞，贴上标签，立即放入冷藏箱中于 4℃以下冷藏运输。样品运回实验室后，应于 4℃以下冷藏、避光和密封保存，14 d 内完成分析测定。

【保存期】14 d。

【采样量】40 mL。

【容器洗涤】—

【检出限】3 μg/L。

【质量保证和质量控制】所有样品均采集平行双样。每批样品应至少做一个全程序空白。

2. 1,1,2-三氯乙烷

水质 挥发性有机物的测定 吹扫捕集/气相色谱-质谱法（HJ 639—2012）

【适用范围】海水、地下水、地表水、生活污水和工业废水。

【采样容器】40 mL 棕色玻璃瓶，具硅橡胶-聚四氟乙烯衬垫螺旋盖。

【采样方法】采样前，需要向每个样品瓶中加入抗坏血酸，每 40 mL 样品需加入 25 mg 的抗坏血酸。如果水样中总余氯的量超过 5 mg/L，应先按 HJ 586 附录 A 的方法测定总余氯后，再确定抗坏血酸的加入量。在 40 mL 样品瓶中，总余氯每超过 5 mg/L，需多加 25 mg 的抗坏血酸。采样时，水样呈中性时，向每个样品瓶中加入 0.5 mL 盐酸溶液，拧紧瓶盖；水样呈碱性时应加入适量盐酸溶液使样品 pH≤2。采集完水样后，应在样品瓶上立即贴上标签。当水样加盐酸溶液后产生大量气泡时，应弃去该样品，重新采集样品。重新采集的样品不应加盐酸溶液，样品标签上应注明未酸化，该样品应在 24 h 内分析。

【固定剂】盐酸。

【保存方法】样品采集后冷藏运输。运回实验室后应立即放入冰箱中，在 4℃以下保存，14 d 内分析完毕。样品存放区域应无有机物干扰。

【保存期】14 d。

【采样量】40 mL。

【容器洗涤】—

【检出限】1.5 μg/L。

【质量保证和质量控制】所有样品均采集平行双样。每批样品应带一个全程序空白和一个运输空白。

水质 挥发性有机物的测定 顶空/气相色谱-质谱法（HJ 810—2016）

【适用范围】地表水、地下水、生活污水、工业废水和海水。

【采样容器】40 mL 棕色螺口玻璃瓶，具硅橡胶-聚四氟乙烯衬垫螺旋盖，放置于不含挥发性有机物的区域。

【采样方法】若水样中含有余氯，采样前，应向 40 mL 棕色采样瓶中加 25 mg（精确至 0.001 g）抗坏血酸。若水样中余氯含量超过 5 mg/L，应按比例增加抗坏血酸的加入量，余氯含量每增加 5 mg/L，则应多加入 25 mg（精确至 0.001 g）抗坏血酸。采集样品时，不宜用水样进行荡洗，应使水样在样品瓶中溢流且不留空间，取样时应尽量避免或减少样品在空气中暴露。

【固定剂】盐酸。

【保存方法】样品采集后，应立即加入适量盐酸溶液，使样品 pH≤2，拧紧瓶塞，贴上标签，立即放入冷藏箱中于 4℃以下冷藏运输。样品运回实验室后，应于 4℃以下冷藏、避光和密封保存，14 d 内完成分析测定。

【保存期】14 d。

【采样量】40 mL。

【容器洗涤】—

【检出限】5 μg/L。

【质量保证和质量控制】所有样品均采集平行双样。每批样品应至少做一个全程序空白。

3. 1,1-二氯乙烯

水质　挥发性卤代烃的测定　顶空气相色谱法（HJ 620—2011）

【适用范围】地表水、地下水、饮用水、海水、工业废水和生活污水。

【采样容器】40 mL 具聚四氟乙烯衬的硅橡胶垫的棕色螺口玻璃瓶或其他同类采样瓶。

【采样方法】如果水样含有余氯，向采样瓶中加入 0.3～0.5 g 抗坏血酸或硫代硫酸钠。采样时样品沿瓶壁注入，防止气泡产生，水样充满后不留液上空间，如从自来水或有抽水设备的出水管处取水时，应先平缓放水 5～10 min。

【固定剂】—

【保存方法】水样采集后应立即放入 4℃左右冷藏箱内，送回实验室应尽快分析，如不能及时分析，可在 4℃左右冷藏保存，样品存放区域无有机物干扰，7 d 内完成样品分析。

【保存期】7 d。

【采样量】40 mL。

【容器洗涤】—

【检出限】2.38 μg/L。

【质量保证和质量控制】所有样品均采集平行样。每批样品要带一个全程序空白。采用与水样采集相同的装置及试剂，用实验用水充满顶空瓶。其他步骤同水样采集和保存方法。

水质　挥发性有机物的测定　吹扫捕集/气相色谱-质谱法（HJ 639—2012）

【适用范围】海水、地下水、地表水、生活污水和工业废水。

【采样容器】40 mL 棕色玻璃瓶，具硅橡胶-聚四氟乙烯衬垫螺旋盖。

【采样方法】采样前，需要向每个样品瓶中加入抗坏血酸，每 40 mL 样品需加入 25 mg 的抗坏血酸。如果水样中总余氯的量超过 5 mg/L，应先按 HJ 586 附录 A 的方法测定总余氯后，再确定抗坏血酸的加入量。在 40 mL 样品瓶中，总余氯每超过 5 mg/L，需多加 25 mg 的抗坏血酸。采样时，水样呈中性时向每个样品瓶中加入 0.5 mL 盐酸溶液，拧紧瓶盖；水样呈碱性时应加入适量盐酸溶液使样品 pH≤2。采集完水样后，应在样品瓶上立即贴上标签。当水样加盐酸溶液后产生大量气泡时，应弃去该样品，重新采集样品。重新采集的样品不应加盐酸溶液，样品标签上应注明未酸化，该样品应在 24 h 内分析。

【固定剂】盐酸。

【保存方法】样品采集后冷藏运输。运回实验室后应立即放入冰箱中，4℃以下冷藏保存，14 d 内分析完毕。样品存放区域应无有机物干扰。

【保存期】14 d。

【采样量】40 mL。

【容器洗涤】—

【检出限】1.2 μg/L。

【质量保证和质量控制】所有样品均采集平行双样。每批样品应带一个全程序空白和一个运输空白。

水质 挥发性有机物的测定 吹扫捕集/气相色谱法（HJ 686—2014）

【适用范围】地表水、地下水、生活污水和工业废水。

【采样容器】40 mL 棕色玻璃瓶，螺旋盖（带聚四氟乙烯涂层密封垫）。

【采样方法】用 40 mL 采样瓶采样。如果水样含有余氯，向采样瓶中加入约 25 mg 抗坏血酸。

【固定剂】盐酸。

【保存方法】加 0.5 mL 盐酸溶液，4℃冷藏保存，可保存 14 d。

【保存期】14 d。

【采样量】40 mL。

【容器洗涤】—

【检出限】0.1 μg/L。

【质量保证和质量控制】所有样品均采集平行双样，每批样品应带一个全程序空白和一个运输空白。

水质 挥发性有机物的测定 顶空/气相色谱-质谱法（HJ 810—2016）

【适用范围】地表水、地下水、生活污水、工业废水和海水。

【采样容器】40 mL 棕色螺口玻璃瓶，具硅橡胶-聚四氟乙烯衬垫螺旋盖，放置于不含挥发性有机物的区域。

【采样方法】若水样中含有余氯，采样前，应向 40 mL 棕色采样瓶中加 25 mg（精确至 0.001 g）抗坏血酸。若水样中余氯含量超过 5 mg/L，应按比例增加抗坏血酸的加入量，余氯含量每增加 5 mg/L，则应多加入 25 mg（精确至 0.001 g）抗坏血酸。采集样品时，不宜用水样进行荡洗，应使水样在样品瓶中溢流且不留空间，取样时应尽量避免或减少样品在空气中暴露。

【固定剂】盐酸。

【保存方法】样品采集后，应立即加入适量盐酸溶液，使样品 pH≤2，拧紧瓶塞，贴上标签，立即放入冷藏箱中于 4℃以下冷藏运输。样品运回实验室后，应于 4℃以下冷藏、避光和密封保存，14 d 内完成分析测定。

【保存期】14 d。

【采样量】40 mL。

【容器洗涤】—

【检出限】6 μg/L。

【质量保证和质量控制】所有样品均采集平行双样。每批样品应至少做一个全程序空白。

4. 1,2-二氯苯（邻二氯苯）

水质 氯苯类化合物的测定 气相色谱法（HJ 621—2011）

【适用范围】地表水、地下水、饮用水、海水、工业废水及生活污水。

【采样容器】棕色玻璃瓶。

【采样方法】用棕色玻璃瓶采集样品，使样品充满采样瓶。用内衬聚四氟乙烯硅胶垫（或铝箔垫）的瓶盖密封。

【固定剂】浓硫酸。

【保存方法】如当天不能分析，采样时每升水样中加入 1.0 mL 浓硫酸，2～5℃冷藏保存，7 d 内完成样品分析。

【保存期】7 d。

【采样量】1 000 mL。

【容器洗涤】—

【检出限】0.29 μg/L。

【质量保证和质量控制】每批样品至少分析一个全程序空白样，全程序空白测定值应低于检出限。每分析一批（20 个）样品至少做 10%的平行样品测定，平行样品相对偏差在 30%以内。

水质　挥发性有机物的测定　吹扫捕集/气相色谱-质谱法（HJ 639—2012）

【适用范围】海水、地下水、地表水、生活污水和工业废水。

【采样容器】40 mL 棕色玻璃瓶，具硅橡胶-聚四氟乙烯衬垫螺旋盖。

【采样方法】采样前，需要向每个样品瓶中加入抗坏血酸，每 40 mL 样品需加入 25 mg 的抗坏血酸。如果水样中总余氯的量超过 5 mg/L，应先按 HJ 586 附录 A 的方法测定总余氯后，再确定抗坏血酸的加入量。在 40 mL 样品瓶中，总余氯每超过 5 mg/L，需多加 25 mg 的抗坏血酸。采样时，水样呈中性时，向每个样品瓶中加入 0.5 mL 盐酸溶液，拧紧瓶盖；水样呈碱性时应加入适量盐酸溶液使样品 pH≤2。采集完水样后，应在样品瓶上立即贴上标签。当水样加盐酸溶液后产生大量气泡时，应弃去该样品，重新采集样品。重新采集的样品不应加盐酸溶液，样品标签上应注明未酸化，该样品应在 24 h 内分析。

【固定剂】盐酸。

【保存方法】样品采集后冷藏运输。运回实验室后应立即放入冰箱中，在 4℃以下保存，14 d 内分析完毕。样品存放区域应无有机物干扰。

【保存期】14 d。

【采样量】40 mL。

【容器洗涤】—

【检出限】0.8 μg/L。

【质量保证和质量控制】所有样品均采集平行双样。每批样品应带一个全程序空白和一个运输空白。

水质　挥发性有机物的测定　顶空/气相色谱-质谱法（HJ 810—2016）

【适用范围】地表水、地下水、生活污水、工业废水和海水。

【采样容器】40 mL 棕色螺口玻璃瓶，具硅橡胶-聚四氟乙烯衬垫螺旋盖，放置于不含挥发性有机物的区域。

【采样方法】若水样中含有余氯，采样前，应向 40 mL 棕色采样瓶中加 25 mg（精确至 0.001 g）抗坏血酸。若水样中余氯含量超过 5 mg/L，应按比例增加抗坏血酸的加入量，余氯含量每增加 5 mg/L，则应多加入 25 mg（精确至 0.001 g）抗坏血酸。采集样品时，不宜用水样进行荡洗，应使水样在样品瓶中溢流且不留空间，取样时应尽量避免或减少样品在空气中暴露。

【固定剂】盐酸。

【保存方法】样品采集后，应立即加入适量盐酸溶液，使样品 pH≤2，拧紧瓶塞，贴上标签，立即放入冷藏箱中于 4℃以下冷藏运输。样品运回实验室后，应于 4℃以下冷藏、避光和密封保存，14 d 内完成分析测定。

【保存期】14 d。

【采样量】40 mL。

【容器洗涤】—

【检出限】3 μg/L。

【质量保证和质量控制】所有样品均采集平行双样。每批样品应至少做一个全程序空白。

5. 1,2-二氯丙烷

水质　挥发性有机物的测定　吹扫捕集/气相色谱-质谱法（HJ 639—2012）

【适用范围】海水、地下水、地表水、生活污水和工业废水。

【采样容器】40 mL 棕色玻璃瓶，具硅橡胶-聚四氟乙烯衬垫螺旋盖。

【采样方法】采样前，需要向每个样品瓶中加入抗坏血酸，每 40 mL 样品需加入 25 mg 的抗坏血酸。如果水样中总余氯的量超过 5 mg/L，应先按 HJ 586 附录 A 的方法测定总余氯后，再确定抗坏血酸的加入量。在 40 mL 样品瓶中，总余氯每超过 5 mg/L，需多加 25 mg 的抗坏血酸。采样时，水样呈中性时，向每个样品瓶中加入 0.5 mL 盐酸溶液，拧紧瓶盖；水样呈碱性时应加入适量盐酸溶液使样品 pH≤2。采集完水样后，应在样品瓶上立即贴上标签。当水样加盐酸溶液后产生大量气泡时，应弃去该样品，重新采集样品。重新采集的样品不应加盐酸溶液，样品标签上应注明未酸化，该样品应在 24 h 内分析。

【固定剂】盐酸。

【保存方法】样品采集后冷藏运输。运回实验室后应立即放入冰箱中，4℃以下冷藏保存，14 d 内分析完毕。样品存放区域应无有机物干扰。

【保存期】14 d。

【采样量】40 mL。

【容器洗涤】—

【检出限】1.2 μg/L。

【质量保证和质量控制】所有样品均采集平行双样。每批样品应带一个全程序空白和一个运输空白。

水质　挥发性有机物的测定　顶空/气相色谱-质谱法（HJ 810—2016）

【适用范围】地表水、地下水、生活污水、工业废水和海水。

【采样容器】40 mL 棕色螺口玻璃瓶，具硅橡胶-聚四氟乙烯衬垫螺旋盖，放置于不含挥发性有机物的区域。

【采样方法】若水样中含有余氯，采样前，应向 40 mL 棕色采样瓶中加 25 mg（精确至 0.001 g）抗坏血酸。若水样中余氯含量超过 5 mg/L，应按比例增加抗坏血酸的加入量，余氯含量每增加 5 mg/L，则应多加入 25 mg（精确至 0.001 g）抗坏血酸。采集样品时，不宜用水样进行荡洗，应使水样在样品瓶中溢流且不留空间，取样时应尽量避免或减少样品在空气中暴露。

【固定剂】盐酸。

【保存方法】样品采集后，应立即加入适量盐酸溶液，使样品 pH≤2，拧紧瓶塞，贴上标签，立即放入冷藏箱中于 4℃以下冷藏运输。样品运回实验室后，应于 4℃以下冷藏、避光和密封保存，14 d 内完成分析测定。

【保存期】14 d。

【采样量】40 mL。

【容器洗涤】—

【检出限】5 μg/L。

【质量保证和质量控制】所有样品均采集平行双样。每批样品应至少做一个全程序空白。

6. 1,2-二氯乙烷

水质　挥发性卤代烃的测定　顶空气相色谱法（HJ 620—2011）

【适用范围】地表水、地下水、饮用水、海水、工业废水和生活污水。

【采样容器】40 mL 具聚四氟乙烯衬的硅橡胶垫的棕色螺口玻璃瓶或其他同类采样瓶。

【采样方法】采样用 40 mL 采样瓶。如果水样含有余氯，向采样瓶中加入 0.3～0.5 g 抗坏血酸或硫代硫酸钠。采样时样品沿瓶壁注入，防止气泡产生，水样充满后不留液上空间，如从自来水或有抽水设备的出水管处取水时，应先平缓放水 5～10 min。

【固定剂】—

【保存方法】水样采集后应立即放入 4℃左右冷藏箱内，送回实验室应尽快分析，如不能及时分析，可在 4℃左右冷藏保存，样品存放区域无有机物干扰，7 d 内完成样品分析。

【保存期】7 d。

【采样量】40 mL。

【容器洗涤】—

【检出限】2.35 μg/L。

【质量保证和质量控制】所有样品均采集平行样。每批样品要带一个全程序空白。采用与水样采集相同的装置及试剂，用实验用水充满顶空瓶。其他步骤同水样采集和保存方法。

水质　挥发性有机物的测定　吹扫捕集/气相色谱-质谱法（HJ 639—2012）

【适用范围】海水、地下水、地表水、生活污水和工业废水。

【采样容器】40 mL 棕色玻璃瓶，具硅橡胶-聚四氟乙烯衬垫螺旋盖。

【采样方法】采样前，需要向每个样品瓶中加入抗坏血酸，每 40 mL 样品需加入 25 mg 的抗坏血酸。如果水样中总余氯的量超过 5 mg/L，应先按 HJ 586 附录 A 的方法测定总余氯后，再确定抗坏血酸的加入量。在 40 mL 样品瓶中，总余氯每超过 5 mg/L，需多加 25 mg 的抗坏血酸。采样时，水样呈中性时，向每个样品瓶中加入 0.5 mL 盐酸溶液，拧紧瓶盖；水样呈碱性时应加入适量盐酸溶液使样品 pH≤2。采集完水样后，应在样品瓶上立即贴上标签。当水样加盐酸溶液后产生大量气泡时，应弃去该样品，重新采集样品。重新采集的样品不应加盐酸溶液，样品标签上应注明未酸化，该样品应在 24 h 内分析。

【固定剂】盐酸。

【保存方法】样品采集后冷藏运输。运回实验室后应立即放入冰箱中，4℃以下冷藏保存，14 d 内分析完毕。样品存放区域应无有机物干扰。

【保存期】14 d。

【采样量】40 mL。

【容器洗涤】—

【检出限】1.4 μg/L。

【质量保证和质量控制】所有样品均采集平行双样。每批样品应带一个全程序空白和一个运输空白。

水质 挥发性有机物的测定 吹扫捕集/气相色谱法（HJ 686—2014）

【适用范围】地表水、地下水、生活污水和工业废水。

【采样容器】40 mL 棕色玻璃瓶，螺旋盖（带聚四氟乙烯涂层密封垫）。

【采样方法】用 40 mL 采样瓶采样。如果水样含有余氯，向采样瓶中加入约 25 mg 抗坏血酸。

【固定剂】盐酸。

【保存方法】加 0.5 mL 盐酸溶液，4℃冷藏保存，可保存 14 d。

【保存期】14 d。

【采样量】40 mL。

【容器洗涤】—

【检出限】0.1 μg/L。

【质量保证和质量控制】所有样品均采集平行双样。每批样品应带一个全程序空白和一个运输空白。

水质 挥发性有机物的测定 顶空/气相色谱-质谱法（HJ 810—2016）

【适用范围】地表水、地下水、生活污水、工业废水和海水。

【采样容器】40 mL 棕色螺口玻璃瓶，具硅橡胶-聚四氟乙烯衬垫螺旋盖，放置于不含挥发性有机物的区域。

【采样方法】若水样中含有余氯，采样前，应向 40 mL 棕色采样瓶中加 25 mg（精确至 0.001 g）抗坏血酸。若水样中余氯含量超过 5 mg/L，应按比例增加抗坏血酸的加入量，余氯含量每增加 5 mg/L，则应多加入 25 mg（精确至 0.001 g）抗坏血酸。采集样品时，不宜用水样进行荡洗，应使水样在样品瓶中溢流且不留空间，取样时应尽量避免或减少样品在空气中暴露。

【固定剂】盐酸。

【保存方法】样品采集后，应立即加入适量盐酸溶液，使样品 pH≤2，拧紧瓶塞，贴上标签，立即放入冷藏箱中于 4℃以下冷藏运输。样品运回实验室后，应于 4℃以下冷藏、避光和密封保存，14 d 内完成分析测定。

【保存期】14 d。

【采样量】40 mL。

【容器洗涤】—

【检出限】4 μg/L。

【质量保证和质量控制】所有样品均采集平行双样。每批样品应至少做一个全程序空白。

7. 1,2-二氯乙烯

水质　挥发性卤代烃的测定　顶空气相色谱法（HJ 620—2011）

【适用范围】地表水、地下水、饮用水、海水、工业废水和生活污水。

【采样容器】40 mL 具聚四氟乙烯衬的硅橡胶垫的棕色螺口玻璃瓶或其他同类采样瓶。

【采样方法】如果水样含有余氯，向采样瓶中加入 0.3～0.5 g 抗坏血酸或硫代硫酸钠。采样时样品沿瓶壁注入，防止气泡产生，水样充满后不留液上空间，如从自来水或有抽水设备的出水管处取水时，应先平缓放水 5～10 min。

【固定剂】—

【保存方法】水样采集后应立即放入 4℃左右冷藏箱内，送回实验室应尽快分析，如不能及时分析，可在 4℃左右冷藏保存，样品存放区域无有机物干扰，7 d 内完成样品分析。

【保存期】7 d。

【采样量】40 mL。

【容器洗涤】—

【检出限】1.38 μg/L。

【质量保证和质量控制】所有样品均采集平行样。每批样品要带一个全程序空白。采用与水样采集相同的装置及试剂，用实验用水充满顶空瓶。其他步骤同水样采集和保存方法。

水质　挥发性有机物的测定　吹扫捕集/气相色谱-质谱法（HJ 639—2012）

【适用范围】海水、地下水、地表水、生活污水和工业废水。

【采样容器】40 mL 棕色玻璃瓶，具硅橡胶-聚四氟乙烯衬垫螺旋盖。

【采样方法】采样前，需要向每个样品瓶中加入抗坏血酸，每 40 mL 样品需加入 25 mg 的抗坏血酸。如果水样中总余氯的量超过 5 mg/L，应先按 HJ 586 附录 A 的方法测定总余氯后，再确定抗坏血酸的加入量。在 40 mL 样品瓶中，总余氯每超过 5 mg/L，需多加 25 mg 的抗坏血酸。采样时，水样呈中性时，向每个样品瓶中加入 0.5 mL 盐酸溶液，拧紧瓶盖；水样呈碱性时应加入适量盐酸溶液使样品 pH≤2。采集完水样后，应在样品瓶上立即贴上标签。当水样加盐酸溶液后产生大量气泡时，应弃去该样品，重新采集样品。重新采集的样品不应加盐酸溶液，样品标签上应注明未酸化，该样品应在 24 h 内分析。

【固定剂】盐酸。

【保存方法】样品采集后冷藏运输。运回实验室后应立即放入冰箱中，4℃以下冷藏保存，14 d 内分析完毕。样品存放区域应无有机物干扰。

【保存期】14 d。

【采样量】40 mL。

【容器洗涤】—

【检出限】1.1 μg/L。

【质量保证和质量控制】所有样品均采集平行双样。每批样品应带一个全程序空白和一个运输空白。

水质 挥发性有机物的测定 吹扫捕集/气相色谱法（HJ 686—2014）

【适用范围】地表水、地下水、生活污水和工业废水。

【采样容器】40 mL 棕色玻璃瓶，螺旋盖（带聚四氟乙烯涂层密封垫）。

【采样方法】用 40 mL 采样瓶采样。如果水样含有余氯，向采样瓶中加入约 25 mg 抗坏血酸。

【固定剂】盐酸。

【保存方法】加 0.5 mL 盐酸溶液，4℃冷藏保存，可保存 14 d。

【保存期】14 d。

【采样量】40 mL。

【容器洗涤】—

【检出限】0.1 μg/L。

【质量保证和质量控制】所有样品均采集平行双样。每批样品应带一个全程序空白和一个运输空白。

水质 挥发性有机物的测定 顶空/气相色谱-质谱法（HJ 810—2016）

【适用范围】地表水、地下水、生活污水、工业废水和海水。

【采样容器】40 mL 棕色螺口玻璃瓶，具硅橡胶-聚四氟乙烯衬垫螺旋盖，放置于不含挥发性有机物的区域。

【采样方法】若水样中含有余氯，采样前，应向 40 mL 棕色采样瓶中加 25 mg（精确至 0.001 g）抗坏血酸。若水样中余氯含量超过 5 mg/L，应按比例增加抗坏血酸的加入量，余氯含量每增加 5 mg/L，则应多加入 25 mg（精确至 0.001 g）抗坏血酸。采集样品时，不宜用水样进行荡洗，应使水样在样品瓶中溢流且不留空间，取样时应尽量避免或减少样品在空气中暴露。

【固定剂】盐酸。

【保存方法】样品采集后，应立即加入适量盐酸溶液，使样品 pH≤2，拧紧瓶塞，贴上标签，立即放入冷藏箱中于 4℃以下冷藏运输。样品运回实验室后，应于 4℃以下冷藏、避光和密封保存，14 d 内完成分析测定。

【保存期】14 d。

【采样量】40 mL。

【容器洗涤】—

【检出限】3 μg/L。

【质量保证和质量控制】所有样品均采集平行双样。每批样品应至少做一个全程序空白。

8. 1,4-二氯苯（对二氯苯）

水质 氯苯类化合物的测定 气相色谱法（HJ 621—2011）

【适用范围】地表水、地下水、饮用水、海水、工业废水及生活污水。

【采样容器】棕色玻璃瓶。

【采样方法】用棕色玻璃瓶采集样品，使样品充满采样瓶。用内衬聚四氟乙烯硅胶垫（或铝箔垫）的瓶盖密封。

【固定剂】浓硫酸。

【保存方法】如当天不能分析，采样时每升水样中加入 1.0 mL 浓硫酸，2～5℃冷藏保存，7 d 内完成样品分析。

【保存期】7 d。

【采样量】1 000 mL。

【容器洗涤】—

【检出限】0.23 μg/L。

【质量保证和质量控制】每批样品至少分析一个全程序空白样，全程序空白测定值应低于检出限。每分析一批（20 个）样品至少做 10%的平行样品测定，平行样品相对偏差在 30%以内。

水质　挥发性有机物的测定　吹扫捕集/气相色谱-质谱法（HJ 639—2012）

【适用范围】海水、地下水、地表水、生活污水和工业废水。

【采样容器】40 mL 棕色玻璃瓶，具硅橡胶-聚四氟乙烯衬垫螺旋盖。

【采样方法】采样前，需要向每个样品瓶中加入抗坏血酸，每 40 mL 样品需加入 25 mg 的抗坏血酸。如果水样中总余氯的量超过 5 mg/L，应先按 HJ 586 附录 A 的方法测定总余氯后，再确定抗坏血酸的加入量。在 40 mL 样品瓶中，总余氯每超过 5 mg/L，需多加 25 mg 的抗坏血酸。采样时，水样呈中性时，向每个样品瓶中加入 0.5 mL 盐酸溶液，拧紧瓶盖；水样呈碱性时应加入适量盐酸溶液使样品 pH≤2。采集完水样后，应在样品瓶上立即贴上标签。当水样加盐酸溶液后产生大量气泡时，应弃去该样品，重新采集样品。重新采集的样品不应加盐酸溶液，样品标签上应注明未酸化，该样品应在 24 h 内分析。

【固定剂】盐酸。

【保存方法】样品采集后冷藏运输。运回实验室后应立即放入冰箱中，4℃以下冷藏保存，14 d 内分析完毕。样品存放区域应无有机物干扰。

【保存期】14 d。

【采样量】40 mL。

【容器洗涤】—

【检出限】0.8 μg/L。

【质量保证和质量控制】所有样品均采集平行双样。每批样品应带一个全程序空白和一个运输空白。

水质　挥发性有机物的测定　顶空/气相色谱-质谱法（HJ 810—2016）

【适用范围】地表水、地下水、生活污水、工业废水和海水。

【采样容器】40 mL 棕色螺口玻璃瓶，具硅橡胶-聚四氟乙烯衬垫螺旋盖，放置于不含挥发性有机物的区域。

【采样方法】若水样中含有余氯，采样前，应向 40 mL 棕色采样瓶中加 25 mg（精确至 0.001 g）抗坏血酸。若水样中余氯含量超过 5 mg/L，应按比例增加抗坏血酸的加入量，余氯含量每增加 5 mg/L，则应多加入 25 mg（精确至 0.001 g）抗坏血酸。采集样品时，不宜用水样进行荡洗，应使水样在样品瓶中溢流且不留空间，取样时应尽量避免或减少样品在空气中暴露。

【固定剂】盐酸。

【保存方法】样品采集后，应立即加入适量盐酸溶液，使样品 pH≤2，拧紧瓶塞，贴上标签，立即放入冷藏箱中于 4℃以下冷藏运输。样品运回实验室后，应于 4℃以下冷藏、避光和密封保存，14 d 内完成分析测定。

【保存期】14 d。

【采样量】40 mL。

【容器洗涤】—

【检出限】5 μg/L。

【质量保证和质量控制】所有样品均采集平行双样。每批样品应至少做一个全程序空白。

9. 2,4,6-三氯苯酚

水质　酚类化合物的测定　液液萃取/气相色谱法（HJ 676—2013）

【适用范围】地表水、地下水、生活污水和工业废水。

【采样容器】棕色硬质玻璃瓶。

【采样方法】采样时，不要用水样预洗采样瓶，水样应充满样品瓶并加盖密封。

【固定剂】（1+3）盐酸。

【保存方法】采样后，加入适量盐酸溶液将水样调节至 pH<2，4℃冷藏，避光保存，并在 7 d 内完成萃取。萃取液 4℃冷藏，避光保存，20 d 内完成分析。

【保存期】20 d。

【采样量】1 000 mL。

【容器洗涤】—

【检出限】1.2 μg/L。

【质量保证和质量控制】每 20 个样品或每批样品（少于 20 个样品/批）至少做一个实验室空白和全程序空白，空白样品中目标化合物浓度应低于方法检出限。平行样测定每批样品应测定 10%的平行样品，单次平行试验结果的相对标准偏差在±25%以内。

水质　酚类化合物的测定　气相色谱-质谱法（HJ 744—2015）

【适用范围】地表水、地下水、生活污水和工业废水。

【采样容器】磨口棕色玻璃瓶。

【采样方法】采样时，不要用水样预洗采样瓶，水样应充满样品瓶并加盖密封。

【固定剂】（1+1）硫酸。

【保存方法】采样后，用（1+1）硫酸溶液，将水样调节至 pH≤2，4℃冷藏，避光保存，并在 7 d 内完成萃取。萃取液 4℃冷藏，避光保存，20 d 内完成分析。

【保存期】20 d。

【采样量】—

【容器洗涤】—

【检出限】液液萃取法：0.2 μg/L；固相萃取法：0.1 μg/L。

【质量保证和质量控制】每 10 个样品或每批次（少于 10 个样品/批）应分析一个平行样。单次平行试验结果的相对标准偏差应在 30%以内。每 20 个样品或每批次（少于 20 个样品/批）应至少分析一个实验室空白和一个全程序空白。

生活饮用水标准检验方法　消毒副产物指标（12.1 衍生化气相色谱法）（GB/T 5750.10—2006）

【适用范围】生活饮用水及其水源水。

【采样容器】—

【采样方法】—

【固定剂】浓硫酸、硫酸铜。

【保存方法】每升水样中加入 1 mL 硫酸、5 g 硫酸铜，冷藏保存。

【保存期】—

【采样量】—

【容器洗涤】—

【检出限】0.4 μg/L。

【质量保证和质量控制】—

生活饮用水标准检验方法　消毒副产物指标（12.2 顶空固相微萃取气相色谱法）（GB/T 5750.10—2006）

【适用范围】生活饮用水及其水源水。

【采样容器】具塞试管。

【采样方法】—

【固定剂】0.1 mol/L 氢氧化钠。

【保存方法】加入 1 mL0.1 mol/L 氢氧化钠。

【保存期】24 h 内完成测定。

【采样量】100 mL。

【容器洗涤】—

【检出限】0.05 μg/L。

【质量保证和质量控制】—

10. 2,4-滴

生活饮用水标准检验方法　农药指标（气相色谱法）［GB/T 5750.9—2006（12.1）］

【适用范围】生活饮用水及其水源水。

【采样容器】250 mL 全玻璃采样瓶。

【采样方法】于 250 mL 采样瓶中加入约 1.1 mL 的硝酸，使采样后溶液的 pH＜1，样品充满采样瓶。

【固定剂】硝酸：1.42 g/mL。
【保存方法】4℃冷藏保存。
【保存期】—
【采样量】250 mL。
【容器洗涤】—
【检出限】0.05 μg/L。
【质量保证和质量控制】—

11. 2,4-二硝基甲苯

水质 硝基苯类化合物的测定 液液萃取/固相萃取-气相色谱法（HJ 648—2013）

【适用范围】地表水、地下水、工业废水、生活污水和海水。
【采样容器】1 L 棕色具磨口塞玻璃瓶。
【采样方法】采集样品应采满样品瓶。
【固定剂】—
【保存方法】加入 0.01～0.02 g 抗坏血酸除去残余氯。
【保存期】—
【采样量】1 000 mL。
【容器洗涤】—
【检出限】液液萃取法：0.018 μg/L；固相萃取法：0.0038 μg/L。
【质量保证和质量控制】每批样品（以 10～20 个样品为一批次）应至少做一个全程序空白和实验室空白，目标化合物的浓度应低于检出限。每批样品应进行至少 10%的平行样品测定，水样平行双样测量结果相对偏差应在 20%以内。

水质 硝基苯类化合物的测定 气相色谱-质谱法（HJ 716—2014）

【适用范围】地表水、地下水、工业废水、生活污水和海水。
【采样容器】棕色具聚四氟乙烯衬垫的螺口玻璃瓶。
【采样方法】采集样品时，不要用水样预洗采样瓶。水样应充满采样瓶并加盖密封。
【固定剂】硫代硫酸钠。
【保存方法】若水中有残余氯存在，要在每升水中加入 80 g 硫代硫酸钠除氯。样品采集后应避光保存，4℃冷藏，并在 7 d 内完成萃取，40 d 内完成分析。
【保存期】40 d。
【采样量】1 000～4 000 mL。
【容器洗涤】—
【检出限】液液萃取法：0.05 μg/L；固相萃取法：0.04 μg/L。
【质量保证和质量控制】每批样品至少做一个空白实验，即实验室空白，如果有目标化合物检出，应查明原因。每批样品应进行不少于 10%的平行样品测定，其相对偏差小于 20%。

12. 2,6-二硝基甲苯

水质 硝基苯类化合物的测定 液液萃取/固相萃取-气相色谱法（HJ 648—2013）

【适用范围】地表水、地下水、工业废水、生活污水和海水。

【采样容器】1 L 棕色具磨口塞玻璃瓶。

【采样方法】采集样品应采满样品瓶。

【固定剂】—

【保存方法】加入 0.01～0.02 g 抗坏血酸除去残余氯。

【保存期】—

【采样量】1 000 mL。

【容器洗涤】—

【检出限】液液萃取法：0.017 μg/L；固相萃取法：0.0037 μg/L。

【质量保证和质量控制】每批样品（以 10～20 个样品为一批次）应至少做一个全程序空白和实验室空白，目标化合物的浓度应低于检出限。每批样品应进行至少 10%的平行样品测定，水样平行双样测量结果相对偏差应在 20%以内。

水质 硝基苯类化合物的测定 气相色谱-质谱法（HJ 716—2014）

【适用范围】地表水、地下水、工业废水、生活污水和海水。

【采样容器】棕色具聚四氟乙烯衬垫的螺口玻璃瓶。

【采样方法】采集样品时，不要用水样预洗采样瓶。水样应充满采样瓶并加盖密封。

【固定剂】硫代硫酸钠。

【保存方法】若水中有残余氯存在，要在每升水中加入 80 g 硫代硫酸钠除氯。样品采集后应避光保存，4℃冷藏，并在 7 d 内完成萃取，40 d 内完成分析。

【保存期】40 d。

【采样量】1 000～4 000 mL。

【容器洗涤】—

【检出限】液液萃取法：0.05 μg/L；固相萃取法：0.05 μg/L。

【质量保证和质量控制】每批样品至少做一个空白实验，即实验室空白，如果有目标化合物检出，应查明原因。每批样品应进行不少于 10%的平行样品测定，其相对偏差小于 20%。

13. 阿特拉津

水质 阿特拉津的测定 高效液相色谱法（HJ 587—2010）

【适用范围】地表水、地下水。

【采样容器】棕色玻璃瓶。

【采样方法】水样应充满样品瓶并加盖密封。

【固定剂】—

【保存方法】4℃冷藏，避光保存。采样后应在 7 d 内对样品进行萃取。

【保存期】7 d。

【采样量】—

【容器洗涤】—

【检出限】0.08 μg/L。

【质量保证和质量控制】每分析一批（20 个）样品必须有一个全程空白。所有空白测试结果应低于方法检出限。每分析一批（20 个）样品必须有一个平行样，平行样品相对误差在 10%以内。

水质　阿特拉津的测定　气相色谱法（HJ 754—2015）

【适用范围】地表水、地下水、生活污水和工业废水。

【采样容器】硬质磨口玻璃瓶或具有聚四氟乙烯材质盖垫的螺纹口玻璃瓶。

【采样方法】样品应充满瓶子，并加盖瓶子。

【固定剂】—

【保存方法】4℃冷藏，避光保存。采样后应在 7 d 内对样品进行萃取。

【保存期】7 d。

【采样量】500 mL。

【容器洗涤】—

【检出限】0.2 μg/L。

【质量保证和质量控制】每批样品应至少做一个空白试样，空白值应低于方法检出限。否则应查明原因。每批样品应至少测定 10%的平行双样，样品数量少于 10 时，应至少测定一个平行双样。当测定结果为 10 倍检出限以内（包括 10 倍检出限），平行双样测定结果的相对偏差应≤30%；当测定结果＞10 倍检出限，平行双样测定结果的相对偏差应≤20%。

14. 氨基甲酸酯类农药

水质　氨基甲酸酯类农药的测定　超高效液相色谱-三重四极杆质谱法（HJ 827—2017）

【适用范围】地表水、地下水、生活污水和工业废水。

【采样容器】磨口棕色玻璃瓶。

【采样方法】采样瓶要完全注满不留气泡。

【固定剂】（1+1）硫酸或氢氧化钠：0.4 g/mL。

【保存方法】用（1+1）硫酸或氢氧化钠：0.4 g/mL 调节水样为中性，4℃以下冷藏，避光保存。

【保存期】7 d 内完成分析。

【采样量】250 mL。

【容器洗涤】—

【检出限】直接进样法：0.1～2 μg/L，固相萃取法：0.002～0.031 μg/L。

【质量保证和质量控制】每次分析至少做一个实验室空白，实验室空白中检出每个目标化合物的浓度不得超过方法的检出限。每 20 个样品或每批次（少于 20 个样品/批）需做一个平行双样，平行双样测定结果的相对偏差应≤20%。

15. 百草枯

水质　百草枯和杀草快的测定　固相萃取-高效液相色谱法（HJ 914—2017）

【适用范围】地表水、地下水和废水。

【采样容器】聚氯乙烯或聚丙烯材质。

【采样方法】—

【固定剂】（1+1）硫酸；硫代硫酸钠（水样含余氯时）。

【保存方法】当水样 pH>9 时，应用（1+1）硫酸溶液调节水样 pH 至中性，当水样中含余氯时，需加入硫代硫酸钠，每升水加入 0.1 g。0～4℃冷藏，避光保存。

【保存期】7 d 内完成萃取，萃取后 21 d 内完成分析。

【采样量】500 mL。

【容器洗涤】—

【检出限】0.3 μg/L。

【质量保证和质量控制】每 20 个样品或每批次（少于 20 个）至少分析一个实验室空白，空白测试结果应低于方法检出限。每 20 个样品或每批次（少于 20 个）至少分析一个平行样，平行样相对偏差≤30%。

16. 百菌清

水质　百菌清和溴氰菊酯的测定　气相色谱法（HJ 698—2014）

【适用范围】地表水、地下水、工业废水和生活污水。

【采样容器】硬质磨口玻璃瓶或具有特氟龙材质隔垫的棕色螺纹口玻璃瓶。

【采样方法】—

【固定剂】—

【保存方法】所采集的样品于 2～5℃冷藏保存，7 d 内完成萃取；萃取液可保存 40 d。

【保存期】40 d。

【采样量】—

【容器洗涤】—

【检出限】0.07 μg/L。

【质量保证和质量控制】每批样品应至少做一个实验室空白，空白值应低于方法检出限，否则应查明原因。每批样品应至少测定 10%的平行双样，样品数量少于 10 个时，应至少测定一个平行双样。当测定结果为 10 倍检出限以内（包括 10 倍检出限），平行双样测定结果的相对偏差应≤50%；当测定结果>10 倍检出限，平行双样测定结果的相对偏差应≤20%。

生活饮用水标准检验方法　农药指标（9.1 气相色谱法）（GB/T 5750.9—2006）

【适用范围】生活饮用水及其水源水。

【采样容器】磨口玻璃瓶。

【采样方法】—

【固定剂】—

【保存方法】—

【保存期】—

【采样量】—

【容器洗涤】—

【检出限】0.4 g/L。

【质量保证和质量控制】—

17. 苯

水质 挥发性有机物的测定 吹扫捕集/气相色谱-质谱法（HJ 639—2012）

【适用范围】海水、地下水、地表水、生活污水和工业废水。

【采样容器】40 mL 棕色玻璃瓶，具硅橡胶-聚四氟乙烯衬垫螺旋盖。

【采样方法】采样前，需要向每个样品瓶中加入抗坏血酸，每 40 mL 样品需加入 25 mg 的抗坏血酸。如果水样中总余氯的量超过 5 mg/L，应先按 HJ 586 附录 A 的方法测定总余氯后，再确定抗坏血酸的加入量。在 40 mL 样品瓶中，总余氯每超过 5 mg/L，需多加 25 mg 的抗坏血酸。采样时，水样呈中性时，向每个样品瓶中加入 0.5 mL 盐酸溶液，拧紧瓶盖；水样呈碱性时应加入适量盐酸溶液使样品 pH≤2。采集完水样后，应在样品瓶上立即贴上标签。当水样加盐酸溶液后产生大量气泡时，应弃去该样品，重新采集样品。重新采集的样品不应加盐酸溶液，样品标签上应注明未酸化，该样品应在 24 h 内分析。

【固定剂】盐酸。

【保存方法】样品采集后冷藏运输。运回实验室后应立即放入冰箱中，4℃以下冷藏保存，14 d 内分析完毕。样品存放区域应无有机物干扰。

【保存期】14 d。

【采样量】40 mL。

【容器洗涤】—

【检出限】1.4 μg/L。

【质量保证和质量控制】所有样品均采集平行双样。每批样品应带一个全程序空白和一个运输空白。

水质 挥发性有机物的测定 吹扫捕集/气相色谱法（HJ 686—2014）

【适用范围】地表水、地下水、生活污水和工业废水。

【采样容器】40 mL 棕色玻璃瓶，螺旋盖（带聚四氟乙烯涂层密封垫）。

【采样方法】用 40 mL 采样瓶采样。如果水样含有余氯，向采样瓶中加入约 25 mg 抗坏血酸。

【固定剂】盐酸。

【保存方法】加 0.5 mL 盐酸溶液，4℃冷藏保存，可保存 14 d。

【保存期】14 d。

【采样量】40 mL。

【容器洗涤】—

【检出限】0.5 μg/L。

【质量保证和质量控制】所有样品均采集平行双样。每批样品应带一个全程序空白和一个运输空白。

水质 挥发性有机物的测定 顶空/气相色谱-质谱法（HJ 810—2016）

【适用范围】地表水、地下水、生活污水、工业废水和海水。

【采样容器】40 mL 棕色螺口玻璃瓶，具硅橡胶-聚四氟乙烯衬垫螺旋盖，放置于不含挥发性有机物的区域。

【采样方法】若水样中含有余氯，采样前，应向 40 mL 棕色采样瓶中加 25 mg（精确至 0.001 g）抗坏血酸。若水样中余氯含量超过 5 mg/L，应按比例增加抗坏血酸的加入量，余氯含量每增加 5 mg/L，则应多加入 25 mg（精确至 0.001 g）抗坏血酸。采集样品时，不宜用水样进行荡洗，应使水样在样品瓶中溢流且不留空间，取样时应尽量避免或减少样品在空气中暴露。

【固定剂】盐酸。

【保存方法】样品采集后，应立即加入适量盐酸溶液，使样品 pH≤2，拧紧瓶塞，贴上标签，立即放入冷藏箱中于 4℃以下冷藏运输。样品运回实验室后，应于 4℃以下冷藏、避光和密封保存，14 d 内完成分析测定。

【保存期】14 d。

【采样量】40 mL。

【容器洗涤】—

【检出限】3 μg/L。

【质量保证和质量控制】所有样品均采集平行双样。每批样品应至少做一个全程序空白。

18. 苯胺

水质 氰化物等的测定 真空检测管-电子比色法（HJ 659—2013）

【适用范围】地下水、地表水、生活污水和工业废水。

【采样容器】聚乙烯瓶或玻璃瓶。

【采样方法】—

【固定剂】无须添加固定剂。

【保存方法】—

【保存期】现场测定。

【采样量】250 mL。

【容器洗涤】洗涤剂洗 1 次，自来水洗 3 次，蒸馏水洗 1 次。

【检出限】0.1 mg/L。

【质量保证和质量控制】每批样品应同步做一个全程序空白，测定结果应低于方法检出限，否则应检查真空检测管。

水质 苯胺类化合物的测定 气相色谱-质谱法（HJ 822—2017）

【适用范围】地表水、地下水、海水、生活污水和工业废水。

【采样容器】带聚四氟乙烯内衬垫瓶盖的棕色玻璃瓶。

【采样方法】水样充满样品瓶，不留空隙。

【固定剂】氢氧化钠：10 mol/L 或（1+1）硫酸；硫代硫酸钠（水样含有余氯时）。

【保存方法】调至 pH 值为 6～8，4℃冷藏保存；水样中有余氯时，每 1 000 mL 样品中加入 80 mg 硫代硫酸钠，并在 7 d 内完成萃取；萃取液在 40 d 内完成分析。

【保存期】40 d。

【采样量】1 000 mL。

【容器洗涤】—

【检出限】0.057 μg/L。

【质量保证和质量控制】每分析一批样品至少有一个试剂空白和空白加标。空白加标中各目标化合物回收率在 50%～150%。每分析一批样品必须有 10%平行样，样品量少于 5 个时，需做 100%平行样，平行样品相对偏差在 20%以内。

19. 苯胺类化合物

水质 苯胺类化合物的测定 气相色谱-质谱法（HJ 822—2017）

【适用范围】地表水、地下水、海水、生活污水和工业废水。

【采样容器】带聚四氟乙烯内衬垫瓶盖的棕色玻璃瓶。

【采样方法】水样充满样品瓶，不留空隙。

【固定剂】氢氧化钠：10 mol/L 或（1+1）硫酸；硫代硫酸钠（水样含有余氯时）。

【保存方法】调节 pH 值为 6～8，4℃冷藏保存；水样中有余氯时，每 1 000 mL 样品中加入 80 mg 硫代硫酸钠，并在 7 d 内完成萃取；萃取液在 40 d 内完成分析。

【保存期】40 d。

【采样量】1 000 mL。

【容器洗涤】—

【检出限】0.05～0.09 μg/L。

【质量保证和质量控制】每分析一批样品至少有一个试剂空白和空白加标。空白加标中各目标化合物回收率在 50%～150%。每分析一批样品必须有 10%平行样，样品量少于 5 个时，需做 100%平行样，平行样品相对偏差在 20%以内。

20. 苯并[*a*]芘

水质 多环芳烃的测定 液液萃取和固相萃取高效液相色谱法（HJ 478—2009）

【适用范围】饮用水、地下水、地表水、海水、工业废水及生活污水。

【采样容器】具磨口塞的棕色玻璃细口瓶。

【采样方法】采样前不能用水样预洗采样瓶，以防止样品的沾染或吸附。采样瓶要完全注满，不留气泡。

【固定剂】硫代硫酸钠（有残余氯存在）。

【保存方法】若水中有残余氯存在，要在每升水中加入 80 g 硫代硫酸钠除氯。样品采集后应避光保存，4℃冷藏，并在 7 d 内完成萃取。萃取后的样品应避光 4℃以下冷藏，在 40 d 内分析完毕。

【保存期】40 d。

【采样量】1 000 mL 或 2 000 mL。

【容器洗涤】—

【检出限】荧光检测器：0.004 μg/L；紫外检测器：0.004 μg/L。

【质量保证和质量控制】每分析一批样品至少做一个空白实验。

21. 苯并[b]荧蒽

水质 多环芳烃的测定 液液萃取和固相萃取高效液相色谱法（HJ 478—2009）

【适用范围】饮用水、地下水、地表水、海水、工业废水及生活污水。

【采样容器】具磨口塞的棕色玻璃细口瓶。

【采样方法】采样前不能用水样预洗采样瓶，以防止样品的沾染或吸附。采样瓶要完全注满，不留气泡。

【固定剂】硫代硫酸钠（有残余氯存在）。

【保存方法】若水中有残余氯存在，要在每升水中加入 80 g 硫代硫酸钠除氯。样品采集后应避光保存，4℃冷藏，并在 7 d 内萃取。萃取后的样品应避光保存，4℃以下冷藏，在 40 d 内分析完毕。

【保存期】40 d。

【采样量】1 000 mL 或 2 000 mL。

【容器洗涤】—

【检出限】荧光检测器：0.003 μg/L；紫外检测器：0.004 μg/L。

【质量保证和质量控制】每分析一批样品至少做一个空白实验。

22. 苯氧羧酸类除草剂

水质 苯氧羧酸类除草剂的测定 液相色谱/串联质谱法（HJ 770—2015）

【适用范围】地表水、地下水和废水。

【采样容器】磨口棕色玻璃瓶。

【采样方法】水样满瓶采集。

【固定剂】—

【保存方法】0～4℃冷藏，避光保存。

【保存期】3 d。

【采样量】250 mL。

【容器洗涤】—

【检出限】直接进样法：0.3～0.5 μg/L；固相萃取法：0.006～0.009 μg/L。

【质量保证和质量控制】每次分析至少做一个实验室空白和全程序空白。以检查可能存在的干扰。每 20 个样品或每批次（少于 20 个样品/批）需分析一个平行样。平行样的相对标准偏差应控制在 20%以内。

23. 苯乙烯

水质 挥发性有机物的测定 吹扫捕集/气相色谱-质谱法（HJ 639—2012）

【适用范围】海水、地下水、地表水、生活污水和工业废水。

【采样容器】40 mL 棕色玻璃瓶，具硅橡胶-聚四氟乙烯衬垫螺旋盖。

【采样方法】采样前，需要向每个样品瓶中加入抗坏血酸，每 40 mL 样品需加入 25 mg 的抗坏血酸。

如果水样中总余氯的量超过 5 mg/L，应先按 HJ 586 附录 A 的方法测定总余氯后，再确定抗坏血酸的加入量。在 40 mL 样品瓶中，总余氯每超过 5 mg/L，需多加 25 mg 的抗坏血酸。采样时，水样呈中性时，向每个样品瓶中加入 0.5 mL 盐酸溶液，拧紧瓶盖；水样呈碱性时应加入适量盐酸溶液使样品 pH≤2。采集完水样后，应在样品瓶上立即贴上标签。当水样加盐酸溶液后产生大量气泡时，应弃去该样品，重新采集样品。重新采集的样品不应加盐酸溶液，样品标签上应注明未酸化，该样品应在 24 h 内分析。

【固定剂】盐酸。

【保存方法】样品采集后冷藏运输。运回实验室后应立即放入冰箱中，4℃以下冷藏保存，14 d 内分析完毕。样品存放区域应无有机物干扰。

【保存期】14 d。

【采样量】40 mL。

【容器洗涤】—

【检出限】0.6 μg/L。

【质量保证和质量控制】所有样品均采集平行双样。每批样品应带一个全程序空白和一个运输空白。

水质　挥发性有机物的测定　吹扫捕集/气相色谱法（HJ 686—2014）

【适用范围】地表水、地下水、生活污水和工业废水。

【采样容器】40 mL 棕色玻璃瓶，螺旋盖（带聚四氟乙烯涂层密封垫）。

【采样方法】用 40 mL 采样瓶采样。如果水样含有余氯，向采样瓶中加入约 25 mg 抗坏血酸。

【固定剂】盐酸。

【保存方法】加 0.5 mL 盐酸溶液，4℃冷藏保存，可保存 14 d。

【保存期】14 d。

【采样量】40 mL。

【容器洗涤】—

【检出限】0.5 μg/L。

【质量保证和质量控制】所有样品均采集平行双样。每批样品应带一个全程序空白和一个运输空白。

水质　挥发性有机物的测定　顶空/气相色谱-质谱法（HJ 810—2016）

【适用范围】地表水、地下水、生活污水、工业废水和海水。

【采样容器】40 mL 棕色螺口玻璃瓶，具硅橡胶-聚四氟乙烯衬垫螺旋盖，放置于不含挥发性有机物的区域。

【采样方法】若水样中含有余氯，采样前，应向 40 mL 棕色采样瓶中加 25 mg（精确至 0.001 g）抗坏血酸。若水样中余氯含量超过 5 mg/L，应按比例增加抗坏血酸的加入量，余氯含量每增加 5 mg/L，则应多加入 25 mg（精确至 0.001 g）抗坏血酸。采集样品时，不宜用水样进行荡洗，应使水样在样品瓶中溢流且不留空间，取样时应尽量避免或减少样品在空气中暴露。

【固定剂】盐酸。

【保存方法】样品采集后，应立即加入适量盐酸溶液，使样品 pH≤2，拧紧瓶塞，贴上标签，立即放入冷藏箱中于 4℃以下冷藏运输。样品运回实验室后，应于 4℃以下冷藏、避光和密封保存，14 d 内完成分析测定。

【保存期】14 d。

【采样量】40 mL。

【容器洗涤】—

【检出限】5 μg/L。

【质量保证和质量控制】所有样品均采集平行双样。每批样品应至少做一个全程序空白。

24. 丙酮

水质 甲醇和丙酮的测定 顶空/气相色谱法（HJ 895—2017）

【适用范围】地表水、地下水、工业废水、生活污水和海水。

【采样容器】40 mL 棕色玻璃瓶，具硅橡胶-聚四氟乙烯衬垫螺旋盖。

【采样方法】采集样品时，不得用样品进行荡洗，应使样品在采样瓶中溢流且不留空间，取样时应尽量避免或减少样品在空气中暴露。所有样品瓶均采集平行双样。

【固定剂】抗坏血酸（样品中含有余氯）。

【保存方法】若样品中含有余氯，采样前，应向采样瓶中加 25 mg 抗坏血酸。若余氯含量超过 5 mg/L，余氯含量每增加 5 mg/L，则应多加入 25 mg 抗坏血酸。样品采集后，应立即加入适量（1+1）盐酸，使样品 pH≤2，4℃以下冷藏，避光保存。

【保存期】14 d 内完成分析测定。

【采样量】40 mL。

【容器洗涤】—

【检出限】0.02 mg/L。

【质量保证和质量控制】每批样品至少做一个实验室空白试验和全程序空白试验，其测定结果不得超过方法检出限。每个样品均应采集平行双样，每 20 个样品或每批次（少于 20 个样品/批）应至少测定一个平行样品，平行样品相对偏差≤20%。

25. 丙烯腈

水质 丙烯腈和丙烯醛的测定 吹扫捕集/气相色谱法（HJ 806—2016）

【适用范围】地表水、地下水、海水、工业废水和生活污水。

【采样容器】棕色玻璃样品瓶，具硅橡胶-聚四氟乙烯衬垫螺旋盖。

【采样方法】采集样品时，应使水样在样品瓶中溢流而不留气泡。

【固定剂】抗坏血酸和（1+9）磷酸。

【保存方法】加入数滴（1+9）磷酸溶液固定，使样品的 pH 值为 4～5，拧紧瓶盖。每份样品应采集平行双样，每批样品至少带一个全程序空白。4℃以下冷藏、避光和密封保存。

【保存期】5 d 内完成分析。

【采样量】40 mL。

【容器洗涤】—

【检出限】0.003 mg/L。

【质量保证和质量控制】每分析一批（20 个）样品必须有一个全程空白。所有空白测试结果应低于方法检出限。每分析一批（20 个）样品必须有一个平行样，平行样品相对误差在 20%以内。

26. 丙烯醛

水质　丙烯腈和丙烯醛的测定　吹扫捕集/气相色谱法（HJ 806—2016）

【适用范围】地表水、地下水、海水、工业废水和生活污水。

【采样容器】棕色玻璃样品瓶，具硅橡胶-聚四氟乙烯衬垫螺旋盖。

【采样方法】采集样品时，应使水样在样品瓶中溢流而不留气泡。

【固定剂】抗坏血酸和（1+9）磷酸。

【保存方法】加入数滴（1+9）磷酸溶液固定，使样品的 pH 值为 4～5，拧紧瓶盖。每份样品应采集平行双样，每批样品至少带一个全程序空白。4℃以下冷藏、避光和密封保存。

【保存期】5 d 内完成分析。

【采样量】40 mL。

【容器洗涤】—

【检出限】0.003 mg/L。

【质量保证和质量控制】每分析一批（20 个）样品必须有一个全程空白，所有空白测试结果应低于方法检出限。每分析一批（20 个）样品必须有一个平行样，平行样品相对误差在 20%以内。

27. 丙烯酰胺

水质　丙烯酰胺的测定　气相色谱法（HJ 697—2014）

【适用范围】地表水、地下水、工业废水和生活污水。

【采样容器】硬质磨口玻璃瓶或具有特氟龙材质隔垫的棕色螺纹口玻璃瓶。

【采样方法】水样充满样品瓶，不留空隙。

【固定剂】—

【保存方法】2～5℃冷藏保存，并在 7 d 内完成萃取；萃取液可保存 30 d。

【保存期】30 d。

【采样量】250 mL。

【容器洗涤】—

【检出限】0.07 μg/L。

【质量保证和质量控制】每批样品，应至少做一个实验室空白，空白值应低于方法检出限，否则应查明原因。每批样品应至少测定 10%的平行双样，样品数量少 10 个时，应至少测定一个平行双样。当测定结果 10 倍检出限以内（包括 10 倍检出限），平行双样测定结果的相对偏差应≤50%；当测定结果＞10 倍检出限，平行双样测定结果的相对偏差应≤20%。

28. 草甘膦

生活饮用水标准检验方法　农药指标（18.1 高压液相色谱法）（GB/T 5750.9—2006）

【适用范围】生活饮用水及其水源水。

【采样容器】聚丙烯容器。

【采样方法】水样应充满样品瓶并加盖密封。

【固定剂】硫代硫酸钠。

【保存方法】储存在 4℃避光环境中。

【保存期】14 d。

【采样量】—

【容器洗涤】—

【检出限】25 mg/L。

【质量保证和质量控制】—

29. 滴滴涕

水质　六六六、滴滴涕的测定　气相色谱法（GB/T 7492—1987）

【适用范围】地面水、地下水及部分污水。

【采样容器】玻璃细口瓶，具磨口瓶塞。

【采样方法】在灌瓶前要把采样瓶用所需采用的水冲洗 2～3 次。

【固定剂】—

【保存方法】4℃冷藏保存。

【保存期】不多于 7 d。

【采样量】1 000 mL。

【容器洗涤】—

【检出限】—

【质量保证和质量控制】—

水质　有机氯农药和氯苯类化合物的测定　气相色谱-质谱法（HJ 699—2014）

【适用范围】地表水、地下水、生活污水、工业废水和海水。

【采样容器】玻璃塞的棕色磨口瓶或具有聚四氟乙烯衬垫的棕色螺口玻璃瓶。

【采样方法】—

【固定剂】（1+1）盐酸。

【保存方法】样品采集后立即用（1+1）盐酸溶液调节 pH＜2，4℃冷藏保存，并在 7 d 内完成萃取；萃取液在 40 d 内完成分析。

【保存期】40 d。

【采样量】—

【容器洗涤】—

【检出限】液液萃取法：0.036～0.048 μg/L；固相萃取法：0.025～0.028 μg/L。

【质量保证和质量控制】每批样品至少做一个空白试验，即全程序空白试验。如果目标化合物有检出，应查明原因。每批样品应至少测定 10%的平行双样，样品数量少于 10 个时，应至少测定一个平行双样。当测定结果为 10 倍检出限以内（包括 10 倍检出限），平行双样测定结果的相对偏差应≤50%；当测定结果大于 10 倍检出限，平行双样测定结果的相对偏差应≤20%。

生活饮用水标准检验方法　农药指标（1.1 填充柱气相色谱法）（GB/T 5750.9—2006）

【适用范围】生活饮用水及其水源水。

【采样容器】磨口玻璃瓶。

【采样方法】—

【固定剂】浓硫酸、硫酸铜。

【保存方法】4℃冷藏保存。

【保存期】—

【采样量】—

【容器洗涤】—

【检出限】0.03 μg/L。

【质量保证和质量控制】—

生活饮用水标准检验方法　农药指标（1.2 毛细管柱气相色谱法）（GB/T 5750.9—2006）

【适用范围】生活饮用水及其水源水。

【采样容器】磨口玻璃瓶。

【采样方法】—

【固定剂】—

【保存方法】4℃冷藏保存。

【保存期】—

【采样量】—

【容器洗涤】—

【检出限】0.02 μg/L。

【质量保证和质量控制】—

30. 敌敌畏

水质　有机磷农药的测定　气相色谱法（GB/T 13192—1991）

【适用范围】地面水、地下水及工业废水。

【采样容器】玻璃磨口瓶。

【采样方法】在采样前用水样将取样瓶冲洗 2～3 次。

【固定剂】—

【保存方法】弱酸性状态下保存，除敌敌畏及敌百虫外，其余有机磷在 4℃冷藏保存。

【保存期】—

【采样量】1 000 mL。

【容器洗涤】—

【检出限】4.0×10^{-10} g。

【质量保证和质量控制】—

31. 丁基黄原酸

水质　丁基黄原酸的测定　紫外分光光度法（HJ 756—2015）

【适用范围】地表水、地下水、生活污水和工业废水。

【采样容器】棕色玻璃瓶。

【采样方法】—

【固定剂】盐酸：0.01 mol/L 或氢氧化钠：0.01 mol/L。

【保存方法】将水样 pH 值调至中性，4℃左右冷藏保存。

【保存期】3 d。

【采样量】—

【容器洗涤】使用的所有玻璃器皿应使用清洗溶液和实验用水清洗。

【检出限】0.004 mg/L。

【质量保证和质量控制】每批样品至少做一个空白，每分析 20 个样品后需重新校准仪器零点。每批样品应做 10%的平行样分析，测定结果相对偏差应＜10%。

水质　丁基黄原酸的测定　吹扫捕集/气相色谱-质谱法（HJ 896—2017）

【适用范围】地表水、地下水、生活污水和工业废水。

【采样容器】40 mL 棕色玻璃瓶，螺旋盖具聚四氟乙烯涂层的密封垫。

【采样方法】采集样品时，将样品缓慢导入样品瓶。

【固定剂】氢氧化钠；硫代硫酸钠（若不能及时分析时）。

【保存方法】接近满瓶时，加入氢氧化钠溶液（40g/L），使样品 pH 在 10 左右，最后加满密封。4℃冷藏，避光保存。若不能及时分析，应加 5～20 mg 硫代硫酸钠，4℃冷藏，避光保存。

【保存期】14 d。

【采样量】40 mL。

【容器洗涤】—

【检出限】0.04 μg/L。

【质量保证和质量控制】空白试验：每批次样品（≤20 个/批）应进行一个空白样品分析。空白样品中目标物含量应低于方法检出限，否则应查明原因，重新分析直至满足要求后再测定样品。平行样的测定：每批次样品（≤20 个/批）应至少测定 5%的平行样，样品数量少于 20 个时，应至少测定一个平行样。平行样测定结果的相对偏差应≤30%。

水质　丁基黄原酸的测定　液相色谱-三重四极杆串联质谱法（HJ 1002—2018）

【适用范围】地表水、地下水、生活污水和工业废水。

【采样容器】棕色玻璃瓶，螺旋盖（具聚四氟乙烯涂层的密封垫）。

【采样方法】将样品缓慢倒入采样瓶至满瓶，混匀。

【固定剂】（1+1）氨水或（1+1）甲酸。

【保存方法】用（1+1）氨水溶液或（1+1）甲酸溶液调节样品 pH 值为 9～10，4℃以下冷藏，避光保存。

【保存期】48 h。

【采样量】40 mL。

【容器洗涤】—

【检出限】0.2 μg/L。

【质量保证和质量控制】每批次（≤20 个/批）需做一个空白实验，测定结果中目标物浓度不应超过方法检出限。每批次（≤20 个/批）应分析一个平行样，平行样分析时目标化合物的相对偏差应≤20%。

32. 毒死蜱

生活饮用水标准检验方法　农药指标（16.1 气相色谱法）（GB/T 5750.9—2006）

【适用范围】生活饮用水及其水源水。

【采样容器】硬质磨口玻璃瓶。

【采样方法】—

【固定剂】—

【保存方法】冷藏保存。

【保存期】—

【采样量】—

【容器洗涤】—

【检出限】2 μg/L。

【质量保证和质量控制】—

33. 多氯联苯

水质　多氯联苯的测定　气相色谱-质谱法（HJ 715—2014）

【适用范围】地表水、地下水、工业废水和生活污水。

【采样容器】棕色具磨口塞玻璃瓶。

【采样方法】水样充满样品瓶。

【固定剂】—

【保存方法】4℃冷藏，避光保存。

【保存期】7 d。

【采样量】1 000 mL、2 000 mL、10 000 mL。

【容器洗涤】—

【检出限】1.4～2.2 ng/L。

【质量保证和质量控制】每批样品应至少做一个空白试验，即全程序空白试验，如果目标化合物有检出，应查明原因。每批样品至少测定 10%的平行双样，样品数量少于 10 个时，应至少测定一个平行双样。当测定结果为 10 倍检出限以内（包括 10 倍检出限），平行双样测定结果的相对偏差应≤50%，当测定结果＞10 倍检出限，平行双样测定结果的相对偏差应≤20%。

34. 多溴二苯醚

水质 多溴二苯醚的测定 气相色谱-质谱法（HJ 909—2017）

【适用范围】地表水、地下水、工业废水和生活污水。

【采样容器】聚四氟乙烯内衬旋盖棕色细口玻璃瓶。

【采样方法】—

【固定剂】硫代硫酸钠。

【保存方法】每升水加入 80 mg 硫代硫酸钠，4℃冷藏保存。

【保存期】14 d 内完成萃取。

【采样量】1 000～4 000 mL。

【容器洗涤】—

【检出限】三至七溴代二苯醚的方法：0.5～1.6 ng/L；十溴二苯醚的方法：0.02 μg/L。

【质量保证和质量控制】每批样品（以 20 个样品为一批次）应至少做一个实验室空白实验，所有空白测试结果中的目标化合物浓度应小于方法检出限。否则应及时查明原因，直至实验室空白检验合格后才能进行样品分析。每批样品（最多 20 个样品）应分析平行样，平行样测定结果相对偏差应≤40%。

35. 蒽

水质 多环芳烃的测定 液液萃取和固相萃取高效液相色谱法（HJ 478—2009）

【适用范围】饮用水、地下水、地表水、海水、工业废水及生活污水。

【采样容器】具磨口塞的棕色玻璃细口瓶。

【采样方法】采样前不能用水样预洗采样瓶，以防止样品的沾染或吸附。采样瓶要完全注满，不留气泡。

【固定剂】硫代硫酸钠（有残余氯存在）。

【保存方法】若水中有残余氯存在，要在每升水中加入 80 g 硫代硫酸钠除氯。样品采集后应避光保存，4℃冷藏，并在 7 d 内完成萃取。萃取后的样品应避光保存，4℃以下冷藏，在 40 d 内分析完毕。

【保存期】40 d。

【采样量】1 000 mL 或 2 000 mL。

【容器洗涤】—

【检出限】荧光检测器：0.005 μg/L；紫外检测器：0.004 μg/L。

【质量保证和质量控制】每分析一批样品至少做一个空白实验。

36. 二甲苯

水质 挥发性有机物的测定 吹扫捕集/气相色谱-质谱法（HJ 639—2012）

【适用范围】海水、地下水、地表水、生活污水和工业废水。

【采样容器】40 mL 棕色玻璃瓶，具硅橡胶-聚四氟乙烯衬垫螺旋盖。

【采样方法】采样前，需要向每个样品瓶中加入抗坏血酸，每 40 mL 样品需加入 25 mg 的抗坏血酸。如果水样中总余氯的量超过 5 mg/L，应先按 HJ 586 附录 A 的方法测定总余氯后，再确定抗坏血酸的加入量。在 40 mL 样品瓶中，总余氯每超过 5 mg/L，需多加 25 mg 的抗坏血酸。采样时，水样呈中性时，向每个样品瓶中加入 0.5 mL 盐酸溶液，拧紧瓶盖；水样呈碱性时应加入适量盐酸溶液使样品 pH≤2。采集完水样后，应在样品瓶上立即贴上标签。当水样加盐酸溶液后产生大量气泡时，应弃去该样品，重新采集样品。重新采集的样品不应加盐酸溶液，样品标签上应注明未酸化，该样品应在 24 h 内分析。

【固定剂】盐酸。

【保存方法】样品采集后冷藏运输。运回实验室后应立即放入冰箱中，4℃以下冷藏保存，14 d 内分析完毕。样品存放区域应无有机物干扰。

【保存期】14 d。

【采样量】40 mL。

【容器洗涤】—

【检出限】间,对-二甲苯：2.2 μg/L；邻-二甲苯：1.4 μg/L。

【质量保证和质量控制】所有样品均采集平行双样。每批样品应带一个全程序空白和一个运输空白。

水质 挥发性有机物的测定 吹扫捕集/气相色谱法（HJ 686—2014）

【适用范围】地表水、地下水、生活污水和工业废水。

【采样容器】40 mL 棕色玻璃瓶，螺旋盖（带聚四氟乙烯涂层密封垫）。

【采样方法】用 40 mL 采样瓶采样。如果水样含有余氯，向采样瓶中加入约 25 mg 抗坏血酸。

【固定剂】盐酸。

【保存方法】加 0.5 mL 盐酸溶液，4℃冷藏保存，可保存 14 d。

【保存期】14 d。

【采样量】40 mL。

【容器洗涤】—

【检出限】0.5 μg/L。

【质量保证和质量控制】所有样品均采集平行双样。每批样品应带一个全程序空白和一个运输空白。

水质 挥发性有机物的测定 顶空/气相色谱-质谱法（HJ 810—2016）

【适用范围】地表水、地下水、生活污水、工业废水和海水。

【采样容器】40 mL 棕色螺口玻璃瓶，具硅橡胶-聚四氟乙烯衬垫螺旋盖，放置于不含挥发性有机物的区域。

【采样方法】若水样中含有余氯，采样前，应向 40 mL 棕色采样瓶中加 25 mg（精确至 0.001 g）抗坏血酸。若水样中余氯含量超过 5 mg/L，应按比例增加抗坏血酸的加入量，余氯含量每增加 5 mg/L，则应多加入 25 mg（精确至 0.001 g）抗坏血酸。采集样品时，不宜用水样进行荡洗，应使水样在样品瓶中溢流且不留空间，取样时应尽量避免或减少样品在空气中暴露。

【固定剂】盐酸。

【保存方法】样品采集后，应立即加入适量盐酸溶液，使样品 pH≤2，拧紧瓶塞，贴上标签，立即放入冷藏箱中于 4℃以下冷藏运输。样品运回实验室后，应于 4℃以下冷藏、避光和密封保存，14 d 内完成分析测定。

【保存期】14 d。

【采样量】40 mL。

【容器洗涤】—

【检出限】间,对-二甲苯：8 μg/L；邻-二甲苯：4 μg/L。

【质量保证和质量控制】所有样品均采集平行双样。每批样品应至少做一个全程序空白。

37. 二氯甲烷

水质　挥发性卤代烃的测定　顶空气相色谱法（HJ 620—2011）

【适用范围】地表水、地下水、饮用水、海水、工业废水和生活污水。

【采样容器】40 mL 具聚四氟乙烯衬的硅橡胶垫的棕色螺口玻璃瓶或其他同类采样瓶。

【采样方法】如果水样含有余氯，向采样瓶中加入 0.3～0.5 g 抗坏血酸或硫代硫酸钠。采样时样品沿瓶壁注入，防止气泡产生，水样充满后不留液上空间，如从自来水或有抽水设备的出水管处取水时，应先平缓放水 5～10 min。

【固定剂】—

【保存方法】水样采集后应立即放入 4℃左右冷藏箱内，送回实验室应尽快分析，如不能及时分析，可在 4℃左右冷藏保存，样品存放区域无有机物干扰，7 d 内完成样品分析。

【保存期】7 d。

【采样量】40 mL。

【容器洗涤】—

【检出限】6.13 μg/L。

【质量保证和质量控制】所有样品均采集平行样。每批样品要带一个全程序空白。采用与水样采集相同的装置及试剂，用实验用水充满顶空瓶。其他步骤同水样采集和保存方法。

水质　挥发性有机物的测定　吹扫捕集/气相色谱-质谱法（HJ 639—2012）

【适用范围】海水、地下水、地表水、生活污水和工业废水。

【采样容器】40 mL 棕色玻璃瓶，具硅橡胶-聚四氟乙烯衬垫螺旋盖。

【采样方法】采样前，需要向每个样品瓶中加入抗坏血酸，每 40 mL 样品需加入 25 mg 的抗坏血酸。如果水样中总余氯的量超过 5 mg/L，应先按 HJ 586 附录 A 的方法测定总余氯后，再确定抗坏血酸的加入量。在 40 mL 样品瓶中，总余氯每超过 5 mg/L，需多加 25 mg 的抗坏血酸。采样时，水样呈中性时，向每个样品瓶中加入 0.5 mL 盐酸溶液，拧紧瓶盖；水样呈碱性时应加入适量盐酸溶液使样品 pH≤2。采集完水样后，应在样品瓶上立即贴上标签。当水样加盐酸溶液后产生大量气泡时，应弃去该样品，重新采集样品。重新采集的样品不应加盐酸溶液，样品标签上应注明未酸化，该样品应在 24 h 内分析。

【固定剂】盐酸。

【保存方法】样品采集后冷藏运输。运回实验室后应立即放入冰箱中，4℃以下冷藏保存，14 d 内分析完毕。样品存放区域应无有机物干扰。

【保存期】14 d。

【采样量】40 mL。

【容器洗涤】—

【检出限】1.0 μg/L。

【质量保证和质量控制】所有样品均采集平行双样。每批样品应带一个全程序空白和一个运输空白。

水质　挥发性有机物的测定　吹扫捕集/气相色谱法（HJ 686—2014）

【适用范围】地表水、地下水、生活污水和工业废水。

【采样容器】40 mL 棕色玻璃瓶，螺旋盖（带聚四氟乙烯涂层密封垫）。

【采样方法】用 40 mL 采样瓶采样。如果水样含有余氯，向采样瓶中加入约 25 mg 抗坏血酸。

【固定剂】盐酸。

【保存方法】加 0.5 mL 盐酸溶液，4℃冷藏保存，可保存 14 d。

【保存期】14 d。

【采样量】40 mL。

【容器洗涤】—

【检出限】0.5 μg/L。

【质量保证和质量控制】所有样品均采集平行双样。每批样品应带一个全程序空白和一个运输空白。

水质　挥发性有机物的测定　顶空/气相色谱-质谱法（HJ 810—2016）

【适用范围】地表水、地下水、生活污水、工业废水和海水。

【采样容器】40 mL 棕色螺口玻璃瓶，具硅橡胶-聚四氟乙烯衬垫螺旋盖，放置于不含挥发性有机物的区域。

【采样方法】若水样中含有余氯，采样前，应向 40 mL 棕色采样瓶中加 25 mg（精确至 0.001 g）抗坏血酸。若水样中余氯含量超过 5 mg/L，应按比例增加抗坏血酸的加入量，余氯含量每增加 5 mg/L，则应多加入 25 mg（精确至 0.001 g）抗坏血酸。采集样品时，不宜用水样进行荡洗，应使水样在样品瓶中溢流且不留空间，取样时应尽量避免或减少样品在空气中暴露。

【固定剂】盐酸。

【保存方法】样品采集后，应立即加入适量盐酸溶液，使样品 pH≤2，拧紧瓶塞，贴上标签，立即放入冷藏箱中于 4℃以下冷藏运输。样品运回实验室后，应于 4℃以下冷藏、避光和密封保存，14 d 内完成分析测定。

【保存期】14 d。

【采样量】40 mL。

【容器洗涤】—

【检出限】7 μg/L。

【质量保证和质量控制】所有样品均采集平行双样。每批样品应至少做一个全程序空白。

38. 酚类化合物

水质　酚类化合物的测定　液液萃取/气相色谱法（HJ 676—2013）

【适用范围】地表水、地下水、生活污水和工业废水。

【采样容器】棕色硬质玻璃瓶。

【采样方法】采样时，不要用水样预洗采样瓶，水样应充满样品瓶并加盖密封。

【固定剂】（1+3）盐酸。

【保存方法】采样后，加入适量盐酸溶液将水样调节至 pH＜2。4℃冷藏，避光保存，并在 7 d 内完成萃取。萃取液 4℃冷藏，避光保存，20 d 内完成分析。

【保存期】20 d。

【采样量】1 000 mL。

【容器洗涤】—

【检出限】0.5～2.4 μg/L。

【质量保证和质量控制】每 20 个样品或每批样品（少于 20 个样品/批）至少做一个实验室空白和全程序空白样品，空白样品中目标化合物浓度应低于方法检出限。平行样测定每批样品应测定 10%的平行样品，单次平行试验结果的相对标准偏差在±25%以内。

水质　酚类化合物的测定　气相色谱-质谱法（HJ 744—2015）

【适用范围】地表水、地下水、生活污水和工业废水。

【采样容器】磨口棕色玻璃瓶。

【采样方法】采样时，不要用水样预洗采样瓶，水样应充满样品瓶并加盖密封。

【固定剂】（1+1）硫酸。

【保存方法】采样后，用（1+1）硫酸溶液，将水样调节至 pH≤2。4℃冷藏，避光保存，并在 7 d 内完成萃取。萃取液在 4℃冷藏，避光保存，20 d 内完成分析。

【保存期】20 d。

【采样量】—

【容器洗涤】—

【检出限】液液萃取法：0.1～0.2 μg/L；固相萃取法：0.1～0.2 μg/L。

【质量保证和质量控制】每 10 个样品或每批次（少于 10 个样品/批）应分析一个平行样。单次平行试验结果的相对标准偏差应在 30%以内。每 20 个样品或每批次（少于 20 个样品/批）应至少分析一个实验室空白和一个全程序空白。

39. 黄磷

水质　黄磷的测定　气相色谱法（HJ 701—2014）

【适用范围】地表水、地下水、生活污水和工业废水。

【采样容器】棕色玻璃瓶。

【采样方法】采集样品时，应将样品沿样品瓶壁缓慢流入，盖紧瓶盖并倒置检查瓶内是否存在气泡，若有气泡，应重新采集。

【固定剂】—

【保存方法】4℃冷藏，避光保存。

【保存期】7 d。

【采样量】500 mL。

【容器洗涤】—

【检出限】NPD 检测器：0.04 μg/L；FPD 检测器：0.1 μg/L。

【质量保证和质量控制】每批（或 20 个）样品应至少做一个全程序空白。若全程序空白中目标化合物浓度高于检出限，不应从样品结果中扣除空白值，应检查所有可能对全程序空白产生影响的环节，仔细查找干扰源，重新采样分析。每批样品应至少测定 10%的平行双样，样品数量少于 10 个时，应至少测定一个平行双样。测定结果的相对偏差应在 10%以内。测定结果以平行双样的平均值报出。

40. 磺酰脲类农药

水质　磺酰脲类农药的测定　高效液相色谱法（HJ 1018—2019）

【适用范围】地表水、地下水、生活污水和工业废水。

【采样容器】1 000 mL 具磨口塞的棕色细口玻璃瓶或带聚四氟乙烯衬垫的棕色螺纹口玻璃瓶。

【采样方法】采集样品时，应使样品充满采样瓶，不留液上空间。如果样品 pH 不在 7～9，用磷酸或氢氧化钠溶液调节样品 pH 至 7～9。对于含有余氯的水样，需向水样中加入硫代硫酸钠，使水样中硫代硫酸钠的浓度为 80 mg/L。

【固定剂】磷酸、氢氧化钠。

【保存方法】采集的样品应在 4℃以下冷藏，避光保存，2 d 内分析或萃取完毕。萃取液应在 4℃以下冷藏，避光保存，8 d 内分析完毕。

【保存期】8 d。

【采样量】1 000 mL。

【容器洗涤】—

【检出限】直接进样法：0.006～0.009 mg/L；液液萃取法或固相萃取法：0.05～0.09 μg/L。

【质量保证和质量控制】每 20 个样品或每批次（≤20 个样品/批）应至少做一个实验室空白，测定结果应低于方法检出限。每 20 个样品或每批次（≤20 个样品/批）应做一个平行样。对于直接进样法，平行样的相对偏差≤30%。对于液液萃取和固相萃取，平行样的相对偏差≤35%。

41. 挥发性酚类

水质　挥发酚的测定　4-氨基安替比林分光光度法（HJ 503—2009）

【适用范围】地表水、地下水、饮用水、工业废水和生活污水。

【采样容器】硬质玻璃瓶。

【采样方法】—

【固定剂】磷酸。

【保存方法】加磷酸酸化至 pH 值约为 4，并加硫酸铜，4℃冷藏保存。

【保存期】24 h 内进行测定。

【采样量】500 mL。

【容器洗涤】—

【检出限】萃取分光光度法：0.0003 mg/L；直接分光光度法：0.01 mg/L。

【质量保证和质量控制】—

【结果表示】当结果＜0.1 mg/L 时，保留到小数点后四位；≥0.1 mg/L 时，保留三位有效数字。当结果＜1 mg/L 时，保留到小数点后三位；≥1 mg/L 时，保留三位有效数字。

水质　挥发酚的测定　流动注射-4-氨基安替比林分光光度法（HJ 825—2017）

【适用范围】地表水、地下水、生活污水和工业废水。

【采样容器】玻璃瓶。

【采样方法】—

【固定剂】磷酸。

【保存方法】加磷酸调至 pH 值为 2，或用 0.01～0.02 g 抗坏血酸除去残余氯。用氢氧化钠固定，使样品 pH≥12，4℃冷藏，避光保存。

【保存期】24 h。

【采样量】—

【容器洗涤】—

【检出限】0.002 mg/L。

【质量保证和质量控制】每批样品至少测定一个全程序空白，空白值不得超过方法测定下限。否则应查明原因，重新分析直至合格后才能测定样品。

【结果表示】当结果＜1 mg/L 时，保留至小数点后三位；≥1 mg/L 时，保留三位有效数字。

生活饮用水标准检验方法　感官性状和物理指标（9.1　4-氨基安替吡啉三氯甲烷萃取分光光度法）（GB/T 5750.4—2006）

【适用范围】生活饮用水及其水源水。

【采样容器】—

【采样方法】—

【固定剂】氢氧化钠。

【保存方法】加氢氧化钠调至 pH≥12，0～4℃冷藏，避光保存。

【保存期】24 h。

【采样量】0.5～1 L。

【容器洗涤】用重铬酸钾洗液浸泡 24 h，然后用自来水冲洗干净，用蒸馏水淋洗后置烘箱内 180℃烘 4 h，冷却后再用纯化过的己烷、石油醚冲洗数次。

【检出限】0.002 mg/L。

【质量保证和质量控制】—

【结果表示】—

生活饮用水标准检验方法　感官性状和物理指标（9.2　4-氨基安替吡啉直接分光光度法）（GB/T 5750.4—2006）

【适用范围】生活饮用水及其水源水。

【采样容器】—

【采样方法】—

【固定剂】氢氧化钠。

【保存方法】加氢氧化钠调至 pH≥12，0～4℃冷藏，避光保存。

【保存期】24 h。

【采样量】0.5～1 L。

【容器洗涤】用重铬酸钾洗液浸泡 24 h，然后用自来水冲洗干净，用蒸馏水淋洗后置烘箱内 180℃烘 4 h，冷却后再用纯化过的己烷、石油醚冲洗数次。

【检出限】0.1 mg/L。

【质量保证和质量控制】—

【结果表示】—

42. 挥发性卤代烃

水质　挥发性卤代烃的测定　顶空气相色谱法（HJ 620—2011）

【适用范围】地表水、地下水、饮用水、海水、工业废水和生活污水。

【采样容器】40 mL 具聚四氟乙烯衬的硅橡胶垫的棕色螺口玻璃瓶或其他同类采样瓶。

【采样方法】如果水样含有余氯，向采样瓶中加入 0.3～0.5 g 抗坏血酸或硫代硫酸钠。采样时样品沿瓶壁注入，防止气泡产生，水样充满后不留液上空间，如从自来水或有抽水设备的出水管处取水时，应先平缓放水 5～10 min。

【固定剂】—

【保存方法】水样采集后应立即放入 4℃左右冷藏箱内，送回实验室应尽快分析。如不能及时分析，可在 4℃左右冷藏保存，样品存放区域无有机物干扰，7 d 内完成样品分析。

【保存期】7 d。

【采样量】40 mL。

【容器洗涤】—

【检出限】0.02～6.13 μg/L。

【质量保证和质量控制】所有样品均采集平行样。每批样品要带一个全程序空白。采用与水样采集相同的装置及试剂，用实验用水充满顶空瓶。其他步骤同水样采集和保存方法。

43. 可萃取性石油烃（C_{10}～C_{40}）

水质 可萃取性石油烃（C_{10}～C_{40}）的测定 气相色谱法（HJ 894—2017）

【适用范围】地表水、地下水、生活污水、工业废水和海水。

【采样容器】具磨口塞的棕色玻璃瓶。

【采样方法】—

【固定剂】（1+1）盐酸。

【保存方法】加入（1+1）盐酸溶液酸化至 pH≤2，4℃冷藏保存。

【保存期】14 d 内完成萃取，40 d 内分析。

【采样量】1 000 mL。

【容器洗涤】—

【检出限】0.01 mg/L。

【质量保证和质量控制】每 20 个样品或每批样品（少于 20 个样品/批）至少做一个实验室空白，空白值应低于方法检出限。

44. 挥发性石油烃（C_6～C_9）

水质 挥发性石油烃（C_6～C_9）的测定 吹扫捕集/气相色谱法（HJ 893—2017）

【适用范围】地表水、地下水、海水、生活污水和工业废水。

【采样容器】40 mL 棕色玻璃瓶，具硅橡胶-聚四氟乙烯衬垫螺旋盖。

【采样方法】采集样品时，使水样在瓶中溢流而不留气泡。每份样品应采集平行双样，每批样品应至少带一个全程序空白。

【固定剂】抗坏血酸+磷酸溶液。

【保存方法】采样前，需加入 0.3 g 抗坏血酸于样品瓶中；采集样品，再加入数滴（1+9）磷酸溶液，使样品 pH≤2，置于 4℃避光冷藏保存。

【保存期】3 d 内完成样品分析。

【采样量】40 mL。

【容器洗涤】—

【检出限】当取样量为 10.0 mL 时：0.02 mg/L；当取样量为 20.0 mL 时：0.01 mg/L。

【质量保证和质量控制】全程序空白中目标化合物测定结果应低于方法检出限。每 20 个样品或每批次（少于 20 个样品）应至少分析一个平行样品，平行样品测定结果的相对偏差应≤20%。

45. 挥发性有机物

水质 挥发性有机物的测定 吹扫捕集/气相色谱-质谱法（HJ 639—2012）

【适用范围】海水、地下水、地表水、生活污水和工业废水。

【采样容器】40 mL 棕色玻璃瓶，具硅橡胶-聚四氟乙烯衬垫螺旋盖。

【采样方法】采样前，需要向每个样品瓶中加入抗坏血酸，每 40 mL 样品需加入 25 mg 的抗坏血酸。如果水样中总余氯的量超过 5 mg/L，应先按 HJ 586 附录 A 的方法测定总余氯后，再确定抗坏血酸的加入量。在 40 mL 样品瓶中，总余氯每超过 5 mg/L，需多加 25 mg 的抗坏血酸。采样时，水样呈中性时，向每个样品瓶中加入 0.5 mL 盐酸溶液，拧紧瓶盖；水样呈碱性时应加入适量盐酸溶液使样品 pH≤2。采集完水样后，应在样品瓶上立即贴上标签。当水样加盐酸溶液后产生大量气泡时，应弃去该样品，重新采集样品。重新采集的样品不应加盐酸溶液，样品标签上应注明未酸化，该样品应在 24 h 内分析。

【固定剂】盐酸。

【保存方法】样品采集后冷藏运输。运回实验室后应立即放入冰箱中，4℃以下冷藏保存，14 d 内分析完毕。样品存放区域应无有机物干扰。

【保存期】14 d。

【采样量】40 mL。

【容器洗涤】—

【检出限】0.6～5.0 μg/L。

【质量保证和质量控制】所有样品均采集平行双样。每批样品应带一个全程序空白和一个运输空白。

水质　挥发性有机物的测定　吹扫捕集/气相色谱法（HJ 686—2014）

【适用范围】地表水、地下水、生活污水和工业废水。

【采样容器】40 mL 棕色玻璃瓶，螺旋盖（带聚四氟乙烯涂层密封垫）。

【采样方法】用 40 mL 采样瓶采样。如果水样含有余氯，向采样瓶中加入约 25 mg 抗坏血酸。

【固定剂】盐酸。

【保存方法】加 0.5 mL 盐酸溶液，4℃冷藏保存，可保存 14 d。

【保存期】14 d。

【采样量】40 mL。

【容器洗涤】—

【检出限】0.1～0.5 μg/L。

【质量保证和质量控制】所有样品均采集平行双样。每批样品应带一个全程序空白和一个运输空白。

水质　挥发性有机物的测定　顶空/气相色谱-质谱法（HJ 810—2016）

【适用范围】地表水、地下水、生活污水、工业废水和海水。

【采样容器】40 mL 棕色螺口玻璃瓶，具硅橡胶-聚四氟乙烯衬垫螺旋盖，放置于不含挥发性有机物的区域。

【采样方法】若水样中含有余氯，采样前，应向 40 mL 棕色采样瓶中加 25 mg（精确至 0.001 g）抗坏血酸。若水样中余氯含量超过 5 mg/L，应按比例增加抗坏血酸的加入量，余氯含量每增加 5 mg/L，则应多加入 25 mg（精确至 0.001 g）抗坏血酸。采集样品时，不宜用水样进行荡洗，应使水样在样品瓶中溢流且不留空间，取样时应尽量避免或减少样品在空气中暴露。

【固定剂】盐酸。

【保存方法】样品采集后，应立即加入适量盐酸溶液，使样品 pH≤2，拧紧瓶塞，贴上标签，立即放入冷藏箱中于 4℃以下冷藏运输。样品运回实验室后，应于 4℃以下冷藏、避光和密封保存，14 d 内完成分析测定。

【保存期】14 d。

【采样量】40 mL。

【容器洗涤】—

【检出限】2～10 μg/L。

【质量保证和质量控制】所有样品均采集平行双样。每批样品应至少做一个全程序空白。

46. 甲苯

水质　挥发性有机物的测定　吹扫捕集/气相色谱-质谱法（HJ 639—2012）

【适用范围】海水、地下水、地表水、生活污水和工业废水。

【采样容器】40 mL 棕色玻璃瓶，具硅橡胶-聚四氟乙烯衬垫螺旋盖。

【采样方法】采样前，需要向每个样品瓶中加入抗坏血酸，每 40 mL 样品需加入 25 mg 的抗坏血酸。如果水样中总余氯的量超过 5 mg/L，应先按 HJ 586 附录 A 的方法测定总余氯后，再确定抗坏血酸的加入量。在 40 mL 样品瓶中，总余氯每超过 5 mg/L，需多加 25 mg 的抗坏血酸。采样时，水样呈中性时，向每个样品瓶中加入 0.5 mL 盐酸溶液，拧紧瓶盖；水样呈碱性时应加入适量盐酸溶液使样品 pH≤2。采集完水样后，应在样品瓶上立即贴上标签。当水样加盐酸溶液后产生大量气泡时，应弃去该样品，重新采集样品。重新采集的样品不应加盐酸溶液，样品标签上应注明未酸化，该样品应在 24 h 内分析。

【固定剂】盐酸。

【保存方法】样品采集后冷藏运输。运回实验室后应立即放入冰箱中，4℃以下冷藏保存，14 d 内分析完毕。样品存放区域应无有机物干扰。

【保存期】14 d。

【采样量】40 mL。

【容器洗涤】—

【检出限】1.4 μg/L。

【质量保证和质量控制】所有样品均采集平行双样。每批样品应带一个全程序空白和一个运输空白。

水质　挥发性有机物的测定　吹扫捕集/气相色谱法（HJ 686—2014）

【适用范围】地表水、地下水、生活污水和工业废水。

【采样容器】40 mL 棕色玻璃瓶，螺旋盖（带聚四氟乙烯涂层密封垫）。

【采样方法】用 40 mL 采样瓶采样。如果水样含有余氯，向采样瓶中加入约 25 mg 抗坏血酸。

【固定剂】盐酸。

【保存方法】加 0.5 mL 盐酸溶液，4℃冷藏保存，可保存 14 d。

【保存期】14 d。

【采样量】40 mL。

【容器洗涤】—

【检出限】0.5 μg/L。

【质量保证和质量控制】所有样品均采集平行双样，每批样品应带一个全程序空白和一个运输空白。

水质　挥发性有机物的测定　顶空/气相色谱-质谱法（HJ 810—2016）

【适用范围】地表水、地下水、生活污水、工业废水和海水。

【采样容器】40 mL 棕色螺口玻璃瓶，具硅橡胶-聚四氟乙烯衬垫螺旋盖，放置于不含挥发性有机物的区域。

【采样方法】若水样中含有余氯，采样前，应向 40 mL 棕色采样瓶中加 25 mg（精确至 0.001 g）抗坏血酸。若水样中余氯含量超过 5 mg/L，应按比例增加抗坏血酸的加入量，余氯含量每增加 5 mg/L，则应多加入 25 mg（精确至 0.001 g）抗坏血酸。采集样品时，不宜用水样进行荡洗，应使水样在样品瓶中溢流且不留空间，取样时应尽量避免或减少样品在空气中暴露。

【固定剂】盐酸。

【保存方法】样品采集后，应立即加入适量盐酸溶液，使样品 pH≤2，拧紧瓶塞，贴上标签，立即放入冷藏箱中于 4℃以下冷藏运输。样品运回实验室后，应于 4℃以下冷藏、避光和密封保存，14 d 内完成分析测定。

【保存期】14 d。

【采样量】40 mL。

【容器洗涤】—

【检出限】3 μg/L。

【质量保证和质量控制】所有样品均采集平行双样。每批样品应至少做一个全程序空白。

47. 甲醇

水质　甲醇和丙酮的测定　顶空/气相色谱法（HJ 895—2017）

【适用范围】地表水、地下水、工业废水、生活污水和海水。

【采样容器】40 mL 棕色玻璃瓶，具硅橡胶-聚四氟乙烯衬垫螺旋盖。

【采样方法】采集样品时，不得用样品进行荡洗，应使样品在采样瓶中溢流且不留空间，取样时应尽量避免或减少样品在空气中暴露。所有样品瓶均采集平行双样。

【固定剂】抗坏血酸（样品中含有余氯）。

【保存方法】若样品中含有余氯，采样前，应向采样瓶中加 25 mg 抗坏血酸。若余氯含量超过 5 mg/L，余氯含量每增加 5 mg/L，则应多加入 25 mg 抗坏血酸。样品采集后，应立即加入适量（1+1）盐酸，使样品 pH≤2，4℃以下冷藏，避光保存。

【保存期】14 d 内完成分析测定。

【采样量】40 mL。

【容器洗涤】—

【检出限】0.2 mg/L。

【质量保证和质量控制】每批样品至少做一个实验室空白试验和全程序空白试验，其测定结果不得超过方法检出限。每个样品均应采集平行双样，每 20 个样品或每批次（少于 20 个样品/批）应至少测定一个平行样品，平行样品相对偏差≤20%。

48. 甲基对硫磷

水质　有机磷农药的测定　气相色谱法（GB/T 13192—1991）

【适用范围】地面水、地下水及工业废水。
【采样容器】玻璃磨口瓶。
【采样方法】在采样前用水样将取样瓶冲洗 2～3 次。
【固定剂】—
【保存方法】弱酸性状态下保存，除敌敌畏及敌百虫外，其余有机磷于 4℃冷藏保存。
【保存期】3 d。
【采样量】1 000 mL。
【容器洗涤】—
【检出限】2.8×10^{-9} g。
【质量保证和质量控制】—

水、土中有机磷农药测定的气相色谱法（GB/T 14552—2003）

【适用范围】地面水、地下水及土壤。
【采样容器】玻璃磨口瓶。
【采样方法】先用水样冲洗样品 2～3 次。
【固定剂】—
【保存方法】4℃冷藏保存。
【保存期】—
【采样量】1 000 mL。
【容器洗涤】—
【检出限】$0.189\,3\times10^{-3}$ mg/L。
【质量保证和质量控制】—

49. 甲醛

水质　甲醛的测定　乙酰丙酮分光光度法（HJ 601—2011）

【适用范围】地表水、地下水和工业废水。
【采样容器】聚乙烯瓶或硬质玻璃瓶。
【采样方法】采集时应使水样从瓶口溢出后盖上瓶塞塞紧。
【固定剂】硫酸。
【保存方法】加硫酸酸化至 pH≤2。
【保存期】24 h。
【采样量】—
【容器洗涤】—
【检出限】0.05 mg/L。
【质量保证和质量控制】每批样品至少测定一个全程序空白，要求空白值不得超过方法检出限。条件允许时，采集现场空白样作为现场样的质量控制样，评价采样过程环境、运输对水样的影响。

【结果表示】—

50. 克百威

水质 氨基甲酸酯类农药的测定 超高效液相色谱-三重四极杆质谱法（HJ 827—2017）

【适用范围】地表水、地下水、生活污水和工业废水。

【采样容器】磨口棕色玻璃瓶。

【采样方法】采样瓶要完全注满不留气泡。

【固定剂】（1+1）硫酸或氢氧化钠：0.4 g/mL。

【保存方法】用（1+1）硫酸或氢氧化钠：0.4 g/mL 调节水样为中性，4℃以下冷藏，避光保存。

【保存期】7 d 内完成分析。

【采样量】250 mL。

【容器洗涤】—

【检出限】直接进样法：0.1 μg/L；固相萃取法：0.005 μg/L。

【质量保证和质量控制】每次分析至少做一个实验室空白，实验室空白中检出每个目标化合物的浓度不得超过方法的检出限。每 20 个样品或每批次（少于 20 个样品/批）需做一个平行双样，平行双样测定结果的相对偏差应≤20%。

51. 乐果

水质 有机磷农药的测定 气相色谱法（GB/T 13192—1991）

【适用范围】地面水、地下水及工业废水。

【采样容器】玻璃磨口瓶。

【采样方法】在采样前用水样将取样瓶冲洗 2～3 次。

【固定剂】—

【保存方法】弱酸性状态下保存，除敌敌畏及敌百虫外，其余有机磷于 4℃冷藏保存。

【保存期】3 d。

【采样量】1 000 mL。

【容器洗涤】—

【检出限】2.8×10^{-9} g。

【质量保证和质量控制】—

52. 联苯胺

水质 联苯胺的测定 高效液相色谱法（HJ 1017—2019）

【适用范围】地表水、地下水、生活污水和工业废水。

【采样容器】500 mL 具磨口塞的棕色细口玻璃瓶或带聚四氟乙烯衬垫的棕色螺纹口玻璃瓶。

【采样方法】采样前，向样品瓶中加入硫代硫酸钠，每 500 mL 样品加入 40 mg。采样时，应使样品充满采样瓶，不留液上空间。

【固定剂】盐酸、氢氧化钠。

【保存方法】如果样品的 pH 不在 6～9，用盐酸溶液或氢氧化钠溶液调节 pH 至 6～9。采集的样品应在 4℃以下冷藏、避光保存，5 d 内萃取。萃取后的洗脱液在 4℃以下冷藏、避光保存，4 d 内分析完毕。

【保存期】5 d。

【采样量】500 mL。

【容器洗涤】—

【检出限】0.006 μg/L。

【质量保证和质量控制】每 20 个样品或每批次（≤20 个样品/批）应至少做一个实验室空白，测定结果应低于方法检出限。每 20 个样品或每批次（≤20 个样品/批）应至少测定一个平行样，平行样的相对偏差应≤20%。

53. 邻苯二甲酸二（2-乙基己基）酯

生活饮用水标准检验方法　有机物指标（12.1 气相色谱法）（GB/T 5750.8—2006）

【适用范围】生活饮用水及其水源水。

【采样容器】磨口玻璃瓶。

【采样方法】—

【固定剂】—

【保存方法】采集后的样品密封保存。

【保存期】7 d。

【采样量】—

【容器洗涤】—

【检出限】2 μg/L。

【质量保证和质量控制】—

54. 林丹

水质　六六六、滴滴涕的测定　气相色谱法（GB/T 7492—1987）

【适用范围】地面水、地下水及部分污水。

【采样容器】玻璃细口瓶，具磨口瓶塞。

【采样方法】在灌瓶前要把采样瓶用所需采用的水冲洗 2～3 次。

【固定剂】—

【保存方法】4℃冷藏保存。

【保存期】不多于 7 d。

【采样量】1 000 mL。

【容器洗涤】—

【检出限】—

【质量保证和质量控制】—

水质　有机氯农药和氯苯类化合物的测定　气相色谱-质谱法（HJ 699—2014）

【适用范围】地表水、地下水、生活污水、工业废水和海水。

【采样容器】具玻璃塞的棕色磨口瓶或具有聚四氟乙烯衬垫的棕色螺口玻璃瓶。

【采样方法】—

【固定剂】（1+1）盐酸。

【保存方法】样品采集后立即用（1+1）盐酸溶液调节 pH＜2，4℃冷藏保存，并在 7 d 内完成萃取；萃取液在 40 d 内完成分析。

【保存期】40 d。

【采样量】—

【容器洗涤】—

【检出限】液液萃取法：0.025 μg/L；固相萃取法：0.022 μg/L。

【质量保证和质量控制】每批样品至少做一个空白试验，即全程序空白试验。如果目标化合物有检出，应查明原因。每批样品应至少测定 10%的平行双样，样品数量少于 10 个时，应至少测定一个平行双样。当测定结果为 10 倍检出限以内（包括 10 倍检出限），平行双样测定结果的相对偏差应≤50%；当测定结果＞10 倍检出限，平行双样测定结果的相对偏差应≤20%。

生活饮用水标准检验方法　农药指标（1.1 填充柱气相色谱法）（GB/T 5750.9—2006）

【适用范围】生活饮用水及其水源水。

【采样容器】磨口玻璃瓶。

【采样方法】—

【固定剂】浓硫酸、硫酸铜。

【保存方法】4℃冷藏保存。

【保存期】—

【采样量】—

【容器洗涤】—

【检出限】0.008 μg/L。

【质量保证和质量控制】—

生活饮用水标准检验方法　农药指标（1.2 毛细管柱气相色谱法）（GB/T 5750.9—2006）

【适用范围】生活饮用水及其水源水。

【采样容器】磨口玻璃瓶。

【采样方法】—

【固定剂】—

【保存方法】4℃冷藏保存。

【保存期】—

【采样量】—

【容器洗涤】—

【检出限】0.01 μg/L。

【质量保证和质量控制】—

55. 六六六

水质　六六六、滴滴涕的测定　气相色谱法（GB/T 7492—1987）

【适用范围】地面水、地下水及部分污水。

【采样容器】玻璃细口瓶，具磨口瓶塞。

【采样方法】在灌瓶前要把采样瓶用所需采用的水冲洗 2～3 次。

【固定剂】—

【保存方法】4℃冷藏保存。

【保存期】不多于 7 d。

【采样量】1 000 mL。

【容器洗涤】—

【检出限】—

【质量保证和质量控制】—

水质　有机氯农药和氯苯类化合物的测定　气相色谱-质谱法（HJ 699—2014）

【适用范围】地表水、地下水、生活污水、工业废水和海水。

【采样容器】具玻璃塞的棕色磨口瓶或具有聚四氟乙烯衬垫的棕色螺口玻璃瓶。

【采样方法】—

【固定剂】（1+1）盐酸。

【保存方法】样品采集后立即用（1+1）盐酸溶液调节 pH＜2，4℃冷藏保存，并在 7 d 内完成萃取；萃取液在 40 d 内完成分析。

【保存期】40 d。

【采样量】—

【容器洗涤】—

【检出限】液液萃取法：0.025～0.060 μg/L；固相萃取法：0.022～0.034 μg/L。

【质量保证和质量控制】每批样品至少做一个空白试验，也即全程序空白试验。如果目标化合物有检出，应查明原因。每批样品应至少测定 10%的平行双样，样品数量少于 10 个时，应至少测定一个平行双样。当测定结果为 10 倍检出限以内（包括 10 倍检出限），平行双样测定结果的相对偏差应≤50%；当测定结果大于 10 倍检出限，平行双样测定结果的相对偏差应≤20%。

生活饮用水标准检验方法　农药指标（1.1 填充柱气相色谱法）（GB/T 5750.9—2006）

【适用范围】生活饮用水及其水源水。

【采样容器】磨口玻璃瓶。

【采样方法】—

【固定剂】浓硫酸、硫酸铜。

【保存方法】4℃冷藏保存。

【保存期】—

【采样量】—

【容器洗涤】—

【检出限】0.008 μg/L。

【质量保证和质量控制】—

生活饮用水标准检验方法　农药指标（1.2 毛细管柱气相色谱法）（GB/T 5750.9—2006）

【适用范围】生活饮用水及其水源水。

【采样容器】磨口玻璃瓶。

【采样方法】—

【固定剂】—

【保存方法】4℃冷藏保存。

【保存期】—

【采样量】—

【容器洗涤】—

【检出限】0.01 μg/L。

【质量保证和质量控制】—

56. 六氯苯

水质　氯苯类化合物的测定　气相色谱法（HJ 621—2011）

【适用范围】地表水、地下水、饮用水、海水、工业废水和生活污水。

【采样容器】棕色玻璃瓶。

【采样方法】样品充满采样瓶。用内衬聚四氟乙烯硅胶垫（或铝箔垫）的瓶盖密封。

【固定剂】浓硫酸。

【保存方法】采样时每升水样中加入 1.0 mL 浓硫酸，2～5℃冷藏保存。

【保存期】7 d。

【采样量】1 000 mL。

【容器洗涤】—

【检出限】0.003 μg/L。

【质量保证和质量控制】每批样品至少分析一个全程序空白样，全程序空白测定值应低于检出限。每分析一批（20 个）样品至少做 10%的平行样品测定，平行样品相对偏差在30%以内。

水质　有机氯农药和氯苯类化合物的测定　气相色谱-质谱法（HJ 699—2014）

【适用范围】地表水、地下水、生活污水、工业废水和海水。

【采样容器】具玻璃塞的棕色磨口瓶或具有聚四氟乙烯衬垫的棕色螺口玻璃瓶。

【采样方法】—

【固定剂】（1+1）盐酸。

【保存方法】样品采集后立即用（1+1）盐酸溶液调节 pH<2，4℃冷藏保存，并在 7 d 内完成萃取；萃取液在 40 d 内完成分析。

【保存期】40 d。

【采样量】—

【容器洗涤】—

【检出限】液液萃取法：0.043 μg/L；固相萃取法：0.026 μg/L。

【质量保证和质量控制】每批样品至少做一个空白试验，即全程序空白试验。如果目标化合物有检出，应查明原因。每批样品应至少测定 10%的平行双样，样品数量少于 10 个时，应至少测定一个平行双样。当测定结果为 10 倍检出限以内（包括 10 倍检出限），平行双样测定结果的相对偏差应≤50%；当测定结果大于 10 倍检出限，平行双样测定结果的相对偏差应≤20%。

生活饮用水标准检验方法　有机物指标（24.1 气相色谱法）（GB/T 5750.8—2006）

【适用范围】生活饮用水及其水源水。

【采样容器】磨口玻璃瓶。

【采样方法】—

【固定剂】硫酸。

【保存方法】每升水样中加入 1 mL 硫酸，4℃冷藏保存，保存期 4 d。经过萃取处理后的试样 4℃冷藏，可保存 40 d。

【保存期】40 d。

【采样量】—

【容器洗涤】—

【检出限】0.02 μg/L。

【质量保证和质量控制】—

57. 卤代乙酸类化合物

水质　卤代乙酸类化合物的测定　气相色谱法（HJ 758—2015）

【适用范围】地表水、地下水、生活污水和工业废水。

【采样容器】棕色玻璃瓶。

【采样方法】加入水样后，盖好塞子，振荡混匀。

【固定剂】氯化铵：10 mg/mL。

【保存方法】按每 100 mL 水样加 1.0 mL 氯化铵溶液的比例，使水样中氯化铵含量约为 100 mg/L，4℃冷藏，避光保存。14 d 内完成萃取，萃取液 4℃冷藏保存不能超过 7 d。

【保存期】14 d。

【采样量】100 mL。

【容器洗涤】—

【检出限】2 μg/L。

【质量保证和质量控制】每批样品至少做一个全程序空白，每批样品至少做 10% 的平行样，平行样测定结果的相对偏差应≤30%。

58. 氯苯

水质　氯苯类化合物的测定　气相色谱法（HJ 621—2011）

【适用范围】地表水、地下水、饮用水、海水、工业废水及生活污水。

【采样容器】棕色玻璃瓶。

【采样方法】用棕色玻璃瓶采集样品，使样品充满采样瓶。用内衬聚四氟乙烯硅胶垫（或铝箔垫）的瓶盖密封。

【固定剂】浓硫酸。

【保存方法】如当天不能分析，采样时每升水样中加入 1.0 mL 浓硫酸，2～5℃冷藏保存，7 d 内完成样品分析。

【保存期】7 d。

【采样量】1 000 mL。

【容器洗涤】—

【检出限】12 μg/L。

【质量保证和质量控制】每批样品至少分析一个全程序空白样，全程序空白测定值应低于检出限。每分析一批（20 个）样品至少做 10%的平行样品测定，平行样品相对偏差在 30%以内。

水质　氯苯的测定　气相色谱法（HJ/T 74—2001）

【适用范围】地表水、地下水及废水。

【采样容器】1 L 玻璃细口瓶，具磨口瓶塞。

【采样方法】水样用玻璃瓶采集，在采集前用水样将取样瓶洗涤 2～3 次，样品应充满瓶子，加盖密封，不得有气泡。

【固定剂】—

【保存方法】2～5℃冷藏保存，7 d 内完成样品分析。

【保存期】7 d。

【采样量】1 000 mL。

【容器洗涤】用水样将取样瓶洗涤 2～3 次。

【检出限】0.01 mg/L。

【质量保证和质量控制】—

水质　挥发性有机物的测定　吹扫捕集/气相色谱-质谱法（HJ 639—2012）

【适用范围】海水、地下水、地表水、生活污水和工业废水。

【采样容器】40 mL 棕色玻璃瓶，具硅橡胶-聚四氟乙烯衬垫螺旋盖。

【采样方法】采样前，需要向每个样品瓶中加入抗坏血酸，每 40 mL 样品需加入 25 mg 的抗坏血酸。如果水样中总余氯的量超过 5 mg/L，应先按 HJ 586 附录 A 的方法测定总余氯后，再确定抗坏血酸的加入量。在 40 mL 样品瓶中，总余氯每超过 5 mg/L，需多加 25 mg 的抗坏血酸。采样时，水样呈中性时，向每个样品瓶中加入 0.5 mL 盐酸溶液，拧紧瓶盖；水样呈碱性时应加入适量盐酸溶液使样品 pH≤2。采集完水样后，应在样品瓶上立即贴上标签。当水样加盐酸溶液后产生大量气泡时，应弃去该样品，重新采集样品。重新采集的样品不应加盐酸溶液，样品标签上应注明未酸化，该样品应在 24 h 内分析。

【固定剂】盐酸。

【保存方法】样品采集后冷藏运输。运回实验室后应立即放入冰箱中，4℃以下冷藏保存，14 d 内分析完毕。样品存放区域应无有机物干扰。

【保存期】14 d。

【采样量】40 mL。

【容器洗涤】—

【检出限】1.0 μg/L。

【质量保证和质量控制】所有样品均采集平行双样。每批样品应带一个全程序空白和一个运输空白。

水质　挥发性有机物的测定　顶空/气相色谱-质谱法（HJ 810—2016）

【适用范围】地表水、地下水、生活污水、工业废水和海水。

【采样容器】40 mL 棕色螺口玻璃瓶，具硅橡胶-聚四氟乙烯衬垫螺旋盖，放置于不含挥发性有机物的区域。

【采样方法】若水样中含有余氯，采样前，应向 40 mL 棕色采样瓶中加 25 mg（精确至 0.001 g）抗坏血酸。若水样中余氯含量超过 5 mg/L，应按比例增加抗坏血酸的加入量，余氯含量每增加 5 mg/L，则应多加入 25 mg（精确至 0.001 g）抗坏血酸。采集样品时，不宜用水样进行荡洗，应使水样在样品瓶中溢流且不留空间，取样时应尽量避免或减少样品在空气中暴露。

【固定剂】盐酸。

【保存方法】样品采集后，应立即加入适量盐酸溶液，使样品 pH≤2，拧紧瓶塞，贴上标签，立即放入冷藏箱中于 4℃以下冷藏运输。样品运回实验室后，应于 4℃以下冷藏、避光和密封保存，14 d 内完成分析测定。

【保存期】14 d。

【采样量】40 mL。

【容器洗涤】—

【检出限】4 μg/L。

【质量保证和质量控制】所有样品均采集平行双样。每批样品应至少做一个全程序空白。

59. 氯苯类化合物

水质　氯苯类化合物的测定　气相色谱法（HJ 621—2011）

【适用范围】地表水、地下水、饮用水、海水、工业废水及生活污水。

【采样容器】棕色玻璃瓶。

【采样方法】用棕色玻璃瓶采集样品，使样品充满采样瓶。用内衬聚四氟乙烯硅胶垫（或铝箔垫）的瓶盖密封。

【固定剂】浓硫酸。

【保存方法】如当天不能分析，采样时每升水样中加入 1.0 mL 浓硫酸，2～5℃冷藏保存，7 d 内完成样品分析。

【保存期】7 d。

【采样量】1 000 mL。

【容器洗涤】—

【检出限】0.003～12 μg/L。

【质量保证和质量控制】每批样品至少分析一个全程序空白样，全程序空白测定值应低于检出限。每分析一批（20 个）样品至少做 10%的平行样品测定，平行样品相对偏差在 30%以内。

水质　有机氯农药和氯苯类化合物的测定　气相色谱-质谱法（HJ 699—2014）

【适用范围】地表水、地下水、生活污水、工业废水和海水。

【采样容器】具有玻璃塞的棕色磨口瓶或具有聚四氟乙烯衬垫的棕色螺口玻璃瓶。

【采样方法】用具有玻璃塞的棕色磨口瓶或具有聚四氟乙烯衬垫的棕色螺口玻璃瓶采集样品。样品采集后立即用盐酸溶液调至 pH＜2。

【固定剂】盐酸。

【保存方法】4℃冷藏保存，7 d 内完成萃取，40 d 内完成分析。

【保存期】40 d。

【采样量】500 mL。

【容器洗涤】—

【检出限】液液萃取法：0.25～0.60 μg/L；固相萃取法：0.21～0.69 μg/L。

【质量保证和质量控制】每批样品至少做一个空白试验，即全程序空白试验。每批样品应至少测定 10%的平行双样，样品数量少于 10 个时，应至少测定一个平行双样。

60. 氯乙烯

水质　挥发性有机物的测定　吹扫捕集/气相色谱-质谱法（HJ 639—2012）

【适用范围】海水、地下水、地表水、生活污水和工业废水。

【采样容器】40 mL 棕色玻璃瓶，具硅橡胶-聚四氟乙烯衬垫螺旋盖。

【采样方法】采样前，需要向每个样品瓶中加入抗坏血酸，每 40 mL 样品需加入 25 mg 的抗坏血酸。如果水样中总余氯的量超过 5 mg/L，应先按 HJ 586 附录 A 的方法测定总余氯后，再确定抗坏血酸的加入量。在 40 mL 样品瓶中，总余氯每超过 5 mg/L，需多加 25 mg 的抗坏血酸。采样时，水样呈中性时向每个样品瓶中加入 0.5 mL 盐酸溶液，拧紧瓶盖；水样呈碱性时应加入适量盐酸溶液使样品 pH≤2。采集完水样后，应在样品瓶上立即贴上标签。当水样加盐酸溶液后产生大量气泡时，应弃去该样品，重新采集样品。重新采集的样品不应加盐酸溶液，样品标签上应注明未酸化，该样品应在 24 h 内分析。

【固定剂】盐酸。

【保存方法】样品采集后冷藏运输。运回实验室后应立即放入冰箱中，4℃以下冷藏保存，14 d 内分析完毕。样品存放区域应无有机物干扰。

【保存期】14 d。

【采样量】40 mL。

【容器洗涤】—

【检出限】1.5 μg/L。

【质量保证和质量控制】所有样品均采集平行双样。每批样品应带一个全程序空白和一个运输空白。

水质　挥发性有机物的测定　顶空/气相色谱-质谱法（HJ 810—2016）

【适用范围】地表水、地下水、生活污水、工业废水和海水。

【采样容器】40 mL 棕色螺口玻璃瓶，具硅橡胶-聚四氟乙烯衬垫螺旋盖，放置于不含挥发性有机物的区域。

【采样方法】若水样中含有余氯，采样前，应向 40 mL 棕色采样瓶中加 25 mg（精确至 0.001 g）抗坏血酸。若水样中余氯含量超过 5 mg/L，应按比例增加抗坏血酸的加入量，余氯含量每增加 5 mg/L，则应多加入 25 mg（精确至 0.001 g）抗坏血酸。采集样品时，不宜用水样进行荡洗，应使水样在样品瓶中溢流且不留空间，取样时应尽量避免或减少样品在空气中暴露。

【固定剂】盐酸。

【保存方法】样品采集后，应立即加入适量盐酸溶液，使样品 pH≤2，拧紧瓶塞，贴上标签，立即放入冷藏箱中于 4℃以下冷藏运输。样品运回实验室后，应于 4℃以下冷藏、避光和密封保存，14 d 内完成分析测定。

【保存期】14 d。

【采样量】40 mL。

【容器洗涤】—

【检出限】5 μg/L。

【质量保证和质量控制】所有样品均采集平行双样。每批样品应至少做一个全程序空白。

61. 马拉硫磷

水质　有机磷农药的测定　气相色谱法（GB/T 13192—1991）

【适用范围】地面水、地下水及工业废水。

【采样容器】玻璃磨口瓶。

【采样方法】在采样前用水样将取样瓶冲洗 2～3 次。

【固定剂】—

【保存方法】弱酸性状态下保存，除敌敌畏及敌百虫外，其余有机磷 4℃冷藏保存。

【保存期】3 d。

【采样量】1 000 mL。

【容器洗涤】—

【检出限】4.3×10^{-9} g。

【质量保证和质量控制】—

62. 灭多威

水质　灭多威和灭多威肟的测定　液相色谱法（HJ 851—2017）

【适用范围】地表水、地下水、生活污水和工业废水。

【采样容器】具磨口塞的棕色玻璃细口瓶。

【采样方法】—

【固定剂】盐酸：0.1 mol/L 或氢氧化钠：0.1 mol/L。

【保存方法】样品采集后用盐酸：0.1 mol/L 或氢氧化钠溶液：0.1 mol/L 调至 pH 值为 4～6，冷藏，避光保存。

【保存期】8 d。

【采样量】100 mL。

【容器洗涤】—

【检出限】1 g/L。

【质量保证和质量控制】每 20 个样品或每批次（少于 20 个样品）应至少做一个实验室空白，空白中灭多威和灭多威肟的浓度应低于方法检出限。每 10 个样品或每批次（少于 10 个样品）应做一个平行样，平行样的相对偏差≤15%。

63. 灭多威肟

水质　灭多威和灭多威肟的测定　液相色谱法（HJ 851—2017）

【适用范围】地表水、地下水、生活污水和工业废水。

【采样容器】具磨口塞的棕色玻璃细口瓶。

【采样方法】—

【固定剂】盐酸：0.1 mol/L 或氢氧化钠：0.1 mol/L。

【保存方法】样品采集后用盐酸：0.1 mol/L 或氢氧化钠溶液：0.1 mol/L 调至 pH 值为 4～6，冷藏，避光保存。

【保存期】8 d。

【采样量】100 mL。

【容器洗涤】—

【检出限】1 g/L。

【质量保证和质量控制】每 20 个样品或每批次（少于 20 个样品）应至少做一个实验室空白，空白中灭多威和灭多威肟的浓度应低于方法检出限。每 10 个样品或每批次（少于 10 个样品）应做一个平行样，平行样的相对偏差≤15%。

64. 萘

水质　多环芳烃的测定　液液萃取和固相萃取高效液相色谱法（HJ 478—2009）

【适用范围】饮用水、地下水、地表水、海水、工业废水及生活污水。

【采样容器】具磨口塞的棕色玻璃细口瓶。

【采样方法】采样前不能用水样预洗采样瓶，以防止样品的沾染或吸附。采样瓶要完全注满，不留气泡。

【固定剂】硫代硫酸钠（有残余氯存在）。

【保存方法】若水中有残余氯存在，要在每升水中加入 80 g 硫代硫酸钠除氯。样品采集后应避光保存，4℃冷藏，并在 7 d 内完成萃取。萃取后的样品应避光保存，4℃以下冷藏，在 40 d 内分析完毕。

【保存期】40 d。

【采样量】1 000 mL 或 2 000 mL。

【容器洗涤】—

【检出限】荧光检测器：0.011 μg/L；紫外检测器：0.012 μg/L。

【质量保证和质量控制】每分析一批样品至少做一个空白实验。

65. 七氯

水质　有机氯农药和氯苯类化合物的测定　气相色谱-质谱法（HJ 699—2014）

【适用范围】地表水、地下水、生活污水、工业废水和海水。

【采样容器】具有玻璃塞的棕色磨口瓶或具有聚四氟乙烯衬垫的棕色螺口玻璃瓶。

【采样方法】—

【固定剂】（1+1）盐酸。

【保存方法】样品采集后立即用（1+1）盐酸溶液调节 pH＜2，4℃冷藏保存，并在 7 d 内完成萃取；萃取液在 40 d 内完成分析。

【保存期】40 d。

【采样量】—

【容器洗涤】—

【检出限】液液萃取法：0.042 μg/L；固相萃取法：0.031 μg/L。

【质量保证和质量控制】每批样品至少做一个空白试验，也即全程序空白试验。如果目标化合物有检出，应查明原因。每批样品应至少测定 10%的平行双样，样品数量少于 10 个时，应至少测定一个平行双样。当测定结果为 10 倍检出限以内（包括 10 倍检出限），平行双样测定结果的相对偏差应≤50%；当测定结果大于 10 倍检出限，平行双样测定结果的相对偏差应≤20%。

66. 三氯苯

水质　氯苯类化合物的测定　气相色谱法（HJ 621—2011）

【适用范围】地表水、地下水、饮用水、海水、工业废水及生活污水。

【采样容器】棕色玻璃瓶。

【采样方法】用棕色玻璃瓶采集样品，使样品充满采样瓶。用内衬聚四氟乙烯硅胶垫（或铝箔垫）的瓶盖密封。

【固定剂】浓硫酸。

【保存方法】如当天不能分析，采样时每升水样中加入 1.0 mL 浓硫酸，2～5℃冷藏保存，7 d 内完成样品分析。

【保存期】7 d。

【采样量】1 000 mL。

【容器洗涤】—

【检出限】0.08 μg/L。

【质量保证和质量控制】每批样品至少分析一个全程序空白样，全程序空白测定值应低于检出限。每分析一批（20 个）样品至少做 10%的平行样品测定，平行样品相对偏差在 30%以内。

水质　挥发性有机物的测定　吹扫捕集/气相色谱-质谱法（HJ 639—2012）

【适用范围】海水、地下水、地表水、生活污水和工业废水。

【采样容器】40 mL 棕色玻璃瓶，具硅橡胶-聚四氟乙烯衬垫螺旋盖。

【采样方法】采样前，需要向每个样品瓶中加入抗坏血酸，每 40 mL 样品需加入 25 mg 的抗坏血酸。如果水样中总余氯的量超过 5 mg/L，应先按 HJ 586 附录 A 的方法测定总余氯后，再确定抗坏血酸的加入量。在 40 mL 样品瓶中，总余氯每超过 5 mg/L，需多加 25 mg 的抗坏血酸。采样时，水样呈中性时，向每个样品瓶中加入 0.5 mL 盐酸溶液，拧紧瓶盖；水样呈碱性时应加入适量盐酸溶液使样品 pH≤2。采集完水样后，应在样品瓶上立即贴上标签。当水样加盐酸溶液后产生大量气泡时，应弃去该样品，重新采集样品。重新采集的样品不应加盐酸溶液，样品标签上应注明未酸化，该样品应在 24 h 内分析。

【固定剂】盐酸。

【保存方法】样品采集后冷藏运输。运回实验室后应立即放入冰箱中，4℃以下冷藏保存，14 d 内分析完毕。样品存放区域应无有机物干扰。

【保存期】14 d。

【采样量】40 mL。

【容器洗涤】—

【检出限】1.0 μg/L。

【质量保证和质量控制】所有样品均采集平行双样。每批样品应带一个全程序空白和一个运输空白。

水质　有机氯农药和氯苯类化合物的测定　气相色谱-质谱法（HJ 699—2014）

【适用范围】地表水、地下水、生活污水、工业废水和海水。

【采样容器】具有玻璃塞的棕色磨口瓶或具有聚四氟乙烯衬垫的棕色螺口玻璃瓶。

【采样方法】用具有玻璃塞的棕色磨口瓶或具有聚四氟乙烯衬垫的棕色螺口玻璃瓶采集样品。样品采集后立即用盐酸溶液调至 pH＜2。

【固定剂】盐酸。

【保存方法】4℃冷藏保存，7 d 内完成萃取，40 d 内完成分析。

【保存期】40 d。

【采样量】500 mL。

【容器洗涤】—

【检出限】0.037 μg/L。

【质量保证和质量控制】每批样品至少做一个空白试验，也即全程序空白试验。每批样品应至少测定

10%的平行双样，样品数量少于 10 个时，应至少测定一个平行双样。

水质 挥发性有机物的测定 顶空/气相色谱-质谱法（HJ 810—2016）

【适用范围】地表水、地下水、生活污水、工业废水和海水。

【采样容器】40 mL 棕色螺口玻璃瓶，具硅橡胶-聚四氟乙烯衬垫螺旋盖，放置于不含挥发性有机物的区域。

【采样方法】若水样中含有余氯，采样前，应向 40 mL 棕色采样瓶中加 25 mg（精确至 0.001 g）抗坏血酸。若水样中余氯含量超过 5 mg/L，应按比例增加抗坏血酸的加入量，余氯含量每增加 5 mg/L，则应多加入 25 mg（精确至 0.001 g）抗坏血酸。采集样品时，不宜用水样进行荡洗，应使水样在样品瓶中溢流且不留空间，取样时应尽量避免或减少样品在空气中暴露。

【固定剂】盐酸。

【保存方法】样品采集后，应立即加入适量盐酸溶液，使样品 pH≤2，拧紧瓶塞，贴上标签，立即放入冷藏箱中于 4℃以下冷藏运输。样品运回实验室后，应于 4℃以下冷藏、避光和密封保存，14 d 内完成分析测定。

【保存期】14 d。

【采样量】40 mL。

【容器洗涤】—

【检出限】5 μg/L。

【质量保证和质量控制】所有样品均采集平行双样。每批样品应至少做一个全程序空白。

67. 三氯甲烷

水质 挥发性卤代烃的测定 顶空气相色谱法（HJ 620—2011）

【适用范围】地表水、地下水、饮用水、海水、工业废水和生活污水。

【采样容器】40 mL 具聚四氟乙烯衬的硅橡胶垫的棕色螺口玻璃瓶或其他同类采样瓶。

【采样方法】如果水样含有余氯，向采样瓶中加入 0.3～0.5 g 抗坏血酸或硫代硫酸钠。采样时样品沿瓶壁注入，防止气泡产生，水样充满后不留液上空间，如从自来水或有抽水设备的出水管处取水时，应先平缓放水 5～10 min。

【固定剂】—

【保存方法】水样采集后应立即放入 4℃左右冷藏箱内，送回实验室应尽快分析。如不能及时分析，可在 4℃左右冷藏保存，样品存放区域无有机物干扰，7 d 内完成样品分析。

【保存期】7 d。

【采样量】40 mL。

【容器洗涤】—

【检出限】0.02 μg/L。

【质量保证和质量控制】所有样品均采集平行样。每批样品要带一个全程序空白。采用与水样采集相同的装置及试剂，用实验用水充满顶空瓶。其他步骤同水样采集和保存方法。

水质 挥发性有机物的测定 吹扫捕集/气相色谱-质谱法（HJ 639—2012）

【适用范围】海水、地下水、地表水、生活污水和工业废水。

【采样容器】40 mL 棕色玻璃瓶，具硅橡胶-聚四氟乙烯衬垫螺旋盖。

【采样方法】采样前，需要向每个样品瓶中加入抗坏血酸，每 40 mL 样品需加入 25 mg 的抗坏血酸。如果水样中总余氯的量超过 5 mg/L，应先按 HJ 586 附录 A 的方法测定总余氯后，再确定抗坏血酸的加入量。在 40 mL 样品瓶中，总余氯每超过 5 mg/L，需多加 25 mg 的抗坏血酸。采样时，水样呈中性时，向每个样品瓶中加入 0.5 mL 盐酸溶液，拧紧瓶盖；水样呈碱性时应加入适量盐酸溶液使样品 pH≤2。采集完水样后，应在样品瓶上立即贴上标签。当水样加盐酸溶液后产生大量气泡时，应弃去该样品，重新采集样品。重新采集的样品不应加盐酸溶液，样品标签上应注明未酸化，该样品应在 24 h 内分析。

【固定剂】盐酸。

【保存方法】样品采集后冷藏运输。运回实验室后应立即放入冰箱中，4℃以下冷藏保存，14 d 内分析完毕。样品存放区域应无有机物干扰。

【保存期】14 d。

【采样量】40 mL。

【容器洗涤】—

【检出限】1.4 μg/L。

【质量保证和质量控制】所有样品均采集平行双样。每批样品应带一个全程序空白和一个运输空白。

水质 挥发性有机物的测定 吹扫捕集/气相色谱法（HJ 686—2014）

【适用范围】地表水、地下水、生活污水和工业废水。

【采样容器】40 mL 棕色玻璃瓶，螺旋盖（带聚四氟乙烯涂层密封垫）。

【采样方法】用 40 mL 采样瓶采样。如果水样含有余氯，向采样瓶中加入约 25 mg 抗坏血酸。

【固定剂】盐酸。

【保存方法】加 0.5 mL 盐酸溶液，4℃冷藏保存，可保存 14 d。

【保存期】14 d。

【采样量】40 mL。

【容器洗涤】—

【检出限】0.1 μg/L。

【质量保证和质量控制】所有样品均采集平行双样。每批样品应带一个全程序空白和一个运输空白。

水质 挥发性有机物的测定 顶空/气相色谱-质谱法（HJ 810—2016）

【适用范围】地表水、地下水、生活污水、工业废水和海水。

【采样容器】40 mL 棕色螺口玻璃瓶，具硅橡胶-聚四氟乙烯衬垫螺旋盖，放置于不含挥发性有机物的区域。

【采样方法】若水样中含有余氯，采样前，应向 40 mL 棕色采样瓶中加 25 mg（精确至 0.001 g）抗坏血酸。若水样中余氯含量超过 5 mg/L，应按比例增加抗坏血酸的加入量，余氯含量每增加 5 mg/L，则应多加入 25 mg（精确至 0.001 g）抗坏血酸。采集样品时，不宜用水样进行荡洗，应使水样在样品瓶中溢流且不留空间，取样时应尽量避免或减少样品在空气中暴露。

【固定剂】盐酸。

【保存方法】样品采集后，应立即加入适量盐酸溶液，使样品 pH≤2，拧紧瓶塞，贴上标签，立即放入冷藏箱中于 4℃以下冷藏运输。样品运回实验室后，应于 4℃以下冷藏、避光和密封保存，14 d 内完成分析测定。

【保存期】14 d。

【采样量】40 mL。

【容器洗涤】—

【检出限】3 μg/L。

【质量保证和质量控制】所有样品均采集平行双样。每批样品应至少做一个全程序空白。

68. 三氯乙醛

水质　三氯乙醛的测定　吡啶啉酮分光光度法（HJ/T 50—1999）

【适用范围】农田灌溉水质、地下水和城市污水。

【采样容器】玻璃瓶。

【采样方法】采集样品时，应使水样在样品瓶中溢流而不留气泡。

【固定剂】抗坏血酸和（1+9）磷酸。

【保存方法】在中性条件下冷藏保存（2～5℃）。

【保存期】不超过 72 h。

【采样量】—

【容器洗涤】—

【检出限】0.08 mg/L。

【质量保证和质量控制】—

69. 三氯乙烯

水质　挥发性卤代烃的测定　顶空气相色谱法（HJ 620—2011）

【适用范围】地表水、地下水、饮用水、海水、工业废水和生活污水。

【采样容器】40 mL 具聚四氟乙烯衬的硅橡胶垫的棕色螺口玻璃瓶或其他同类采样瓶。

【采样方法】如果水样含有余氯，向采样瓶中加入 0.3～0.5 g 抗坏血酸或硫代硫酸钠。采样时样品沿瓶壁注入，防止气泡产生，水样充满后不留液上空间，如从自来水或有抽水设备的出水管处取水时，应先平缓放水 5～10 min。

【固定剂】—

【保存方法】水样采集后应立即放入 4℃左右冷藏箱内，送回实验室应尽快分析，如不能及时分析，可在 4℃左右冷藏保存，样品存放区域无有机物干扰，7 d 内完成样品分析。

【保存期】7 d。

【采样量】40 mL。

【容器洗涤】—

【检出限】0.02 μg/L。

【质量保证和质量控制】所有样品均采集平行样。每批样品要带一个全程序空白。采用与水样采集相同的装置及试剂，用实验用水充满顶空瓶。其他步骤同水样采集和保存方法。

水质　挥发性有机物的测定　吹扫捕集/气相色谱-质谱法（HJ 639—2012）

【适用范围】海水、地下水、地表水、生活污水和工业废水。

【采样容器】40 mL 棕色玻璃瓶，具硅橡胶-聚四氟乙烯衬垫螺旋盖。

【采样方法】采样前，需要向每个样品瓶中加入抗坏血酸，每 40 mL 样品需加入 25 mg 的抗坏血酸。如果水样中总余氯的量超过 5 mg/L，应先按 HJ 586 附录 A 的方法测定总余氯后，再确定抗坏血酸的加入量。在 40 mL 样品瓶中，总余氯每超过 5 mg/L，需多加 25 mg 的抗坏血酸。采样时，水样呈中性时，向每个样品瓶中加入 0.5 mL 盐酸溶液，拧紧瓶盖；水样呈碱性时应加入适量盐酸溶液使样品 pH≤2。采集完水样后，应在样品瓶上立即贴上标签。当水样加盐酸溶液后产生大量气泡时，应弃去该样品，重新采集样品。重新采集的样品不应加盐酸溶液，样品标签上应注明未酸化，该样品应在 24 h 内分析。

【固定剂】盐酸。

【保存方法】样品采集后冷藏运输。运回实验室后应立即放入冰箱中，4℃以下冷藏保存，14 d 内分析完毕。样品存放区域应无有机物干扰。

【保存期】14 d。

【采样量】40 mL。

【容器洗涤】—

【检出限】1.2 μg/L。

【质量保证和质量控制】所有样品均采集平行双样。每批样品应带一个全程序空白和一个运输空白。

水质　挥发性有机物的测定　吹扫捕集/气相色谱法（HJ 686—2014）

【适用范围】地表水、地下水、生活污水和工业废水。

【采样容器】40 mL 棕色玻璃瓶，螺旋盖（带聚四氟乙烯涂层密封垫）。

【采样方法】用 40 mL 采样瓶采样。如果水样含有余氯，向采样瓶中加入约 25 mg 抗坏血酸。

【固定剂】盐酸。

【保存方法】加 0.5 mL 盐酸溶液，4℃冷藏保存，可保存 14 d。

【保存期】14 d。

【采样量】40 mL。

【容器洗涤】—

【检出限】0.1 μg/L。

【质量保证和质量控制】所有样品均采集平行双样。每批样品应带一个全程序空白和一个运输空白。

水质　挥发性有机物的测定　顶空/气相色谱-质谱法（HJ 810—2016）

【适用范围】地表水、地下水、生活污水、工业废水和海水。

【采样容器】40 mL 棕色螺口玻璃瓶，具硅橡胶-聚四氟乙烯衬垫螺旋盖，放置于不含挥发性有机物的区域。

【采样方法】若水样中含有余氯，采样前，应向 40 mL 棕色采样瓶中加 25 mg（精确至 0.001 g）抗坏血酸。若水样中余氯含量超过 5 mg/L，应按比例增加抗坏血酸的加入量，余氯含量每增加 5 mg/L，则应多加入 25 mg（精确至 0.001 g）抗坏血酸。采集样品时，不宜用水样进行荡洗，应使水样在样品瓶中溢流且不留空间，取样时应尽量避免或减少样品在空气中暴露。

【固定剂】盐酸。

【保存方法】样品采集后，应立即加入适量盐酸溶液，使样品 pH≤2，拧紧瓶塞，贴上标签，立即放入冷藏箱中于 4℃以下冷藏运输。样品运回实验室后，应于 4℃以下冷藏、避光和密封保存，14 d 内完成分析测定。

【保存期】14 d。

【采样量】40 mL。

【容器洗涤】—

【检出限】6 μg/L。

【质量保证和质量控制】所有样品均采集平行双样。每批样品应至少做一个全程序空白。

70. 三溴甲烷

水质　挥发性卤代烃的测定　顶空气相色谱法（HJ 620—2011）

【适用范围】地表水、地下水、饮用水、海水、工业废水和生活污水。

【采样容器】40 mL 具聚四氟乙烯衬的硅橡胶垫的棕色螺口玻璃瓶或其他同类采样瓶。

【采样方法】如果水样含有余氯，向采样瓶中加入 0.3～0.5 g 抗坏血酸或硫代硫酸钠。采样时样品沿瓶壁注入，防止气泡产生，水样充满后不留液上空间，如从自来水或有抽水设备的出水管处取水时，应先平缓放水 5～10 min。

【固定剂】—

【保存方法】水样采集后应立即放入 4℃左右冷藏箱内，送回实验室应尽快分析，如不能及时分析，可在 4℃左右冷藏保存，样品存放区域无有机物干扰，7 d 内完成样品分析。

【保存期】7 d。

【采样量】40 mL。

【容器洗涤】—

【检出限】0.04 μg/L。

【质量保证和质量控制】所有样品均采集平行样。每批样品要带一个全程序空白。采用与水样采集相同的装置及试剂，用实验用水充满顶空瓶。其他步骤同水样采集和保存方法。

水质　挥发性有机物的测定　吹扫捕集/气相色谱-质谱法（HJ 639—2012）

【适用范围】海水、地下水、地表水、生活污水和工业废水。

【采样容器】40 mL 棕色玻璃瓶，具硅橡胶-聚四氟乙烯衬垫螺旋盖。

【采样方法】采样前，需要向每个样品瓶中加入抗坏血酸，每 40 mL 样品需加入 25 mg 的抗坏血酸。如果水样中总余氯的量超过 5 mg/L，应先按 HJ 586 附录 A 的方法测定总余氯后，再确定抗坏血酸的加入量。在 40 mL 样品瓶中，总余氯每超过 5 mg/L，需多加 25 mg 的抗坏血酸。采样时，水样呈中性时，向每个样品瓶中加入 0.5 mL 盐酸溶液，拧紧瓶盖；水样呈碱性时应加入适量盐酸溶液使样品 pH≤2。采集完水样后，应在样品瓶上立即贴上标签。当水样加盐酸溶液后产生大量气泡时，应弃去该样品，重新采集样品。重新采集的样品不应加盐酸溶液，样品标签上应注明未酸化，该样品应在 24 h 内分析。

【固定剂】盐酸。

【保存方法】样品采集后冷藏运输。运回实验室后应立即放入冰箱中，4℃以下冷藏保存，14 d 内分析完毕。样品存放区域应无有机物干扰。

【保存期】14 d。

【采样量】40 mL。

【容器洗涤】—

【检出限】0.6 μg/L。

【质量保证和质量控制】所有样品均采集平行双样。每批样品应带一个全程序空白和一个运输空白。

水质　挥发性有机物的测定　吹扫捕集/气相色谱法（HJ 686—2014）

【适用范围】地表水、地下水、生活污水和工业废水。

【采样容器】40 mL 棕色玻璃瓶，螺旋盖（带聚四氟乙烯涂层密封垫）。

【采样方法】用 40 mL 采样瓶采样。如果水样含有余氯，向采样瓶中加入约 25 mg 抗坏血酸。

【固定剂】盐酸。

【保存方法】加 0.5 mL 盐酸溶液，4℃冷藏保存，可保存 14 d。

【保存期】14 d。

【采样量】40 mL。

【容器洗涤】—

【检出限】0.1 μg/L。

【质量保证和质量控制】所有样品均采集平行双样。每批样品应带一个全程序空白和一个运输空白。

水质　挥发性有机物的测定　顶空/气相色谱-质谱法（HJ 810—2016）

【适用范围】地表水、地下水、生活污水、工业废水和海水。

【采样容器】40 mL 棕色螺口玻璃瓶，具硅橡胶-聚四氟乙烯衬垫螺旋盖，放置于不含挥发性有机物的区域。

【采样方法】若水样中含有余氯，采样前，应向 40 mL 棕色采样瓶中加 25 mg（精确至 0.001 g）抗坏血酸。若水样中余氯含量超过 5 mg/L，应按比例增加抗坏血酸的加入量，余氯含量每增加 5 mg/L，则应多加入 25 mg（精确至 0.001 g）抗坏血酸。采集样品时，不宜用水样进行荡洗，应使水样在样品瓶中溢流且不留空间，取样时应尽量避免或减少样品在空气中暴露。

【固定剂】盐酸。

【保存方法】样品采集后，应立即加入适量盐酸溶液，使样品 pH≤2，拧紧瓶塞，贴上标签，立即放入冷藏箱中于 4℃以下冷藏运输。样品运回实验室后，应于 4℃以下冷藏、避光和密封保存，14 d 内完成分析测定。

【保存期】14 d。

【采样量】40 mL。

【容器洗涤】—

【检出限】6 μg/L。

【质量保证和质量控制】所有样品均采集平行双样。每批样品应至少做一个全程序空白。

71. 杀草快

水质 百草枯和杀草快的测定 固相萃取-高效液相色谱法（HJ 914—2017）

【适用范围】地表水、地下水和废水。

【采样容器】聚氯乙烯或聚丙烯材质。

【采样方法】—

【固定剂】（1+1）硫酸；硫代硫酸钠（水样含余氯时）。

【保存方法】当水样 pH＞9 时，应用（1+1）硫酸溶液调节水样 pH 至中性；当水样中含余氯时，需加入硫代硫酸钠，每升水加入 0.1 g。0～4℃冷藏，避光保存。

【保存期】7 d 内完成萃取，萃取后 21 d 内完成分析。

【采样量】500 mL。

【容器洗涤】—

【检出限】0.4 μg/L。

【质量保证和质量控制】每 20 个样品或每批次（少于 20 个）至少分析一个实验室空白，空白测试结果应低于方法检出限。每 20 个样品或每批次（少于 20 个）至少分析一个平行样，平行样相对偏差≤30%。

72. 石油类

水质 石油类的测定 紫外分光光度法（试行）（HJ 970—2018）

【适用范围】地表水、地下水和海水。

【采样容器】硬质玻璃瓶。

【采样方法】—

【固定剂】加盐酸酸化至 pH≤2。

【保存方法】0～4℃冷藏保存。

【保存期】3 d。

【采样量】500 mL。

【容器洗涤】—

【检出限】0.01 mg/L。

【质量保证和质量控制】—

【结果表示】保留小数位数与检出限一致，最多保留三位有效数字。

73. 四氯化碳

水质 挥发性卤代烃的测定 顶空气相色谱法（HJ 620—2011）

【适用范围】地表水、地下水、饮用水、海水、工业废水和生活污水。

【采样容器】40 mL 具聚四氟乙烯衬的硅橡胶垫的棕色螺口玻璃瓶或其他同类采样瓶。

【采样方法】采样用 40 mL 采样瓶。如果水样含有余氯，向采样瓶中加入 0.3～0.5 g 抗坏血酸或硫代硫酸钠。采样时样品沿瓶壁注入，防止气泡产生，水样充满后不留液上空间，如从自来水或有抽水设备的出水管处取水时，应先平缓放水 5～10 min。

【固定剂】—

【保存方法】水样采集后应立即放入 4℃左右冷藏箱内，送回实验室应尽快分析，如不能及时分析，可在 4℃左右冷藏保存，样品存放区域无有机物干扰，7 d 内完成样品分析。

【保存期】7 d。

【采样量】40 mL。

【容器洗涤】—

【检出限】0.03 μg/L。

【质量保证和质量控制】所有样品均采集平行样。每批样品要带一个全程序空白。采用与水样采集相同的装置及试剂，用实验用水充满顶空瓶。其他步骤同水样采集和保存方法。

水质 挥发性有机物的测定 吹扫捕集/气相色谱-质谱法（HJ 639—2012）

【适用范围】海水、地下水、地表水、生活污水和工业废水。

【采样容器】40 mL 棕色玻璃瓶，具硅橡胶-聚四氟乙烯衬垫螺旋盖。

【采样方法】采样前，需要向每个样品瓶中加入抗坏血酸，每 40 mL 样品需加入 25 mg 的抗坏血酸。如果水样中总余氯的量超过 5 mg/L，应先按 HJ 586 附录 A 的方法测定总余氯后，再确定抗坏血酸的加入量。在 40 mL 样品瓶中，总余氯每超过 5 mg/L，需多加 25 mg 的抗坏血酸。采样时，水样呈中性时，向每个样品瓶中加入 0.5 mL 盐酸溶液，拧紧瓶盖；水样呈碱性时应加入适量盐酸溶液使样品 pH≤2。采集完水样后，应在样品瓶上立即贴上标签。当水样加盐酸溶液后产生大量气泡时，应弃去该样品，重新采集样品。重新采集的样品不应加盐酸溶液，样品标签上应注明未酸化，该样品应在 24 h 内分析。

【固定剂】盐酸。

【保存方法】样品采集后冷藏运输。运回实验室后应立即放入冰箱中，4℃以下冷藏保存，14 d 内分析完毕。样品存放区域应无有机物干扰。

【保存期】14 d。

【采样量】40 mL。

【容器洗涤】—

【检出限】1.5 μg/L。

【质量保证和质量控制】所有样品均采集平行双样。每批样品应带一个全程序空白和一个运输空白。

水质 挥发性有机物的测定 吹扫捕集/气相色谱法（HJ 686—2014）

【适用范围】地表水、地下水、生活污水和工业废水。

【采样容器】40 mL 棕色玻璃瓶，螺旋盖（带聚四氟乙烯涂层密封垫）。

【采样方法】用 40 mL 采样瓶采样。如果水样含有余氯，向采样瓶中加入约 25 mg 抗坏血酸。

【固定剂】盐酸。

【保存方法】加 0.5 mL 盐酸溶液，4℃冷藏保存，可保存 14 d。

【保存期】14 d。

【采样量】40 mL。

【容器洗涤】—

【检出限】0.1 μg/L。

【质量保证和质量控制】所有样品均采集平行双样。每批样品应带一个全程序空白和一个运输空白。

水质　挥发性有机物的测定　顶空/气相色谱-质谱法（HJ 810—2016）

【适用范围】地表水、地下水、生活污水、工业废水和海水。

【采样容器】40 mL 棕色螺口玻璃瓶，具硅橡胶-聚四氟乙烯衬垫螺旋盖，放置于不含挥发性有机物的区域。

【采样方法】若水样中含有余氯，采样前，应向 40 mL 棕色采样瓶中加 25 mg（精确至 0.001 g）抗坏血酸。若水样中余氯含量超过 5 mg/L，应按比例增加抗坏血酸的加入量，余氯含量每增加 5 mg/L，则应多加入 25 mg（精确至 0.001 g）抗坏血酸。采集样品时，不宜用水样进行荡洗，应使水样在样品瓶中溢流且不留空间，取样时应尽量避免或减少样品在空气中暴露。

【固定剂】盐酸。

【保存方法】样品采集后，应立即加入适量盐酸溶液，使样品 pH≤2，拧紧瓶塞，贴上标签，立即放入冷藏箱中于 4℃以下冷藏运输。样品运回实验室后，应于 4℃以下冷藏、避光和密封保存，14 d 内完成分析测定。

【保存期】14 d。

【采样量】40 mL。

【容器洗涤】—

【检出限】3 μg/L。

【质量保证和质量控制】所有样品均采集平行双样。每批样品应至少做一个全程序空白。

74. 四氯乙烯

水质　挥发性卤代烃的测定　顶空气相色谱法（HJ 620—2011）

【适用范围】地表水、地下水、饮用水、海水、工业废水和生活污水。

【采样容器】40 mL 具聚四氟乙烯衬的硅橡胶垫的棕色螺口玻璃瓶或其他同类采样瓶。

【采样方法】如果水样含有余氯，向采样瓶中加入 0.3～0.5 g 抗坏血酸或硫代硫酸钠。采样时样品沿瓶壁注入，防止气泡产生，水样充满后不留液上空间，如从自来水或有抽水设备的出水管处取水时，应先平缓放水 5～10 min。

【固定剂】—

【保存方法】水样采集后应立即放入 4℃左右冷藏箱内，送回实验室应尽快分析，如不能及时分析，可在 4℃左右冷藏保存，样品存放区域无有机物干扰，7 d 内完成样品分析。

【保存期】7 d。

【采样量】40 mL。

【容器洗涤】—

【检出限】0.03 μg/L。

【质量保证和质量控制】所有样品均采集平行样。每批样品要带一个全程序空白。采用与水样采集相同的装置及试剂，用实验用水充满顶空瓶。其他步骤同水样采集和保存方法。

水质　挥发性有机物的测定　吹扫捕集/气相色谱-质谱法（HJ 639—2012）

【适用范围】海水、地下水、地表水、生活污水和工业废水。

【采样容器】40 mL 棕色玻璃瓶，具硅橡胶-聚四氟乙烯衬垫螺旋盖。

【采样方法】采样前，需要向每个样品瓶中加入抗坏血酸，每 40 mL 样品需加入 25 mg 的抗坏血酸。如果水样中总余氯的量超过 5 mg/L，应先按 HJ 586 附录 A 的方法测定总余氯后，再确定抗坏血酸的加入量。在 40 mL 样品瓶中，总余氯每超过 5 mg/L，需多加 25 mg 的抗坏血酸。采样时，水样呈中性时，向每个样品瓶中加入 0.5 mL 盐酸溶液，拧紧瓶盖；水样呈碱性时应加入适量盐酸溶液使样品 pH≤2。采集完水样后，应在样品瓶上立即贴上标签。当水样加盐酸溶液后产生大量气泡时，应弃去该样品，重新采集样品。重新采集的样品不应加盐酸溶液，样品标签上应注明未酸化，该样品应在 24 h 内分析。

【固定剂】盐酸。

【保存方法】样品采集后冷藏运输。运回实验室后应立即放入冰箱中，4℃以下冷藏保存，14 d 内分析完毕。样品存放区域应无有机物干扰。

【保存期】14 d。

【采样量】40 mL。

【容器洗涤】—

【检出限】1.2 μg/L。

【质量保证和质量控制】所有样品均采集平行双样。每批样品应带一个全程序空白和一个运输空白。

水质　挥发性有机物的测定　吹扫捕集/气相色谱法（HJ 686—2014）

【适用范围】地表水、地下水、生活污水和工业废水。

【采样容器】40 mL 棕色玻璃瓶，螺旋盖（带聚四氟乙烯涂层密封垫）。

【采样方法】用 40 mL 采样瓶采样。如果水样含有余氯，向采样瓶中加入约 25 mg 抗坏血酸。

【固定剂】盐酸。

【保存方法】加 0.5 mL 盐酸溶液，4℃冷藏保存，可保存 14 d。

【保存期】14 d。

【采样量】40 mL。

【容器洗涤】—

【检出限】0.1 μg/L。

【质量保证和质量控制】所有样品均采集平行双样。每批样品应带一个全程序空白和一个运输空白。

水质　挥发性有机物的测定　顶空/气相色谱-质谱法（HJ 810—2016）

【适用范围】地表水、地下水、生活污水、工业废水和海水。

【采样容器】40 mL 棕色螺口玻璃瓶，具硅橡胶-聚四氟乙烯衬垫螺旋盖，放置于不含挥发性有机物的区域。

【采样方法】若水样中含有余氯，采样前，应向 40 mL 棕色采样瓶中加 25 mg（精确至 0.001 g）抗坏血酸。若水样中余氯含量超过 5 mg/L，应按比例增加抗坏血酸的加入量，余氯含量每增加 5 mg/L，则应多加入 25 mg（精确至 0.001 g）抗坏血酸。采集样品时，不宜用水样进行荡洗，应使水样在样品瓶中溢流且不留空间，取样时应尽量避免或减少样品在空气中暴露。

【固定剂】盐酸。

【保存方法】样品采集后，应立即加入适量盐酸溶液，使样品 pH≤2，拧紧瓶塞，贴上标签，立即放入冷藏箱中于 4℃以下冷藏运输。样品运回实验室后，应于 4℃以下冷藏、避光和密封保存，14 d 内完成分析测定。

【保存期】14 d。

【采样量】40 mL。

【容器洗涤】—

【检出限】3 μg/L。

【质量保证和质量控制】所有样品均采集平行双样。每批样品应至少做一个全程序空白。

75. 四乙基铅

水质　四乙基铅的测定　顶空/气相色谱-质谱法（HJ 959—2018）

【适用范围】地表水、地下水、生活污水和工业废水。

【采样容器】棕色螺口玻璃瓶，具聚四氟乙烯内衬的硅橡胶垫，或其他同类采样瓶。

【采样方法】将样品沿瓶壁缓慢导入采样瓶，直至满瓶，应尽量减少由于搅动引起的四乙基铅逸出，并避免将空气气泡引入采样瓶。现场采集平行双样。

【固定剂】甲醇。

【保存方法】向 40 mL 采样瓶内加入 800 μL 甲醇保存剂（每 10 mL 水样加入 200 μL 甲醇保存剂）。4℃左右冷藏，避光保存。24 h 内分析完毕（水样中四乙基铅不稳定，易分解，难以保存，应尽快分析）。

【保存期】24 h。

【采样量】40 mL。

【容器洗涤】—

【检出限】0.02 μg/L。

【质量保证和质量控制】每 20 个样品或每批次（少于 20 个样品/批） 应至少分析一个空白样品，空白样品中四乙基铅的测定结果应低于方法检出限。每 20 个样品或每批次（少于 20 个样品/批）应分析一个平行样，平行样分析时目标化合物的相对偏差应小于 30%。

76. 松节油

水质 松节油的测定 气相色谱法（HJ 696—2014）

【适用范围】地表水、地下水、工业废水和生活污水。

【采样容器】硬质磨口玻璃瓶或具有特氟龙材质隔垫的棕色螺纹口玻璃瓶。

【采样方法】—

【固定剂】—

【保存方法】4℃冷藏保存。

【保存期】48 h 内完成萃取，萃取液可保存 7 d。

【采样量】250 mL。

【容器洗涤】—

【检出限】0.03 μg/L。

【质量保证和质量控制】每批样品应至少做一个实验室空白，空白值应低于方法检出限，否则应查明原因。每批样品应至少测定 10%的平行双样，样品数量少于 10 个时，应至少测定一个平行双样。当测定结果为 10 倍检出限以内（包括 10 倍检出限），平行双样测定结果的相对偏差应≤50%；当测定结果大于 10 倍检出限，平行双样测定结果的相对偏差应≤20%。

水质 松节油的测定 吹扫捕集/气相色谱-质谱法（HJ 866—2017）

【适用范围】地表水、地下水、生活污水和工业废水。

【采样容器】带聚四氟乙烯衬垫螺旋盖的棕色宽口玻璃瓶。

【采样方法】将样品沿壁缓慢导入样品瓶，直至满瓶，应尽量减少由于搅动引起的松节油逸出，并避免将空气气泡引入采样瓶。样品采集后 1～5℃冷藏运输。

【固定剂】样品中不能加入酸。

【保存方法】1～5℃冷藏保存。

【保存期】2 d。

【采样量】40 mL。

【容器洗涤】—

【检出限】0.5 μg/L。

【质量保证和质量控制】每 20 个样品或每批次（≤20 个/批）需做一个空白试验，测定结果中目标物浓度不应超过方法检出限。每 10 个样品或每批次（≤10 个/批）应分析一个平行样和基体加标，平行样分析时目标化合物的相对偏差应≤30%，基体加标回收率应在 70.0%～120%。

77. 烷基汞

水质 烷基汞的测定 吹扫捕集/气相色谱-冷原子荧光光谱法（HJ 977—2018）

【适用范围】地表水、地下水、生活污水、工业废水和海水。

【采样容器】具螺口的高密度聚乙烯瓶、硼硅玻璃瓶或氟化聚乙烯瓶。

【采样方法】—

【固定剂】盐酸+饱和硫酸铜。

【保存方法】采样后每升样品加入 4 mL 盐酸，加酸后的样品 pH 值应在 1～2，然后加入 2 mL 饱和硫酸铜溶液，摇匀，并用干净的聚乙烯袋密封采样瓶，4℃以下冷藏，避光保存，3 d 内完成样品分析；如只测定甲基汞，8 d 内完成分析。

【保存期】8 d。

【采样量】500 mL 或 1 000 mL。

【容器洗涤】—

【检出限】0.02 ng/L。

【质量保证和质量控制】每 20 个样品或每批次样品（＜20 个/批）应至少做一个实验室空白，其测定结果应低于方法检出限。每 20 个样品或每批次样品（＜20 个/批）应至少测定一个平行双样，其测定结果的相对偏差应≤20%。

78. 五氯酚

水质　五氯酚的测定　气相色谱法（HJ 591—2010）

【适用范围】地表水、地下水、海水、生活污水和工业废水。

【采样容器】棕色玻璃瓶。

【采样方法】—

【固定剂】（1+9）硫酸、硫酸铜；硫代硫酸钠（余氯存在）。

【保存方法】每 100 mL 水样中加入 1 mL（1+9）硫酸溶液和 0.5 g 硫酸铜，在 4℃下暗处保存；采样时若有余氯存在，应向每 100 mL 水样中加入约 80 mg 硫代硫酸钠，摇匀。样品应避免阳光直射必须在 7 d 内萃取。萃取液 4℃冷藏，避光保存，30 d 内进行分析。

【保存期】30 d。

【采样量】—

【容器洗涤】—

【检出限】0.01 μg/L。

【质量保证和质量控制】每批样品至少做一个空白样品和空白加标样品。空白样品与实际样品使用相同方法分析测定，空白试样中五氯酚浓度应低于检出限。

水质　酚类化合物的测定　液液萃取/气相色谱法（HJ 676—2013）

【适用范围】地表水、地下水、生活污水和工业废水。

【采样容器】棕色硬质玻璃瓶。

【采样方法】采样时，不要用水样预洗采样瓶，水样应充满样品瓶并加盖密封。

【固定剂】（1+3）盐酸。

【保存方法】采样后，加入适量盐酸溶液将水样调节至 pH＜2，4℃冷藏，避光保存，并在 7 d 内完成萃取。萃取液 4℃冷藏，避光保存，20 d 内完成分析。

【保存期】20 d。

【采样量】1 000 mL。

【容器洗涤】—

【检出限】1.1 μg/L。

【质量保证和质量控制】每 20 个样品或每批样品（少于 20 个样品/批）至少做一个实验室空白和全程序空白，空白样品中目标化合物浓度应低于方法检出限。平行样测定每批样品应测定 10%的平行样品，单次平行试验结果的相对标准偏差在±25%以内。

水质　酚类化合物的测定　气相色谱-质谱法（HJ 744—2015）

【适用范围】地表水、地下水、生活污水和工业废水。

【采样容器】磨口棕色玻璃瓶。

【采样方法】采样时，不要用水样预洗采样瓶，水样应充满样品瓶并加盖密封。

【固定剂】（1+1）硫酸。

【保存方法】采样后，用（1+1）硫酸溶液，将水样调节至 pH≤2，4℃冷藏，避光保存，并在 7 d 内完成萃取。萃取液 4℃冷藏，避光保存，20 d 内完成分析。

【保存期】20 d。

【采样量】—

【容器洗涤】—

【检出限】液液萃取法：0.1 μg/L；固相萃取法：0.1 μg/L。

【质量保证和质量控制】每 10 个样品或每批次（少于 10 个样品/批）应分析一个平行样。单次平行试验结果的相对标准偏差应在 30%以内。每 20 个样品或每批次（少于 20 个样品/批）应至少分析一个实验室空白和一个全程序空白。

生活饮用水标准检验方法　消毒副产物指标（12.1 衍生化气相色谱法）（GB/T 5750.10—2006）

【适用范围】生活饮用水及其水源水。

【采样容器】—

【采样方法】—

【固定剂】浓硫酸、硫酸铜。

【保存方法】每升水样中加入 1 mL 硫酸、5 g 硫酸铜，冷藏保存。

【保存期】—

【采样量】—

【容器洗涤】—

【检出限】0.03 μg/L。

【质量保证和质量控制】—

生活饮用水标准检验方法　消毒副产物指标（12.2 顶空固相微萃取气相色谱法）（GB/T 5750.10—2006）

【适用范围】生活饮用水及其水源水。

【采样容器】具塞试管。

【采样方法】—

【固定剂】氢氧化钠：0.1 mol/L。

【保存方法】加入 1 mL 氢氧化钠：0.1 mol/L。

【保存期】24 h 内完成测定。

【采样量】100 mL。

【容器洗涤】—

【检出限】0.2 μg/L。

【质量保证和质量控制】—

79. 硝磺草酮

水质　硝磺草酮的测定　液相色谱法（HJ 850—2017）

【适用范围】地表水、地下水、生活污水和工业废水。

【采样容器】具磨口塞的棕色玻璃瓶。

【采样方法】—

【固定剂】—

【保存方法】4℃以下冷藏、避光和密封保存。

【保存期】7 d。

【采样量】100 mL。

【容器洗涤】—

【检出限】0.01 g/L。

【质量保证和质量控制】每 20 个样品或每批次（少于 20 个样品）应至少做一个实验室空白，空白中硝磺草酮的浓度应低于方法检出限。每 10 个样品或每批次（少于 10 个样品）应带一个平行样，平行样的相对偏差≤15%。

80. 硝基苯类化合物

水质　硝基苯类化合物的测定　液液萃取/固相萃取-气相色谱法（HJ 648—2013）

【适用范围】地表水、地下水、工业废水、生活污水和海水。

【采样容器】1 L 棕色具磨口塞玻璃瓶。

【采样方法】采集样品应采满样品瓶。

【固定剂】—

【保存方法】加入抗坏血酸 0.01～0.02 g 除去残余氯。

【保存期】—

【采样量】1 000 mL。

【容器洗涤】—

【检出限】液液萃取法：0.017～0.22 μg/L；固相萃取法：0.003 2～0.048 μg/L。

【质量保证和质量控制】每批样品（以 10～20 个样品为一批次）应至少做一个全程序空白和实验室空白，目标化合物的浓度应低于检出限。每批样品应进行至少 10%的平行样品测定，水样平行双样测量结果相对偏差应在 20%以内。

水质 硝基苯类化合物的测定 气相色谱-质谱法（HJ 716—2014）

【适用范围】地表水、地下水、工业废水、生活污水和海水。

【采样容器】棕色具聚四氟乙烯衬垫的螺口玻璃瓶。

【采样方法】采集样品时，不要用水样预洗采样瓶。水样应充满采样瓶并加盖密封。

【固定剂】硫代硫酸钠。

【保存方法】若水中有残余氯存在，要在每升水中加入 80 g 硫代硫酸钠除氯。样品采集后应避光保存，4℃冷藏，并在 7 d 内完成萃取，40 d 内完成分析。

【保存期】40 d。

【采样量】1 000～4 000 mL。

【容器洗涤】—

【检出限】液液萃取法：0.04～0.05 μg/L；固相萃取法：0.04～0.05 μg/L。

【质量保证和质量控制】每批样品至少做一个空白试验，即实验室空白，如果有目标化合物检出，应查明原因。每批样品应进行不少于 10%的平行样品测定，其相对偏差小于 20%。

81. 溴氰菊酯

水质 百菌清和溴氰菊酯的测定 气相色谱法（HJ 698—2014）

【适用范围】地表水、地下水、工业废水和生活污水。

【采样容器】硬质磨口玻璃瓶或具有特氟龙材质隔垫的棕色螺纹口玻璃瓶。

【采样方法】—

【固定剂】—

【保存方法】所采集的样品于 2～5℃冷藏保存，7 d 内完成萃取；萃取液可保存 40 d。

【保存期】40 d。

【采样量】—

【容器洗涤】—

【检出限】0.40 μg/L。

【质量保证和质量控制】每批样品应至少做一个实验室空白，空白值应低于方法检出限，否则应查明原因。每批样品应至少测定 10%的平行双样，样品数量少于 10 个时，应至少测定一个平行双样。当测定结果为 10 倍检出限以内（包括 10 倍检出限），平行双样测定结果的相对偏差应≤50%；当测定结果＞10 倍检出限，平行双样测定结果的相对偏差应≤20%。

82. 亚硝胺类化合物

水质 亚硝胺类化合物的测定 气相色谱法（HJ 809—2016）

【适用范围】地表水、地下水、工业废水和生活污水。

【采样容器】硬质磨口玻璃瓶或具聚四氟乙烯材质盖垫的螺纹口玻璃瓶。

【采样方法】样品应充满样品瓶并加盖密封。

【固定剂】—

【保存方法】4℃以下冷藏，避光保存。采样后应在 7 d 内对样品进行萃取，30 d 内完成分析测定。

【保存期】30 d。

【采样量】—

【容器洗涤】—

【检出限】0.5～2.4 μg/L。

【质量保证和质量控制】每批试剂需做一次空白试验，试剂空白值应低于方法检出限。每批样品应至少测定 10%的平行双样，样品数量少于 10 个时，应至少测定一个平行双样，测定结果的相对偏差应小于 20%。

83. 乙苯

水质 挥发性有机物的测定 吹扫捕集/气相色谱-质谱法（HJ 639—2012）

【适用范围】海水、地下水、地表水、生活污水和工业废水。

【采样容器】40 mL 棕色玻璃瓶，具硅橡胶-聚四氟乙烯衬垫螺旋盖。

【采样方法】采样前，需要向每个样品瓶中加入抗坏血酸，每 40 mL 样品需加入 25 mg 的抗坏血酸。如果水样中总余氯的量超过 5 mg/L，应先按 HJ 586 附录 A 的方法测定总余氯后，再确定抗坏血酸的加入量。在 40 mL 样品瓶中，总余氯每超过 5 mg/L，需多加 25 mg 的抗坏血酸。采样时，水样呈中性时，向每个样品瓶中加入 0.5 mL 盐酸溶液，拧紧瓶盖；水样呈碱性时应加入适量盐酸溶液使样品 pH≤2。采集完水样后，应在样品瓶上立即贴上标签。当水样加盐酸溶液后产生大量气泡时，应弃去该样品，重新采集样品。重新采集的样品不应加盐酸溶液，样品标签上应注明未酸化，该样品应在 24 h 内分析。

【固定剂】盐酸。

【保存方法】样品采集后冷藏运输。运回实验室后应立即放入冰箱中，4℃以下冷藏保存，14 d 内分析完毕。样品存放区域应无有机物干扰。

【保存期】14 d。

【采样量】40 mL。

【容器洗涤】—

【检出限】0.8 μg/L。

【质量保证和质量控制】所有样品均采集平行双样。每批样品应带一个全程序空白和一个运输空白。

水质 挥发性有机物的测定 吹扫捕集/气相色谱法（HJ 686—2014）

【适用范围】地表水、地下水、生活污水和工业废水。

【采样容器】40 mL 棕色玻璃瓶，螺旋盖（带聚四氟乙烯涂层密封垫）。

【采样方法】用 40 mL 采样瓶采样。如果水样含有余氯，向采样瓶中加入约 25 mg 抗坏血酸。

【固定剂】盐酸。

【保存方法】加 0.5 mL 盐酸溶液，4℃冷藏保存，可保存 14 d。

【保存期】14 d。

【采样量】40 mL。

【容器洗涤】—

【检出限】0.5 μg/L。

【质量保证和质量控制】所有样品均采集平行双样。每批样品应带一个全程序空白和一个运输空白。

水质　挥发性有机物的测定　顶空/气相色谱-质谱法（HJ 810—2016）

【适用范围】地表水、地下水、生活污水、工业废水和海水。

【采样容器】40 mL 棕色螺口玻璃瓶，具硅橡胶-聚四氟乙烯衬垫螺旋盖，放置于不含挥发性有机物的区域。

【采样方法】若水样中含有余氯，采样前，应向 40 mL 棕色采样瓶中加 25 mg（精确至 0.001 g）抗坏血酸。若水样中余氯含量超过 5 mg/L，应按比例增加抗坏血酸的加入量，余氯含量每增加 5 mg/L，则应多加入 25 mg（精确至 0.001 g）抗坏血酸。采集样品时，不宜用水样进行荡洗，应使水样在样品瓶中溢流且不留空间，取样时应尽量避免或减少样品在空气中暴露。

【固定剂】盐酸。

【保存方法】样品采集后，应立即加入适量盐酸溶液，使样品 pH≤2，拧紧瓶塞，贴上标签，立即放入冷藏箱中于 4℃以下冷藏运输。样品运回实验室后，应于 4℃以下冷藏、避光和密封保存，14 d 内完成分析测定。

【保存期】14 d。

【采样量】40 mL。

【容器洗涤】—

【检出限】4 μg/L。

【质量保证和质量控制】所有样品均采集平行双样。每批样品应至少做一个全程序空白。

84. 乙撑硫脲

水质　乙撑硫脲的测定　液相色谱法（HJ 849—2017）

【适用范围】地表水、地下水、生活污水和工业废水。

【采样容器】具磨口塞的棕色玻璃细口瓶。

【采样方法】—

【固定剂】—

【保存方法】4℃以下冷藏、避光和密封保存。

【保存期】30 d。

【采样量】100 mL。

【容器洗涤】—

【检出限】3 mg/L。

【质量保证和质量控制】每 20 个样品或每批次（少于 20 个样品）应至少做一个实验室空白，空白中乙撑硫脲的浓度应低于方法检出限。每 10 个样品或每批次（少于 10 个样品）应带一个平行样，平行样的相对偏差应≤15%。

85. 乙腈

水质　乙腈的测定　吹扫捕集/气相色谱法（HJ 788—2016）

【适用范围】地表水、地下水、工业废水和生活污水。

【采样容器】带聚四氟乙烯衬垫螺旋盖的棕色宽口采样瓶。

【采样方法】采集的样品应充满采样瓶并加盖密封。每批次样品应至少带一个全程序空白。

【固定剂】—

【保存方法】4℃以下冷藏、避光和密封保存。

【保存期】6 d。

【采样量】40 mL。

【容器洗涤】—

【检出限】火焰离子化检测仪：0.1 mg/L；氮磷检测器：0.009 mg/L。

【质量保证和质量控制】每 20 个样品或每批次（少于 20 个样品）应至少分析一个实验室空白和一个全程序空白。空白中乙腈的测定结果应低于方法检出限。每 10 个样品或每批次（少于 10 个样品）应至少分析一个平行样品，平行样测定结果的相对偏差应≤15%。

水质　乙腈的测定　直接进样/气相色谱法（HJ 789—2016）

【适用范围】地表水、地下水、工业废水和生活污水。

【采样容器】带聚四氟乙烯衬垫螺旋盖的棕色宽口采样瓶。

【采样方法】采集样品，采集的样品应充满采样瓶并加盖密封。每批次样品应至少带一个全程序空白。

【固定剂】—

【保存方法】4℃以下冷藏、避光和密封保存。

【保存期】6 d。

【采样量】40 mL。

【容器洗涤】—

【检出限】0.04 mg/L。

【质量保证和质量控制】每 20 个样品或每批次（少于 20 个样品）应至少分析一个实验室空白和一个全程序空白。空白中乙腈的测定结果应低于方法检出限。每 10 个样品或每批次（少于 10 个样品）应至少分析一个平行样品，平行样测定结果的相对偏差应≤15%。

86. 荧蒽

水质　多环芳烃的测定　液液萃取和固相萃取高效液相色谱法（HJ 478—2009）

【适用范围】饮用水、地下水、地表水、海水、工业废水及生活污水。

【采样容器】具磨口塞的棕色玻璃细口瓶。

【采样方法】采样前不能用水样预洗采样瓶，以防止样品的沾染或吸附。采样瓶要完全注满，不留气泡。

【固定剂】硫代硫酸钠（有残余氯存在）。

【保存方法】若水中有残余氯存在，要在每升水中加入 80 g 硫代硫酸钠除氯。样品采集后应避光保存，4℃冷藏，并在 7 d 内完成萃取。萃取后的样品应避光保存，4℃以下冷藏，在 40 d 内分析完毕。

【保存期】40 d。

【采样量】1 000 mL 或 2 000 mL。

【容器洗涤】—

【检出限】荧光检测器：0.002 μg/L；紫外检测器：0.005 μg/L。

【质量保证和质量控制】每分析一批样品至少做一个空白实验。

87. 有机磷农药

水质　有机磷农药的测定　气相色谱法（GB/T 13192—1991）

【适用范围】地面水、地下水及工业废水。

【采样容器】玻璃磨口瓶。

【采样方法】在采样前用水样将取样瓶冲洗 2～3 次。

【固定剂】—

【保存方法】弱酸性状态下保存，除敌敌畏及敌百虫外，其余有机磷 4℃冷藏保存。

【保存期】—

【采样量】1 000 mL。

【容器洗涤】—

【检出限】10^{-9}～10^{-10}g。

【质量保证和质量控制】—

水、土中有机磷农药测定的气相色谱法（GB/T 14552—2003）

【适用范围】地面水、地下水及土壤。

【采样容器】玻璃磨口瓶。

【采样方法】先用水样冲洗样品 2～3 次。

【固定剂】—

【保存方法】4℃冷藏保存。

【保存期】—

【采样量】1 000 mL。

【容器洗涤】—

【检出限】0.86×10^{-4}～$0.141\ 5\times10^{-3}$ mg/L。

【质量保证和质量控制】—

88. 有机氯农药

水质　有机氯农药和氯苯类化合物的测定　气相色谱-质谱法（HJ 699—2014）

【适用范围】地表水、地下水、生活污水、工业废水和海水。

【采样容器】具有玻璃塞的棕色磨口瓶或具有聚四氟乙烯衬垫的棕色螺口玻璃瓶。

【采样方法】用具有玻璃塞的棕色磨口瓶或具有聚四氟乙烯衬垫的棕色螺口玻璃瓶采集样品。样品采集后立即用盐酸溶液调至 pH＜2。

【固定剂】盐酸。

【保存方法】4℃冷藏保存，7 d 内萃取，40 d 内完成分析。

【保存期】40 d。

【采样量】500 mL。

【容器洗涤】—

【检出限】液液萃取法：0.25～0.60 μg/L；固相萃取法：0.21～0.69 μg/L。

【质量保证和质量控制】每批样品至少做一个空白试验，即全程序空白试验。每批样品应至少测定10%的平行双样，样品数量少于 10 个时，应至少测定一个平行双样。

海　水

一、相关标准和规范

（一）环境质量标准

序号	标准名称	标准编号	发布时间	实施时间
1	海水水质标准	GB 3097—1997	1997-12-03	1998-07-01

（二）监测规范

序号	标准名称	标准编号	发布时间	实施时间
1	近岸海域环境监测规范	HJ 442—2008	2008-11-04	2009-01-01
2	近岸海域环境监测点位布设技术规范	HJ 730—2014	2014-12-23	2015-01-01
3	近岸海域水质自动监测技术规范	HJ 731—2014	2014-12-23	2015-01-01

（三）监测方法

1．样品采集、运输与保存

序号	标准名称	标准编号	发布时间	实施时间
1	海洋监测规范	GB 17378.3—2007	2007-10-18	2008-05-01

2．检测方法

序号	项目	标准名称	标准编号	发布时间	实施时间
1	pH 值	海洋监测规范　第 4 部分：海水分析（pH 计法）	GB 17378.4—2007（26）	2007-10-18	2008-05-01
		海洋监测规范　第 3 部分：样品采集、贮存与运输	GB 17378.3—2007	2007-10-18	2008-05-01
2	氨氮	海洋监测规范　第 4 部分：海水分析（靛酚蓝分光光度法）	GB 17378.4—2007（36.1）	2007-10-18	2008-05-01
		海洋监测规范　第 4 部分：海水分析（次溴酸盐氧化法）	GB 17378.4—2007（36.2）	2007-10-18	2008-05-01
		水质　氨氮的测定　气相分子吸收光谱法	HJ/T 195—2005	2005-11-09	2006-01-01
		流动注射比色法测定河口与近岸海水中的氨	HJ 442—2008 附录 G	2008-11-04	2009-01-01
3	苯胺类化合物	水质　苯胺类化合物的测定　气相色谱-质谱法	HJ 822—2017	2017-03-30	2017-05-01
4	苯并[*a*]芘	水质　多环芳烃的测定　液液萃取和固相萃取高效液相色谱法	HJ 478—2009	2009-09-27	2009-11-01
5	丙酮	水质　甲醇和丙酮的测定　顶空/气相色谱法	HJ 895—2017	2017-12-21	2018-02-01
6	丙烯腈	水质　丙烯腈和丙烯醛的测定　吹扫捕集/气相色谱法	HJ 806—2016	2016-06-24	2016-08-01
7	丙烯醛	水质　丙烯腈和丙烯醛的测定　吹扫捕集/气相色谱法	HJ 806—2016	2016-06-24	2016-08-01

序号	项目	标准名称	标准编号	发布时间	实施时间
8	潮间带生物	海洋监测规范　第 7 部分：近海污染生态调查和生物监测（潮间带生物生态调查）	GB 17378.7—2007（7）	2007-10-18	2008-05-01
9	滴滴涕	海洋监测规范　第 4 部分：海水分析（666、DDT-气相色谱法）	GB 17378.4—2007（14）	2007-10-18	2008-05-01
		水质　有机氯农药和氯苯类化合物的测定 气相色谱-质谱法	HJ 699—2014	2014-03-31	2014-07-01
10	狄氏剂	海洋监测规范　第 4 部分：海水分析（狄氏剂-气相色谱法）	GB 17378.4—2007（16）	2007-10-18	2008-05-01
		水质　有机氯农药和氯苯类化合物的测定　气相色谱-质谱法	HJ 699—2014	2014-03-31	2014-07-01
11	多氯联苯	海洋监测规范　第 4 部分：海水分析（气相色谱法）	GB 17378.4—2007（15）	2007-10-18	2008-05-01
12	粪大肠菌群	海洋监测规范　第 7 部分：近海污染生态调查和生物监测（发酵法）	GB 17378.7—2007（9.1）	2007-10-18	2008-05-01
		海洋监测规范　第 7 部分：近海污染生态调查和生物监测（滤膜）法	GB 17378.7—2007（9.2）	2007-10-18	2008-05-01
		海洋监测规范　第 7 部分：近海污染生态调查和生物监测（粪大肠菌群检测）	GB 17378.7—2007（9）	2007-10-18	2008-05-01
13	浮游生物	海洋监测规范　第 7 部分：近海污染生态调查和生物监测（浮游生物生态调查）	GB 17378.7—2007（5）	2007-10-18	2008-05-01
14	镉	海洋监测规范　第 4 部分：海水分析（无火焰原子吸收分光光度法）	GB 17378.4—2007（8.1）	2007-10-18	2008-05-01
		海洋监测规范　第 4 部分：海水分析（阳极溶出伏安法）	GB 17378.4—2007（8.2）	2007-10-18	2008-05-01
		海洋监测规范　第 4 部分：海水分析（火焰原子吸收分光光度法）	GB 17378.4—2007（8.3）	2007-10-18	2008-05-01
15	汞	海洋监测规范　第 4 部分：海水分析（原子荧光法）	GB 17378.4—2007（5.1）	2007-10-18	2008-05-01
		海洋监测规范　第 4 部分：海水分析（冷原子吸收分光光度法）	GB 17378.4—2007（5.2）	2007-10-18	2008-05-01
		海洋监测规范　第 4 部分：海水分析（金捕集冷原子吸收光度法）	GB 17378.4—2007（5.3）	2007-10-18	2008-05-01
16	化学需氧量	海洋监测规范　第 4 部分：海水分析（碱性高锰酸钾法）	GB 17378.4—2007（32）	2007-10-18	2008-05-01
17	挥发性酚	海洋监测规范　第 4 部分：海水分析（4-氨基安替比林分光光度法）	GB 17378.4—2007（19）	2007-10-18	2008-05-01
18	挥发性卤代烃	水质　挥发性卤代烃的测定　顶空气相色谱法	HJ 620—2011	2011-09-01	2011-11-01
19	挥发性石油烃（C_6～C_9）	水质　挥发性石油烃（C_6～C_9）的测定　吹扫捕集/气相色谱法	HJ 893—2017	2017-12-21	2018-02-01
20	挥发性有机物	水质　挥发性有机物的测定　吹扫捕集/气相色谱-质谱法	HJ 639—2012	2012-12-03	2013-03-01
		水质　挥发性有机物的测定　顶空/气相色谱-质谱法	HJ 810—2016	2016-07-26	2016-10-01

序号	项目	标准名称	标准编号	发布时间	实施时间
21	浑浊度	海洋监测规范　第 4 部分：海水分析（浊度计法）	GB 17378.4—2007（30.1）	2007-10-18	2008-05-01
		海洋监测规范　第 4 部分：海水分析（目视比浊法）	GB 17378.4—2007（30.2）	2007-10-18	2008-05-01
		海洋监测规范　第 4 部分：海水分析（分光光度法）	GB 17378.4—2007（30.3）	2007-10-18	2008-05-01
22	活性硅酸盐	海洋监测规范　第 4 部分：海水分析（硅钼黄法）	GB 17378.4—2007（17.1）	2007-10-18	2008-05-01
		海洋监测规范　第 4 部分：海水分析（硅钼蓝法）	GB 17378.4—2007（17.2）	2007-10-18	2008-05-01
		流动注射比色法测定河口与近岸海水中溶解态硅酸盐	HJ 442—2008 附录 J	2008-11-04	2009-01-01
23	活性磷酸盐	海洋监测规范　第 4 部分：海水分析（磷钼蓝分光光度法）	GB 17378.4—2007（39.1）	2007-10-18	2008-05-01
		海洋监测规范　第 4 部分：海水分析（磷钼蓝萃取分光光度法）	GB 17378.4—2007（39.2）	2007-10-18	2008-05-01
		流动注射比色法测定河口与近岸海水中活性磷酸盐	HJ 442—2008 附录 I	2008-11-04	2009-01-01
24	甲醇	水质　甲醇和丙酮的测定　顶空/气相色谱法	HJ 895—2017	2017-12-21	2018-02-01
25	可萃取性石油烃（C_{10}～C_{40}）	水质　可萃取性石油烃（C_{10}～C_{40}）的测定　气相色谱法	HJ 894—2017	2017-12-21	2018-02-01
26	硫化物	海洋监测规范　第 4 部分：海水分析（亚甲基蓝分光光度法）	GB 17378.4—2007（18.1）	2007-10-18	2008-05-01
		海洋监测规范　第 4 部分：海水分析（离子选择电极法）	GB 17378.4—2007（18.2）	2007-10-18	2008-05-01
		水质　硫化物的测定　气相分子吸收光谱法	HJ/T 200—2005	2005-11-09	2006-01-01
27	六六六	海洋监测规范　第 4 部分：海水分析（气相色谱法）	GB 17378.4—2007（14）	2007-10-18	2008-05-01
		水质　有机氯农药和氯苯类化合物的测定　气相色谱-质谱法	HJ 699—2014	2014-03-31	2014-07-01
28	氯苯类化合物	水质　有机氯农药和氯苯类化合物的测定　气相色谱-质谱法	HJ 699—2014	2014-03-31	2014-07-01
		水质　氯苯类化合物的测定　气相色谱法	HJ 621—2011	2011-09-01	2011-11-01
29	氯化物	海洋监测规范　第 4 部分：海水分析（银量滴定法）	GB 17378.4—2007（28）	2007-10-18	2008-05-01
		水质　氯化物的测定　硝酸银滴定法	GB/T 11896—1989	1989-12-25	1990-07-01
30	滤食率	海洋监测规范　第 7 部分：近海污染生态调查和生物监测（滤食率测定）	GB 17378.7—2007（13）	2007-10-18	2008-05-01
31	镍	海洋监测规范　第 4 部分：海水分析（无火焰原子吸收分光光度法）	GB 17378.4—2007（42）	2007-10-18	2008-05-01
32	铅	海洋监测规范　第 4 部分：海水分析（无火焰原子吸收分光光度法）	GB 17378.4—2007（7.1）	2007-10-18	2008-05-01
		海洋监测规范　第 4 部分：海水分析（阳极溶出伏安法）	GB 17378.4—2007（7.2）	2007-10-18	2008-05-01
		海洋监测规范　第 4 部分：海水分析（火焰原子吸收分光光度法）	GB 17378.4—2007（7.3）	2007-10-18	2008-05-01

序号	项目	标准名称	标准编号	发布时间	实施时间
33	氰化物	海洋监测规范　第 4 部分：海水分析（异烟酸-吡唑啉酮分光光度法）	GB 17378.4—2007（20.1）	2007-10-18	2008-05-01
		海洋监测规范　第 4 部分：海水分析（吡啶-巴比土酸分光光度法）	GB 17378.4—2007（20.2）	2007-10-18	2008-05-01
34	溶解氧	海洋监测规范　第 4 部分：海水分析（碘量法）	GB 17378.4—2007（31）	2007-10-18	2008-05-01
		水质　溶解氧的测定　电化学探头法	HJ 506—2009	2009-10-20	2009-12-01
		海洋监测规范　第 3 部分：样品采集、贮存与运输	GB 17378.3—2007	2007-10-18	2008-05-01
35	砷	海洋监测规范　第 4 部分：海水分析（原子荧光法）	GB 17378.4—2007（11.1）	2007-10-18	2008-05-01
		海洋监测规范　第 4 部分：海水分析（砷化氢-硝酸银分光光度法）	GB 17378.4—2007（11.2）	2007-10-18	2008-05-01
		海洋监测规范　第 4 部分：海水分析（氢化物发生原子吸收分光光度法）	GB 17378.4—2007（11.3）	2007-10-18	2008-05-01
		海洋监测规范　第 4 部分：海水分析（催化极谱法）	GB 17378.4—2007（11.4）	2007-10-18	2008-05-01
36	生化需氧量	海洋监测规范　第 4 部分：海水分析[五日培养法（BOD_5）]	GB 17378.4—2007（33.1）	2007-10-18	2008-05-01
		海洋监测规范　第 4 部分：海水分析[两日培养法（BOD_2）]	GB 17378.4—2007（33.2）	2007-10-18	2008-05-01
37	生物毒性	海洋监测规范　第 7 部分：近海污染生态调查和生物监测（生物毒性试验）	GB 17378.7—2007（11）	2007-10-18	2008-05-01
38	石油类	海洋监测规范　第 4 部分：海水分析（荧光分光光度法）	GB 17378.4—2007（13.1）	2007-10-18	2008-05-01
		海洋监测规范　第 4 部分：海水分析（紫外分光光度法）	GB 17378.4—2007（13.2）	2007-10-18	2008-05-01
		海洋监测规范　第 4 部分：海水分析（重量法）	GB 17378.4—2007（13.3）	2007-10-18	2008-05-01
		水质　石油类的测定　紫外分光光度法	HJ 970—2018	2018-10-10	2019-01-01
		海洋监测规范　第 3 部分：样品采集、贮存与运输	GB 17378.3—2007	2007-10-18	2008-05-01
39	水色	海洋监测规范　第 4 部分：海水分析（比色法）	GB 17378.4—2007（21）	2007-10-18	2008-05-01
40	水温	海洋监测规范　第 4 部分：海水分析（表层水温表法）	GB 17378.4—2007（25.1）	2007-10-18	2008-05-01
		海洋监测规范　第 4 部分：海水分析（颠倒温度表法）	GB 17378.4—2007（25.2）	2007-10-18	2008-05-01
		水质　水温的测定　温度计或颠倒温度计测定法	GB 13195—1991	1991-08-31	1992-06-01
41	铜	海洋监测规范　第 4 部分：海水分析（无火焰原子吸收分光光度法）	GB 17378.4—2007（6.1）	2007-10-18	2008-05-01
		海洋监测规范　第 4 部分：海水分析（阳极溶出伏安法）	GB 17378.4—2007（6.2）	2007-10-18	2008-05-01
		海洋监测规范　第 4 部分：海水分析（火焰原子吸收分光光度法）	GB 17378.4—2007（6.3）	2007-10-18	2008-05-01

序号	项目	标准名称	标准编号	发布时间	实施时间
42	透明度	海洋监测规范　第 4 部分：海水分析（透明圆盘法）	GB 17378.4—2007（22）	2007-10-18	2008-05-01
43	烷基汞	水质　烷基汞的测定　吹扫捕集/气相色谱-冷原子荧光光谱法	HJ 977—2018	2018-11-13	2019-03-01
44	五氯酚	水质　五氯酚的测定　气相色谱法	HJ 591—2010	2010-10-21	2011-01-01
45	硒	海洋监测规范　第 4 部分：海水分析（荧光分光光度法）	GB 17378.4—2007（12.1）	2007-10-18	2008-05-01
		海洋监测规范　第 4 部分：海水分析（二氨基联苯胺分光光度法）	GB 17378.4—2007（12.2）	2007-10-18	2008-05-01
		海洋监测规范　第 4 部分：海水分析（催化极谱法）	GB 17378.4—2007（12.3）	2007-10-18	2008-05-01
		原子荧光法测定河口与近岸海水中的硒	HJ 442—2008 附录 K	2008-11-04	2009-01-01
46	细菌总数	海洋监测规范　第 7 部分：近海污染生态调查和生物监测（细菌总数测定）	GB 17378.7—2007（10）	2007-10-18	2008-05-01
47	硝基苯类化合物	水质　硝基苯类化合物的测定　液液萃取/固相萃取-气相色谱法	HJ 648—2013	2013-06-03	2013-09-01
		水质　硝基苯类化合物的测定　气相色谱-质谱法	HJ 716—2014	2014-11-27	2015-01-01
48	硝酸盐	海洋监测规范　第 4 部分：海水分析（镉柱还原法）	GB 17378.4—2007（38.1）	2007-10-18	2008-05-01
		海洋监测规范　第 4 部分：海水分析（锌-镉还原法）	GB 17378.4—2007（38.2）	2007-10-18	2008-05-01
		水质　硝酸盐氮的测定　气相分子吸收光谱法	HJ/T 198—2005	2005-11-09	2006-01-01
		流动注射比色法测定河口与近岸海水中的硝氮和亚硝氮	HJ 442—2008 附录 H	2008-11-04	2009-01-01
49	锌	海洋监测规范　第 4 部分：海水分析（火焰原子吸收分光光度法）	GB 17378.4—2007（9.1）	2007-10-18	2008-05-01
		海洋监测规范　第 4 部分：海水分析（阳极溶出伏安法）	GB 17378.4—2007（9.2）	2007-10-18	2008-05-01
50	嗅和味	海洋监测规范　第 4 部分：海水分析（感官法）	GB 17378.4—2007（24）	2007-10-18	2008-05-01
51	悬浮物	海洋监测规范　第 4 部分：海水分析（重量法）	GB 17378.4—2007（27）	2007-10-18	2008-05-01
		海洋监测规范　第 3 部分：样品采集、贮存与运输	GB 17378.3—2007	2007-10-18	2008-05-01
52	亚硝酸盐	海洋监测规范　第 4 部分：海水分析（萘乙二胺分光光度法）	GB 17378.4—2007（37）	2007-10-18	2008-05-01
		水质　亚硝酸盐氮的测定　气相分子吸收光谱法	HJ/T 197—2005	2005-11-09	2006-01-01
		流动注射比色法测定河口与近岸海水中的硝氮和亚硝氮	HJ 442—2008 附录 H	2008-11-04	2009-01-01
53	盐度	海洋监测规范　第 4 部分：海水分析（盐度计法）	GB 17378.4—2007（29.1）	2007-10-18	2008-05-01
		海洋监测规范　第 4 部分：海水分析[温盐深仪（CTD）法]	GB 17378.4—2007（29.2）	2007-10-18	2008-05-01

序号	项目	标准名称	标准编号	发布时间	实施时间
54	叶绿素 a	海洋监测规范　第 7 部分：近海污染生态调查和生物监测（荧光分光光度法)	GB 17378.7—2007（8.1）	2007-10-18	2008-05-01
55	阴离子表面活性剂	海洋监测规范　第 4 部分：海水分析（亚甲基蓝分光光度法）	GB 17378.4—2007（23）	2007-10-18	2008-05-01
56	有机氯农药	水质　有机氯农药和氯苯类化合物的测定　气相色谱-质谱法	HJ 699—2014	2014-03-31	2014-07-01
57	鱼类回避反应	海洋监测规范　第 7 部分：近海污染生态调查和生物监测（鱼类回避反应实验）	GB 17378.7—2007（12）	2007-10-18	2008-05-01
58	总氮	海洋监测规范　第 4 部分：海水分析（过硫酸钾氧化法）	GB 17378.4—2007（41）	2007-10-18	2008-05-01
59	总铬	海洋监测规范　第 4 部分：海水分析（无火焰原子吸收分光光度法）	GB 17378.4—2007（10.1）	2007-10-18	2008-05-01
		海洋监测规范　第 4 部分：海水分析（二苯碳酰二肼分光光度法）	GB 17378.4—2007（10.2）	2007-10-18	2008-05-01
60	总磷	海洋监测规范　第 4 部分：海水分析（过硫酸钾氧化法）	GB 17378.4—2007（40）	2007-10-18	2008-05-01
61	总有机碳	海洋监测规范　第 4 部分：海水分析（总有机碳仪器法）	GB 17378.4—2007（34.1）	2007-10-18	2008-05-01
		海洋监测规范　第 4 部分：海水分析（过硫酸钾氧化法）	GB 17378.4—2007（34.2）	2007-10-18	2008-05-01

二、样品采集、运输和保存要求

（一）无机项目

1. pH 值

海洋监测规范　第 4 部分：海水分析（26 pH 计法）（GB 17378.4—2007）

【适用范围】大洋和近岸海水。

【采样容器】聚乙烯瓶或玻璃瓶。

【采样方法】—

【固定剂】氯化汞溶液。

【保存方法】最好现场测定。

【保存期】水样采样后 6 h 之内进行测定。加入 1 滴（25 g/L）氯化汞溶液，盖好瓶盖，允许保存 2 d。

【采样量】50 mL。

【容器洗涤】—

【检出限】—

【质量保证和质量控制】—

【结果表示】—

海洋监测规范　第 3 部分：样品采集、贮存与运输（GB 17378.3—2007）

【适用范围】海水。

【采样容器】初次使用的样品瓶应洗净，用海水浸泡 1 d。

【采样方法】用少量水样淌洗水样瓶 2 次，再慢慢将瓶充满，立即盖紧瓶塞。

【固定剂】氯化汞溶液。

【保存方法】最好现场测定。

【保存期】加 1 滴氯化汞溶液固定，盖好瓶盖，混合均匀，样品允许保存 24 h。

【采样量】—

【容器洗涤】—

【检出限】—

【质量保证和质量控制】—

【结果表示】—

2. 氨氮

海洋监测规范　第 4 部分：海水分析　（36.1 靛酚蓝分光光度法）（GB 17378.4—2007）

【适用范围】大洋和近岸海水及河口水。

【采样容器】聚乙烯瓶或玻璃瓶。
【采样方法】水样现场过滤。
【固定剂】—
【保存方法】—
【保存期】常温 3 h，−20℃冷冻可保存 7 d。
【采样量】100 mL。
【容器洗涤】—
【检出限】—
【质量保证和质量控制】—
【结果表示】—

海洋监测规范　第 4 部分：海水分析　（36.2 次溴酸盐氧化法）（GB 17378.4—2007）
【适用范围】大洋和近岸海水及河口水。本方法不适用于污染较重、含有机物较多的养殖水体。
【采样容器】聚乙烯瓶或玻璃瓶。
【采样方法】水样现场过滤。
【固定剂】—
【保存方法】—
【保存期】常温 3 h，−20℃冷冻可保存 7 d。
【采样量】100 mL。
【容器洗涤】—
【检出限】—
【质量保证和质量控制】—
【结果表示】—

水质　氨氮的测定　气相分子吸收光谱法（HJ/T 195—2005）
【适用范围】地表水、地下水、海水、饮用水、生活污水及工业污水。
【采样容器】聚乙烯瓶或玻璃瓶。
【采样方法】—
【固定剂】硫酸。
【保存方法】加硫酸酸化至 pH＜2，2～5℃冷藏保存，24 h 内测定。
【保存期】24 h。
【采样量】—
【容器洗涤】—
【检出限】0.020 mg/L。
【质量保证和质量控制】—
【结果表示】—

流动注射比色法测定河口与近岸海水中的氨（HJ 442—2008 附录 G）

【适用范围】河口和近岸海水。

【采样容器】聚乙烯瓶或玻璃瓶。

【采样方法】—

【固定剂】—

【保存方法】现场测定或-20℃冷冻。

【保存期】常温保存 4～6 h，-20℃冷冻保存 7 d。

【采样量】100 mL。

【容器洗涤】—

【检出限】0.005 mg/L。

【质量保证和质量控制】—

【结果表示】小数点后最多位数三位，最多有效位数三位。

3. 粪大肠菌群

海洋监测规范　第 7 部分：近海污染生态调查和生物监测（9.1 发酵法）（GB 17378.7—2007）

【适用范围】海水。

【采样容器】灭菌处理的广口玻璃瓶或无毒塑料瓶。

【采样方法】开瓶塞时，要连同铝箔和牛皮纸一起拿开，以免沾污。手执长绳的末端，将采样瓶投入选定的海水中，采集水下约 10 cm 处水样。采好的水样需盖紧瓶塞，水样瓶内要留下足够的空间（至少 2.5 cm）以备在检验前摇荡混匀。

【固定剂】—

【保存方法】—

【保存期】常温 2 h，冰箱冷藏 24 h。

【采样量】100 mL。

【容器洗涤】—

【检出限】—

【质量保证和质量控制】—

【结果表示】—

海洋监测规范　第 7 部分：近海污染生态调查和生物监测（9.2 滤膜法）（GB 17378.7—2007）

【适用范围】海水。

【采样容器】灭菌处理的广口玻璃瓶或无毒塑料瓶。

【采样方法】开瓶塞时，要连同铝箔和牛皮纸一起拿开，以免沾污。手执长绳的末端，将采样瓶投入选定的海水中，采集水下约 10 cm 处水样。采好的水样需盖紧瓶塞，水样瓶内要留下足够的空间（至少 2.5 cm）以备在检验前摇荡混匀。

【固定剂】—

【保存方法】—

【保存期】常温 2 h，冰箱冷藏 24 h。

【采样量】200 mL。

【容器洗涤】—

【检出限】—

【质量保证和质量控制】—

【结果表示】—

4. 镉

海洋监测规范 第 4 部分：海水分析（8.1 无火焰原子吸收分光光度法）（GB 17378.4—2007）

【适用范围】海水中痕量镉。

【采样容器】聚乙烯瓶或玻璃瓶。

【采样方法】水样现场过滤。

【固定剂】硝酸。

【保存方法】加硝酸调至 pH＜2。

【保存期】90 d。

【采样量】200 mL。

【容器洗涤】—

【检出限】0.01 μg/L。

【质量保证和质量控制】—

【结果表示】—

海洋监测规范 第 4 部分：海水分析（8.2 阳极溶出伏安法）（GB 17378.4—2007）

【适用范围】盐度大于 0.5 的河口水和海水。

【采样容器】聚乙烯瓶或玻璃瓶。

【采样方法】水样现场过滤。

【固定剂】硝酸。

【保存方法】加硝酸调至 pH＜2。

【保存期】90 d。

【采样量】100 mL。

【容器洗涤】—

【检出限】0.09 μg/L。

【质量保证和质量控制】—

【结果表示】—

海洋监测规范 第 4 部分：海水分析（8.3 火焰原子吸收分光光度法）（GB 17378.4—2007）

【适用范围】近海水、河口水。

【采样容器】聚乙烯瓶或玻璃瓶。

【采样方法】水样现场过滤。

【固定剂】硝酸。

【保存方法】加硝酸调至 pH<2。
【保存期】90 d。
【采样量】400 mL。
【容器洗涤】—
【检出限】0.3 μg/L。
【质量保证和质量控制】—
【结果表示】—

5. 汞

海洋监测规范　第 4 部分：海水分析（5.1 原子荧光法）（GB 17378.4—2007）
【适用范围】大洋、近岸及河口区海水。
【采样容器】玻璃瓶。
【采样方法】—
【固定剂】硫酸。
【保存方法】加硫酸调至 pH<2。
【保存期】13 d。
【采样量】100 mL。
【容器洗涤】—
【检出限】0.007 μg/L。
【质量保证和质量控制】—
【结果表示】—

海洋监测规范　第 4 部分：海水分析（5.2 冷原子吸收分光光度法）（GB 17378.4—2007）
【适用范围】大洋、近岸及河口区海水。
【采样容器】玻璃瓶。
【采样方法】—
【固定剂】硫酸。
【保存方法】加硫酸调至 pH<2。
【保存期】13 d。
【采样量】100 mL。
【容器洗涤】—
【检出限】0.001 μg/L。
【质量保证和质量控制】—
【结果表示】—

海洋监测规范　第 4 部分：海水分析（5.3 金捕集冷原子吸收光度法）（GB 17378.4—2007）
【适用范围】大洋水、近岸海水、地面水痕量汞的测定。
【采样容器】玻璃瓶。

【采样方法】—

【固定剂】硫酸。

【保存方法】加硫酸调至 pH＜2。

【保存期】13 d。

【采样量】200 mL。

【容器洗涤】—

【检出限】0.002 7 μg/L。

【质量保证和质量控制】—

【结果表示】—

6. 化学需氧量

海洋监测规范　第 4 部分：海水分析（32 碱性高锰酸钾法）（GB 17378.4—2007）

【适用范围】大洋和近岸海水及河口水。

【采样容器】聚乙烯瓶或玻璃瓶。

【采样方法】—

【固定剂】—

【保存方法】—

【保存期】现场测定。

【采样量】100 mL。

【容器洗涤】—

【检出限】—

【质量保证和质量控制】—

【结果表示】—

7. 浑浊度

海洋监测规范　第 4 部分：海水分析（30.1 浊度计法）（GB 17378.4—2007）

【适用范围】大洋和近岸海水。

【采样容器】聚乙烯瓶或玻璃瓶。

【采样方法】水样现场过滤。

【固定剂】氯化汞溶液。

【保存方法】—

【保存期】24 h，若加 0.5%氯化汞溶液可保存 22 d。

【采样量】100 mL。

【容器洗涤】—

【检出限】—

【质量保证和质量控制】—

【结果表示】—

海洋监测规范　第 4 部分：海水分析（30.2 目视比浊法）（GB 17378.4—2007）

【适用范围】大洋和近岸海水。

【采样容器】聚乙烯瓶或玻璃瓶。

【采样方法】水样现场过滤。

【固定剂】氯化汞溶液。

【保存方法】—

【保存期】24 h，若加 0.5%氯化汞溶液可保存 22 d。

【采样量】100 mL。

【容器洗涤】—

【检出限】—

【质量保证和质量控制】—

【结果表示】—

海洋监测规范　第 4 部分：海水分析（30.3 分光光度法）（GB 17378.4—2007）

【适用范围】大洋和近岸海水。

【采样容器】聚乙烯瓶或玻璃瓶。

【采样方法】水样现场过滤。

【固定剂】氯化汞溶液。

【保存方法】—

【保存期】24 h，若加 0.5%氯化汞溶液可保存 22 d。

【采样量】100 mL。

【容器洗涤】—

【检出限】—

【质量保证和质量控制】—

【结果表示】—

8. 活性硅酸盐

海洋监测规范　第 4 部分：海水分析（17.1 硅钼黄法）（GB 17378.4—2007）

【适用范围】硅酸盐含量较高的海水。

【采样容器】聚乙烯瓶。

【采样方法】水样现场过滤。

【固定剂】—

【保存方法】4℃冷藏保存。

【保存期】3 d。

【采样量】100 mL。

【容器洗涤】—

【检出限】—

【质量保证和质量控制】—

【结果表示】—

海洋监测规范　第 4 部分：海水分析（17.2 硅钼蓝法）（GB 17378.4—2007）

【适用范围】硅酸盐含量较低的海水。

【采样容器】聚乙烯瓶。

【采样方法】水样现场过滤。

【固定剂】—

【保存方法】4℃冷藏保存。

【保存期】3 d。

【采样量】100 mL。

【容器洗涤】—

【检出限】—

【质量保证和质量控制】—

【结果表示】—

流动注射比色法测定　河口与近岸海水中溶解态硅酸盐（HJ 442—2008 附录 J）

【适用范围】河口和近岸海水。

【采样容器】聚乙烯瓶。

【采样方法】水样现场 0.45 μm 滤膜过滤。

【固定剂】—

【保存方法】−20℃冷冻保存。

【保存期】7 d。

【采样量】50 mL。

【容器洗涤】无磷洗涤剂洗 1 次，自来水 2 次，1+3 盐酸浸泡 24 h，去离子水清洗。

【检出限】0.050 mg/L。

【质量保证和质量控制】—

【结果表示】小数点后最多位数三位，最多有效位数三位。

9. 活性磷酸盐

海洋监测规范　第 4 部分：海水分析（39.1 磷钼蓝分光光度法）（GB 17378.4—2007）

【适用范围】海水。

【采样容器】聚乙烯瓶或玻璃瓶。

【采样方法】水样现场过滤。

【固定剂】—

【保存方法】—

【保存期】立即测定；若不能立即测定，应置于冰箱中保存，但不能超过 48 h。

【采样量】100 mL。

【容器洗涤】—

【检出限】—

【质量保证和质量控制】—

【结果表示】—

海洋监测规范　第 4 部分：海水分析（39.2　磷钼蓝萃取分光光度法）（GB 17378.4—2007）

【适用范围】海水。

【采样容器】聚乙烯瓶或玻璃瓶。

【采样方法】水样现场过滤。

【固定剂】—

【保存方法】—

【保存期】立即测定；若不能立即测定，应置于冰箱中保存，但不能超过 48 h。

【采样量】250 mL。

【容器洗涤】—

【检出限】0.2 μg/L。

【质量保证和质量控制】—

【结果表示】—

流动注射比色法测定河口与近岸海水中活性磷酸盐（HJ 442—2008 附录 I）

【适用范围】河口与近岸海水。

【采样容器】聚乙烯瓶或玻璃瓶。

【采样方法】水样 0.45 μm 滤膜过滤。

【固定剂】—

【保存方法】—

【保存期】常温保存 4～6 h，−20℃冷冻可保存 7 d。

【采样量】50 mL。

【容器洗涤】无磷洗涤剂洗 1 次，自来水 2 次，1+3 盐酸浸泡 24 h，去离子水清洗。

【检出限】0.001 mg/L。

【质量保证和质量控制】—

【结果表示】小数点后最多位数三位，最多有效位数三位。

10. 硫化物

海洋监测规范　第 4 部分：海水分析（18.1 亚甲基蓝分光光度法）（GB 17378.4—2007）

【适用范围】大洋、近岸、河口水体中硫化物质量浓度为 10 μg/L 以下的水样。

【采样容器】玻璃瓶。

【采样方法】—

【固定剂】50 g/L 乙酸锌溶液。

【保存方法】每升水样加 1 mL 乙酸锌溶液。

【保存期】24 h。

【采样量】2 000 mL。

【容器洗涤】—

【检出限】0.2 μg/L。

【质量保证和质量控制】—

【结果表示】—

海洋监测规范 第 4 部分：海水分析（18.2 离子选择电极法）（GB 17378.4—2007）

【适用范围】大洋近岸海水。

【采样容器】玻璃瓶。

【采样方法】—

【固定剂】50 g/L 乙酸锌溶液。

【保存方法】每升水样加 1 mL 乙酸锌溶液。

【保存期】24 h。

【采样量】200 mL。

【容器洗涤】—

【检出限】3.3 μg/L。

【质量保证和质量控制】—

【结果表示】—

水质 硫化物的测定 气相分子吸收光谱法（HJ/T 200—2005）

【适用范围】地表水、地下水、海水、饮用水、生活污水及工业污水。

【采样容器】棕色玻璃瓶。

【采样方法】防止曝气，水样充满瓶，瓶内无气泡，立即密塞，避免阳光直射。

【固定剂】乙酸锌+氢氧化钠。

【保存方法】3～5 mL 乙酸锌+氢氧化钠，调至弱碱性，4℃冷藏保存。

【保存期】24 h。

【采样量】—

【容器洗涤】—

【检出限】0.005 mg/L。

【质量保证和质量控制】—

【结果表示】—

11. 氯化物

海洋监测规范 第 4 部分：海水分析（28 银量滴定法）（GB 17378.4—2007）

【适用范围】海水。

【采样容器】聚乙烯瓶或玻璃瓶。

【采样方法】—

【固定剂】—

【保存方法】—
【保存期】30 d。
【采样量】100 mL。
【容器洗涤】—
【检出限】—
【质量保证和质量控制】—
【结果表示】—

水质　氯化物的测定　硝酸银滴定法（GB/T 11896—1989）
【适用范围】天然水、咸水、海水以及经过预处理除去干扰物的生活污水或工业废水。
【采样容器】聚乙烯瓶或玻璃瓶。
【采样方法】—
【固定剂】—
【保存方法】—
【保存期】—
【采样量】—
【容器洗涤】—
【检出限】10 mg/L。
【质量保证和质量控制】—
【结果表示】—

12. 镍

海洋监测规范　第 4 部分：海水分析（42 无火焰原子吸收分光光度法）（GB 17378.4—2007）
【适用范围】海水中痕量镍。
【采样容器】聚乙烯瓶或玻璃瓶。
【采样方法】水样现场过滤。
【固定剂】硝酸。
【保存方法】加硝酸调至 pH<2。
【保存期】90 d。
【采样量】100 mL。
【容器洗涤】—
【检出限】0.5 μg/L。
【质量保证和质量控制】—
【结果表示】—

13. 铅

海洋监测规范　第 4 部分：海水分析（7.1 无火焰原子吸收分光光度法）（GB 17378.4—2007）
【适用范围】海水中痕量铅。

【采样容器】聚乙烯瓶或玻璃瓶。

【采样方法】水样现场过滤。

【固定剂】硝酸。

【保存方法】加硝酸调至 pH＜2。

【保存期】90 d。

【采样量】200 mL。

【容器洗涤】—

【检出限】0.03 μg/L。

【质量保证和质量控制】—

【结果表示】—

海洋监测规范　第 4 部分：海水分析（7.2 阳极溶出伏安法）（GB 17378.4—2007）

【适用范围】盐度大于 0.5 的河口水和海水。

【采样容器】聚乙烯瓶或玻璃瓶。

【采样方法】水样现场过滤。

【固定剂】硝酸。

【保存方法】加硝酸调至 pH＜2。

【保存期】90 d。

【采样量】100 mL。

【容器洗涤】—

【检出限】0.03 μg/L。

【质量保证和质量控制】—

【结果表示】—

海洋监测规范　第 4 部分：海水分析（7.3 火焰原子吸收分光光度法）（GB 17378.4—2007）

【适用范围】近海、沿岸、河口水。

【采样容器】聚乙烯瓶或玻璃瓶。

【采样方法】水样现场过滤。

【固定剂】硝酸。

【保存方法】加硝酸调至 pH＜2。

【保存期】90 d。

【采样量】400 mL。

【容器洗涤】—

【检出限】1.8 μg/L。

【质量保证和质量控制】—

【结果表示】—

14. 氰化物

海洋监测规范　第 4 部分：海水分析（20.1 异烟酸-吡唑啉酮分光光度法）（GB 17378.4—2007）

【适用范围】大洋、近岸、河口及工业排污口水体。

【采样容器】玻璃瓶。

【采样方法】—

【固定剂】氢氧化钠。

【保存方法】加氢氧化钠调至 pH 值为 12～13。

【保存期】4℃冷藏保存 24 h。

【采样量】500 mL。

【容器洗涤】—

【检出限】0.5 μg/L。

【质量保证和质量控制】—

【结果表示】—

海洋监测规范　第 4 部分：海水分析（20.2 吡啶-巴比土酸分光光度法）（GB 17378.4—2007）

【适用范围】大洋、近岸、河口和沿岸排污口水体。

【采样容器】玻璃瓶。

【采样方法】—

【固定剂】氢氧化钠。

【保存方法】加氢氧化钠调至 pH 值为 12～13。

【保存期】4℃冷藏保存 24 h。

【采样量】500 mL。

【容器洗涤】—

【检出限】0.3 μg/L。

【质量保证和质量控制】—

【结果表示】—

15. 溶解氧

海洋监测规范　第 4 部分：海水分析（31 碘量法）（GB 17378.4—2007）

【适用范围】大洋和近岸海水及河水、河口水。

【采样容器】棕色磨口玻璃瓶。

【采样方法】—

【固定剂】氯化锰溶液和碱性碘化钾溶液。

【保存方法】水样液面以下加入 1.0 mL 氯化锰溶液和 1.0 mL 碱性碘化钾溶液，盖紧瓶塞（瓶内不准有气泡），按住瓶塞将瓶上下颠倒不少于 20 次。

【保存期】现场测定。

【采样量】50～250 mL。

【容器洗涤】—

【检出限】—

【质量保证和质量控制】—

【结果表示】—

水质　溶解氧的测定　电化学探头法（HJ 506—2009）

【适用范围】地表水、地下水、生活污水、工业废水和盐水。

【采样容器】溶解氧瓶。

【采样方法】—

【固定剂】—

【保存方法】—

【保存期】—

【采样量】—

【容器洗涤】—

【检出限】—

【质量保证和质量控制】—

【结果表示】—

海洋监测规范　第 3 部分：样品采集、贮存与运输（GB 17378.3—2007）

【适用范围】海水。

【采样容器】棕色磨口玻璃瓶。

【采样方法】乳胶管的一端接上玻璃管，另一端套在采水器的出水口，放出少量水样淌洗水样瓶 2 次；将玻璃管插到分样瓶底部，慢慢注入水样，待水样装满并溢出约为瓶子体积的 1/2 时，将玻璃管慢慢抽出；立即用自动加液器（管尖靠近液面）依次注入氯化锰溶液和碱性碘化钾溶液；盖紧瓶塞并用手按住瓶塞瓶底，将瓶缓慢地上下颠倒 20 次，使样品和固定液充分混匀。待样品瓶内沉淀物降至瓶底 2/3 以下时方可进行分析。

【固定剂】氯化锰溶液和碱性碘化钾溶液。

【保存方法】水样液面以下加入 1.0 mL 氯化锰溶液和 1.0 mL 碱性碘化钾溶液。

【保存期】—

【采样量】—

【容器洗涤】—

【检出限】—

【质量保证和质量控制】应用碘量法测定水中溶解氧，水样需直接采集到样品瓶中。采样时防止曝气或残存气体。若使用有机玻璃采水器、球阀式采水器、颠倒采水器等应防止搅动水体，溶解氧样品需最先采集。

【结果表示】—

16. 砷

海洋监测规范　第 4 部分：海水分析（11.1 原子荧光法）（GB 17378.4—2007）

【适用范围】海水。

【采样容器】聚乙烯瓶或玻璃瓶。

【采样方法】水样现场过滤。

【固定剂】硫酸。

【保存方法】加硫酸调至 pH<2。

【保存期】90 d。

【采样量】200 mL。

【容器洗涤】—

【检出限】0.5 μg/L。

【质量保证和质量控制】—

【结果表示】—

海洋监测规范　第 4 部分：海水分析（11.2　砷化氢-硝酸银分光光度法）（GB 17378.4—2007）

【适用范围】海水及地面水。

【采样容器】聚乙烯瓶或玻璃瓶。

【采样方法】水样现场过滤。

【固定剂】硫酸。

【保存方法】加硫酸调至 pH<2。

【保存期】90 d。

【采样量】200 mL。

【容器洗涤】—

【检出限】0.4 μg/L。

【质量保证和质量控制】—

【结果表示】—

海洋监测规范　第 4 部分：海水分析（11.3　氢化物发生原子吸收分光光度法）（GB 17378.4—2007）

【适用范围】大洋、近岸、河口水。

【采样容器】聚乙烯瓶或玻璃瓶。

【采样方法】水样现场过滤。

【固定剂】硫酸。

【保存方法】加硫酸调至 pH<2。

【保存期】90 d。

【采样量】100 mL。

【容器洗涤】—

【检出限】0.06 μg/L。

【质量保证和质量控制】—

【结果表示】—

海洋监测规范　第 4 部分：海水分析（11.4 催化极谱法）（GB 17378.4—2007）

【适用范围】河水、各种盐度的海水。

【采样容器】聚乙烯瓶或玻璃瓶。

【采样方法】水样现场过滤。

【固定剂】硫酸。

【保存方法】加硫酸调至 pH＜2。

【保存期】90 d。

【采样量】100 mL。

【容器洗涤】—

【检出限】1.1 μg/L。

【质量保证和质量控制】—

【结果表示】—

17. 生化需氧量

海洋监测规范　第 4 部分：海水分析［33.1 五日培养法（BOD_5）］（GB 17378.4—2007）

【适用范围】海水。

【采样容器】玻璃瓶。

【采样方法】—

【固定剂】—

【保存方法】—

【保存期】4℃冷藏保存 6 h，−20℃冷冻可保存 48 h。

【采样量】300 mL。

【容器洗涤】—

【检出限】—

【质量保证和质量控制】—

【结果表示】—

海洋监测规范　第 4 部分：海水分析［33.2　两日培养法（BOD_2）］（GB 17378.4—2007）

【适用范围】海水。

【采样容器】玻璃瓶。

【采样方法】—

【固定剂】—

【保存方法】—

【保存期】4℃冷藏保存 6 h，−20℃冷冻可保存 48 h。

【采样量】300 mL。

【容器洗涤】—

【检出限】—

【质量保证和质量控制】—

【结果表示】—

18. 水色

海洋监测规范　第 4 部分：海水分析（21 比色法）（GB 17378.4—2007）

【适用范围】大洋、近岸海水。

【采样容器】—

【采样方法】—

【固定剂】—

【保存方法】—

【保存期】现场测定。

【采样量】—

【容器洗涤】—

【检出限】—

【质量保证和质量控制】使用的水色计在 6 个月内至少应与标准水色计校准一次，发现褪色现象，应及时更换。

【结果表示】—

19. 水温

海洋监测规范　第 4 部分：海水分析（25.1 表层水温表法）（GB 17378.4—2007）

【适用范围】海洋、湖泊、河流、水库等表层水。

【采样容器】直接测定或采用不易传热材料的水桶采样（风浪较大时）。

【采样方法】—

【固定剂】—

【保存方法】—

【保存期】现场测定。

【采样量】5～10 L。

【容器洗涤】—

【检出限】—

【质量保证和质量控制】—

【结果表示】—

海洋监测规范　第 4 部分：海水分析（25.2 颠倒温度表法）（GB 17378.4—2007）

【适用范围】海水表层以下水温。

【采样容器】—

【采样方法】—

【固定剂】—

【保存方法】—
【保存期】现场测定。
【采样量】—
【容器洗涤】—
【检出限】—
【质量保证和质量控制】—
【结果表示】—

水质 水温的测定 温度计或颠倒温度计测定（GB/T 13195—1991）

【适用范围】井水、江河水、湖泊和水库水，以及海水。
【采样容器】—
【采样方法】—
【固定剂】—
【保存方法】—
【保存期】现场测定。
【采样量】—
【容器洗涤】—
【检出限】—
【质量保证和质量控制】—
【结果表示】—

20. 铜

海洋监测规范 第 4 部分：海水分析（6.1 无火焰原子吸收分光光度法）（GB 17378.4—2007）

【适用范围】海水中痕量铜。
【采样容器】聚乙烯瓶或玻璃瓶。
【采样方法】水样现场过滤。
【固定剂】硝酸。
【保存方法】加硝酸调至 pH＜2。
【保存期】90 d。
【采样量】200 mL。
【容器洗涤】—
【检出限】0.2 μg/L。
【质量保证和质量控制】—
【结果表示】—

海洋监测规范 第 4 部分：海水分析（6.2 阳极溶出伏安法）（GB 17378.4—2007）

【适用范围】盐度大于 0.5 的河口水和海水。
【采样容器】聚乙烯瓶或玻璃瓶。

【采样方法】水样现场过滤。
【固定剂】硝酸。
【保存方法】加硝酸调至 pH＜2。
【保存期】90 d。
【采样量】100 mL。
【容器洗涤】—
【检出限】0.6 μg/L。
【质量保证和质量控制】—
【结果表示】—

海洋监测规范　第 4 部分：海水分析（6.3 火焰原子吸收分光光度法）（GB 17378.4—2007）

【适用范围】海水。
【采样容器】聚乙烯瓶或玻璃瓶。
【采样方法】水样现场过滤。
【固定剂】硝酸。
【保存方法】加硝酸调至 pH＜2。
【保存期】90 d。
【采样量】100 mL。
【容器洗涤】—
【检出限】1.1 μg/L。
【质量保证和质量控制】—
【结果表示】—

21. 透明度

海洋监测规范　第 4 部分：海水分析（22 透明圆盘法）（GB 17378.4—2007）

【适用范围】大洋和近岸海水。
【采样容器】—
【采样方法】—
【固定剂】—
【保存方法】—
【保存期】现场测定。
【采样量】—
【容器洗涤】—
【检出限】—
【质量保证和质量控制】—
【结果表示】—

22. 硒

海洋监测规范 第4部分：海水分析（12.1 荧光分光光度法）（GB 17378.4—2007）

【适用范围】海水、天然水中的总硒。

【采样容器】聚乙烯瓶或玻璃瓶。

【采样方法】水样现场过滤。

【固定剂】硝酸。

【保存方法】加硝酸调至 pH<2。

【保存期】90 d。

【采样量】100 mL。

【容器洗涤】—

【检出限】0.2 μg/L。

【质量保证和质量控制】—

【结果表示】—

海洋监测规范 第4部分：海水分析（12.2 二氨基联苯胺分光光度法）（GB 17378.4—2007）

【适用范围】河口和海水。

【采样容器】聚乙烯瓶或玻璃瓶。

【采样方法】水样现场过滤。

【固定剂】硝酸。

【保存方法】加硝酸调至 pH<2。

【保存期】90 d。

【采样量】500 mL。

【容器洗涤】—

【检出限】0.4 μg/L。

【质量保证和质量控制】—

【结果表示】—

海洋监测规范 第4部分：海水分析（12.3 催化极谱法）（GB 17378.4—2007）

【适用范围】海水及河水中溶解态硒。

【采样容器】聚乙烯瓶或玻璃瓶。

【采样方法】水样现场过滤。

【固定剂】硝酸。

【保存方法】加硝酸调至 pH<2。

【保存期】90 d。

【采样量】100 mL。

【容器洗涤】—

【检出限】0.1 μg/L。

【质量保证和质量控制】—

【结果表示】—

原子荧光法测定河口与近岸海水中的硒（HJ 442—2008 附录 K）

【适用范围】河口与近岸海水。

【采样容器】聚乙烯瓶。

【采样方法】水样现场 0.45 μm 滤膜过滤。

【固定剂】硝酸。

【保存方法】加硝酸调至 pH＜2。

【保存期】90 d。

【采样量】500～1 000 mL。

【容器洗涤】洗涤剂洗 1 次，自来水 2 次，1+3 盐酸浸泡 24 h，去离子水清洗。

【检出限】0.2 μg/L。

【质量保证和质量控制】—

【结果表示】最多保留至小数点后三位，最多有效位数三位。

23. 硝酸盐

海洋监测规范　第 4 部分：海水分析（38.1 镉柱还原法）（GB 17378.4—2007）

【适用范围】大洋和近岸海水及河口水。

【采样容器】聚乙烯瓶或玻璃瓶。

【采样方法】水样现场过滤。

【固定剂】—

【保存方法】—

【保存期】常温保存 3 h，−20℃冷冻可保存 7 d。

【采样量】100 mL。

【容器洗涤】—

【检出限】—

【质量保证和质量控制】—

【结果表示】—

海洋监测规范　第 4 部分：海水分析（38.2 锌-镉还原法）（GB 17378.4—2007）

【适用范围】海水。

【采样容器】聚乙烯瓶或玻璃瓶。

【采样方法】水样现场过滤。

【固定剂】—

【保存方法】—

【保存期】常温保存 3 h，−20℃冷冻可保存 7 d。

【采样量】100 mL。

【容器洗涤】—

【检出限】—
【质量保证和质量控制】—
【结果表示】—

水质　硝酸盐氮的测定　气相分子吸收光谱法（HJ/T 198—2005）

【适用范围】地表水、地下水、海水、饮用水、生活污水及工业污水。
【采样容器】聚乙烯瓶或玻璃瓶。
【采样方法】—
【固定剂】硫酸。
【保存方法】加硫酸酸化至 pH<2，24 h 内测定。
【保存期】24 h。
【采样量】—
【容器洗涤】—
【检出限】0.006 mg/L。
【质量保证和质量控制】—
【结果表示】—

流动注射比色法测定河口与近岸海水中的硝氮和亚硝氮（HJ 442—2008 附录 H）

【适用范围】河口和近岸海水。
【采样容器】聚乙烯瓶或玻璃瓶。
【采样方法】水样 0.45 μm 滤膜过滤。
【固定剂】—
【保存方法】—
【保存期】常温保存 4～6 h，−20℃冷冻可保存 7 d。
【采样量】50 mL。
【容器洗涤】无磷洗涤剂洗 1 次，自来水 2 次，1+3 盐酸浸泡 24 h，去离子水清洗。
【检出限】0.003 mg/L。
【质量保证和质量控制】—
【结果表示】最多保留至小数点后三位，最多有效位数三位。

24. 锌

海洋监测规范　第 4 部分：海水分析（9.1 火焰原子吸收分光光度法）（GB 17378.4—2007）

【适用范围】海水中痕量锌。
【采样容器】聚乙烯瓶或玻璃瓶。
【采样方法】水样现场过滤。
【固定剂】硝酸。
【保存方法】加硝酸调至 pH<2。
【保存期】90 d。

【采样量】100 mL。
【容器洗涤】—
【检出限】3.1 μg/L。
【质量保证和质量控制】—
【结果表示】—

海洋监测规范　第 4 部分：海水分析（9.2 阳极溶出伏安法）（GB 17378.4—2007）
【适用范围】盐度大于 0.5 的河口水和海水中的溶解锌。
【采样容器】聚乙烯瓶或玻璃瓶。
【采样方法】水样现场过滤。
【固定剂】硝酸。
【保存方法】加硝酸调至 pH＜2。
【保存期】90 d。
【采样量】100 mL。
【容器洗涤】—
【检出限】1.2 μg/L。
【质量保证和质量控制】—
【结果表示】—

25. 嗅和味

海洋监测规范　第 4 部分：海水分析（24 感官法）（GB 17378.4—2007）
【适用范围】海水。
【采样容器】玻璃瓶。
【采样方法】—
【固定剂】—
【保存方法】—
【保存期】现场测定。
【采样量】100 mL。
【容器洗涤】—
【检出限】—
【质量保证和质量控制】—
【结果表示】—

26. 悬浮物

海洋监测规范　第 4 部分：海水分析（27 重量法）（GB 17378.4—2007）
【适用范围】河口、港湾和大洋水体。
【采样容器】聚乙烯瓶或玻璃瓶。
【采样方法】—

【固定剂】—

【保存方法】阴凉处。

【保存期】24 h。

【采样量】50～5 000 mL。

【容器洗涤】—

【检出限】—

【质量保证和质量控制】—

【结果表示】—

悬浮物采集　海洋监测规范 第 3 部分：样品采集、贮存与运输（GB 17378.3—2007）

【适用范围】海水。

【采样容器】—

【采样方法】在水样装瓶的同时摇动采样器，防止悬浮物在采样器内沉降。

【固定剂】—

【保存方法】—

【保存期】—

【采样量】—

【容器洗涤】—

【检出限】—

【质量保证和质量控制】水样采集后应尽快从采样瓶中放出样品，除去杂质如树枝、样状物等。

【结果表示】—

27. 亚硝酸盐

海洋监测规范　第 4 部分：海水分析（37 萘乙二胺分光光度法）（GB 17378.4—2007）

【适用范围】海水及河口水。

【采样容器】聚乙烯瓶或玻璃瓶。

【采样方法】水样现场过滤。

【固定剂】—

【保存方法】—

【保存期】常温保存 3 h，−20℃冷冻可保存 7 d。

【采样量】100 mL。

【容器洗涤】—

【检出限】—

【质量保证和质量控制】—

【结果表示】—

水质　亚硝酸盐氮的测定　气相分子吸收光谱法（HJ/T 197—2005）

【适用范围】地表水、地下水、海水、饮用水、生活污水及工业污水。

【采样容器】聚乙烯瓶或玻璃瓶。

【采样方法】水样充满瓶。

【固定剂】—

【保存方法】4℃冷藏保存。

【保存期】—

【采样量】—

【容器洗涤】—

【检出限】0.001 mg/L。

【质量保证和质量控制】—

【结果表示】—

流动注射比色法测定河口与近岸海水中的硝氮和亚硝氮（HJ 442—2008 附录 H）

【适用范围】河口和近岸海水。

【采样容器】聚乙烯瓶或玻璃瓶。

【采样方法】水样 0.45 μm 滤膜过滤。

【固定剂】—

【保存方法】—

【保存期】常温保存 4～6 h，−20℃冷冻可保存 7 d。

【采样量】50 mL。

【容器洗涤】无磷洗涤剂洗 1 次，自来水 2 次，1+3 盐酸浸泡 24 h，去离子水清洗。

【检出限】0.003 mg/L。

【质量保证和质量控制】—

【结果表示】最多保留至小数点后三位，最多有效位数三位。

28. 盐度

海洋监测规范　第 4 部分：海水分析（29.1 盐度计法）（GB 17378.4—2007）

【适用范围】海水。

【采样容器】聚乙烯瓶或玻璃瓶。

【采样方法】—

【固定剂】—

【保存方法】—

【保存期】90 d 现场测定。

【采样量】250 mL。

【容器洗涤】—

【检出限】—

【质量保证和质量控制】—

【结果表示】—

海洋监测规范　第 4 部分：海水分析［29.2 温盐深仪（CTD）法］（GB 17378.4—2007）

【适用范围】海水。

【采样容器】聚乙烯瓶或玻璃瓶。

【采样方法】—

【固定剂】—

【保存方法】—

【保存期】90 d 现场测定。

【采样量】250 mL。

【容器洗涤】—

【检出限】—

【质量保证和质量控制】—

【结果表示】—

29. 阴离子表面活性剂

海洋监测规范　第 4 部分：海水分析（23 亚甲基蓝分光光度法）（GB 17378.4—2007）

【适用范围】海水。

【采样容器】玻璃瓶。

【采样方法】—

【固定剂】—

【保存方法】—

【保存期】24 h。

【采样量】100 mL。

【容器洗涤】—

【检出限】10.0 μg/L。

【质量保证和质量控制】—

【结果表示】—

30. 总氮

海洋监测规范　第 4 部分：海水分析（41 过硫酸钾氧化法）（GB 17378.4—2007）

【适用范围】海水。

【采样容器】有机玻璃瓶。

【采样方法】—

【固定剂】—

【保存方法】—

【保存期】立即测定。

【采样量】50 mL。

【容器洗涤】—

【检出限】—

【质量保证和质量控制】—

【结果表示】—

31. 总铬

海洋监测规范　第 4 部分：海水分析（10.1 无火焰原子吸收分光光度法）（GB 17378.4—2007）

【适用范围】海水。

【采样容器】聚乙烯瓶或玻璃瓶。

【采样方法】水样现场过滤。

【固定剂】硫酸。

【保存方法】加硫酸调至 pH<2，4℃冷藏保存。

【保存期】20 d。

【采样量】100 mL。

【容器洗涤】—

【检出限】0.4 μg/L。

【质量保证和质量控制】—

【结果表示】—

海洋监测规范　第 4 部分：海水分析（10.2 二苯碳酰二肼分光光度法）（GB 17378.4—2007）

【适用范围】河口及近岸海水。

【采样容器】聚乙烯瓶或玻璃瓶。

【采样方法】水样现场过滤。

【固定剂】硫酸。

【保存方法】加硫酸调至 pH<2，4℃冷藏保存。

【保存期】20 d。

【采样量】1 000 mL。

【容器洗涤】—

【检出限】0.3 μg/L。

【质量保证和质量控制】—

【结果表示】—

32. 总磷

海洋监测规范　第 4 部分：海水分析（40 过硫酸钾氧化法）（GB 17378.4—2007）

【适用范围】海水。

【采样容器】聚乙烯瓶或玻璃瓶。

【采样方法】水样现场过滤。

【固定剂】—

【保存方法】—

【保存期】3 h。

【采样量】100 mL。
【容器洗涤】—
【检出限】—
【质量保证和质量控制】—
【结果表示】—

33. 总有机碳

海洋监测规范　第 4 部分：海水分析（34.1 总有机碳仪器法）（GB 17378.4—2007）

【适用范围】海水。
【采样容器】有机玻璃瓶。
【采样方法】—
【固定剂】—
【保存方法】—
【保存期】立即测定。
【采样量】50 mL。
【容器洗涤】—
【检出限】30.0 μg/L。
【质量保证和质量控制】—
【结果表示】—

海洋监测规范　第 4 部分：海水分析（34.2 过硫酸钾氧化法）（GB 17378.4—2007）

【适用范围】河口、近岸以及大海洋水中溶解有机碳。
【采样容器】有机玻璃瓶。
【采样方法】—
【固定剂】—
【保存方法】—
【保存期】立即测定。
【采样量】50 mL。
【容器洗涤】—
【检出限】—
【质量保证和质量控制】—
【结果表示】—

（二）有机项目

1. 苯胺类化合物

水质　苯胺类化合物的测定　气相色谱-质谱法（HJ 822—2017）

【适用范围】地表水、地下水、海水、生活污水和工业废水。

【采样容器】1 000 mL 带聚四氟乙烯内衬垫瓶盖的棕色玻璃瓶。

【采样方法】样品采集在样品瓶内，水样充满样品瓶，不留空隙。

【固定剂】硫代硫酸钠。

【保存方法】样品采集后立即加入氢氧化钠或硫酸溶液调节 pH 值在 6～8，4℃冷藏保存。如水样中有余氯，每 1 000 mL 样品中加入 80 mg 硫代硫酸钠。

【保存期】样品必须在采集后 7 d 内萃取，萃取液在 40 d 内完成分析。

【采样量】1 L。

【容器洗涤】洗涤剂溶液洗涤，纯净水冲洗。

【检出限】当取样量为 1 000 mL，浓缩体积为 1.0 mL 时，方法检出限为 0.05～0.09 μg/L，测定下限为 0.20～0.36 μg/L。

【质量保证和质量控制】

（1）每批样品分析之前或每 24 h 内，需进行仪器性能检查，得到 DFTPP 质谱图离子丰度必须全部符合该标准中表 1 的规定。

（2）校准曲线至少需 5 个浓度系列，多数目标化合物响应因子的 RSD 应小于等于 20%。

（3）每 12 小时分析 1 次校准曲线中间浓度点，其测定结果与实际浓度值相对偏差应≤20%，否则应查找原因或重新建立校准曲线。

（4）连续校准时，内标与校准曲线中间点的保留时间变化不超过 10 s 定量离子峰面积变化为－50%～100%。

（5）所有样品和空白中都需要加入替代物，按与样品相同的步骤分析，替代物回收率为 50%～150%。

（6）采用有证标准样品对分析结果准确性进行质量控制。

（7）每分析一批样品至少有一个试剂空白和空白加标。空白加标中各目标化合物回收率为 50%～150%。

（8）每分析一批样品必须有 10%平行样，样品量少于 5 个时，需做 100%平行样，平行样品相对偏差在 20%以内。

（9）每分析一批样品必须有样品加标，加标频次应不少于样品量的 5%，各目标化合物回收率地表水为 50%～150%；污水和废水为 40%～150%。

2. 苯并[*a*]芘

水质　多环芳烃的测定　液液萃取和固相萃取高效液相色谱法（HJ 478—2009）

【适用范围】饮用水、地下水、地表水、海水、工业废水及生活污水中 16 种多环芳烃的测定。

【采样容器】1 L 或 2 L 具磨口塞的棕色玻璃细口瓶。

【采样方法】样品必须采集在预先洗净烘干的采样瓶中，采样前不能用水样预洗采样瓶，以防止样品的沾染或吸附。采样瓶要完全注满，不留气泡。若水中有残余氯存在，要在每升水中加入 80 mg 硫代硫酸钠除氯。

【固定剂】—

【保存方法】避光于 4℃以下冷藏。

【保存期】样品采集后应在 7 d 内萃取，40 d 内分析完毕。

【采样量】1 000 mL×重复测定的次数。

【容器洗涤】洗涤剂、蒸馏水。

【检出限】当萃取样品体积为 1 L 时，苯并[*a*]芘的检出限为 0.004 μg/L，测定下限为 0.016 μg/L。

【质量保证和质量控制】

（1）每分析一批样品至少做一个空白试验，所有空白测试结果应低于方法检出限。

（2）空白加标：各组分的回收率为 60%～120%；十氟联苯：回收率为 50%～130%。

（3）连续校准（曲线中间点检查）。

3. 丙酮

水质　甲醇和丙酮的测定　顶空/气相色谱法（HJ 895—2017）

【适用范围】地表水、地下水、工业废水、生活污水和海水。

【采样容器】40 mL 棕色玻璃瓶，具硅橡胶-聚四氟乙烯内衬螺旋盖。

【采样方法】采集样品时，不得用样品进行荡洗，应使样品在采样瓶中溢流且不留空间，取样时应尽量避免或减少样品在空气中的暴露。所有样品均采集平行双样。若样品中含有余氯，采样前，应向采样瓶中加 25 mg（精确至 0.001 g）抗坏血酸。若样品中余氯含量超过 5 mg/L，应按比例增加抗坏血酸的加入量，余氯含量每增加 5 mg/L，则应多加入 25 mg（精确至 0.001 g）抗坏血酸。

【固定剂】盐酸溶液。

【保存方法】样品采集后，应立即加入适量盐酸溶液，使样品 pH≤2，拧紧瓶塞，贴上标签，立即放入冷藏箱中于 4℃以下冷藏运输。样品运回实验室后，应于 4℃以下冷藏、避光和密封保存，样品存放区域应无挥发性有机物干扰。

【保存期】14 d 内完成分析测定。

【采样量】40 mL。

【容器洗涤】洗涤剂、蒸馏水。

【检出限】当取样体积为 10 mL 时，丙酮的方法检出限为 0.02 mg/L。

【质量保证和质量控制】

（1）每批样品至少做一个实验室空白和全程序空白，其测定结果不得超过方法检出限。

（2）每批样品应绘制工作曲线，相关系数应≥0.995，否则须重新建立工作曲线。每 20 个样品或每批次样品（少于 20 个样品）应测定一个工作曲线中间浓度点标准溶液，其测定结果与该点浓度的相对误差应在±20%以内，否则须重新建立工作曲线。

（3）每个样品均应采集平行双样，每 20 个样品或每批次（少于 20 个样品/批）应至少测定一个平行样品，平行样品相对偏差≤20%。

（4）样品加标的测定，每 20 个样品或每批次（少于 20 个样品/批）应至少测定一个加标样品。实际样品加标回收率为 70%～120%。

4. 丙烯腈

水质　丙烯腈和丙烯醛的测定　吹扫捕集/气相色谱法（HJ 806—2016）

【适用范围】地表水、地下水、海水、工业废水和生活污水。

【采样容器】40 mL 棕色螺口玻璃瓶，具硅橡胶-聚四氟乙烯衬垫螺旋盖。

【采样方法】采样前加入 0.3 g 抗坏血酸，采集样品时保证样品在样品瓶中流溢而不留气泡，再加入数滴磷酸溶液固定。

【固定剂】磷酸溶液。

【保存方法】4℃下冷藏、避光、密封保存。

【保存期】5 d 内完成分析。

【采样量】至少 40 mL。

【容器洗涤】洗涤剂、蒸馏水。

【检出限】当取样体积为 5 mL 时，丙烯腈检出限 0.003 mg/L。

【质量保证和质量控制】

（1）校准曲线相关系数≥0.999。

（2）每 20 个样品（或每批次小于 20 个样品）应做一个全程序空白和实验室空白。

（3）每 20 个样品（或每批次小于 20 个样品）应做一个空白加标和样品加标。

（4）每 20 个样品（或每批次小于 20 个样品）应至少分析一个平行样。

（5）每批次样品分析前应用校准曲线中间点校准工作曲线或重新配制，标准使用液应临用现配。

5. 丙烯醛

水质　丙烯腈和丙烯醛的测定　吹扫捕集/气相色谱法（HJ 806—2016）

【适用范围】地表水、地下水、海水、工业废水和生活污水。

【采样容器】40 mL 棕色螺口玻璃瓶，具硅橡胶-聚四氟乙烯衬垫螺旋盖。

【采样方法】采样前加入 0.3 g 抗坏血酸，采集样品时保证样品在样品瓶中流溢而不留气泡，再加入数滴磷酸溶液固定。

【固定剂】磷酸溶液。

【保存方法】4℃下冷藏、避光、密封保存。

【保存期】5 d 内完成分析。

【采样量】40 mL。
【容器洗涤】洗涤剂、蒸馏水。
【检出限】当取样体积为 5 mL 时，丙烯醛检出限 0.003 mg/L。
【质量保证和质量控制】

（1）校准曲线相关系数≥0.999。

（2）每 20 个样品（或每批次小于 20 个样品）应做一个全程序空白和实验室空白。

（3）每 20 个样品（或每批次小于 20 个样品）应做一个空白加标和样品加标。

（4）每 20 个样品（或每批次小于 20 个样品）应至少分析一个平行样。

（5）每批次样品分析前应用校准曲线中间点校准工作曲线或重新配制，标准使用液应临用现配。

6. 滴滴涕

海洋监测规范　第 4 部分：海水分析（14　气相色谱法）（GB 17378.4—2007）

【适用范围】河口及近岸海水中六六六的测定。
【采样容器】玻璃瓶。
【采样方法】样品采集后立即用硫酸溶液调至 pH＜2。
【固定剂】硫酸。
【保存方法】加硫酸调至 pH＜2。
【保存期】13 d。
【采样量】500 mL×重复测定的次数。
【容器洗涤】5%氢氧化钠-乙醇溶剂浸泡，洗涤液、蒸馏水洗涤。
【检出限】—
【质量保证和质量控制】精密度、准确度。

水质　有机氯农药和氯苯类化合物的测定　气相色谱-质谱法（HJ 699—2014）

【适用范围】地表水、地下水、生活污水、工业废水和海水中有机氯农药和氯苯类化合物的测定。
【采样容器】具有玻璃塞的棕色磨口瓶或具有聚四氟乙烯衬垫的棕色螺口玻璃瓶。
【采样方法】样品采集后立即用盐酸溶液调至 pH＜2。
【固定剂】盐酸溶液。
【保存方法】加盐酸溶液调至 pH＜2。
【保存期】4℃下保存，7 d 内完成萃取，40 d 内完成分析。
【采样量】100 mL×重复测定的次数。
【容器洗涤】洗涤剂、蒸馏水。
【检出限】甲氧滴滴涕：方法检出限为 0.039 μg/L，测定下限为 0.16 μg/L；*o,p*′-DDT：方法检出限为 0.031 μg/L，测定下限为 0.13 μg/L；*p,p*′-DDT：方法检出限为 0.043 μg/L，测定下限为 0.18 μg/L。
【质量保证和质量控制】

（1）每批样品至少做一个空白试验，即全程序空白试验。如果目标化合物有检出，应查明原因。

（2）标准曲线相关系数均应大于 0.995.

（3）每批样品应至少测定 10%的平行双样，样品数量少于 10 个时，应至少测定一个平行双样。当测定结果为 10 倍检出限以内（包括 10 倍检出限），平行双样测定结果的相对偏差应≤50%；当测定结果＞10 倍检出限，平行双样测定结果的相对偏差应≤20%。

（4）每批样品至少做一次加标回收率测定，实际样品的加标回收率应在允许的范围内，与本方法性能指标相符。

（5）四氯间二甲苯和十氯联苯的回收率（%）应为 80%～120%内，否则应重新处理样品。

7. 狄氏剂

海洋监测规范　第 4 部分：海水分析（16 气相色谱法）（GB 17378.4—2007）

【适用范围】近岸和大洋海水。

【采样容器】玻璃瓶。

【采样方法】—

【固定剂】—

【保存方法】—

【保存期】—

【采样量】—

【容器洗涤】—

【检出限】—

【质量保证和质量控制】—

水质　有机氯农药和氯苯类化合物的测定　气相色谱-质谱法（HJ 699—2014）

【适用范围】地表水、地下水、生活污水、工业废水和海水中有机氯农药和氯苯类化合物的测定。

【采样容器】具有玻璃塞的棕色磨口瓶或具有聚四氟乙烯衬垫的棕色螺口玻璃瓶。

【采样方法】样品采集后立即用盐酸溶液调至 pH＜2。

【固定剂】盐酸溶液。

【保存方法】加盐酸溶液至 pH＜2。

【保存期】4℃冷藏保存，7 d 内完成萃取，40 d 内完成分析。

【采样量】100 mL×重复测定的次数。

【容器洗涤】洗涤剂、蒸馏水。

【检出限】0.043 μg/L。

【质量保证和质量控制】

（1）每批样品至少做一个空白试验，即全程序空白试验。如果目标化合物有检出，应查明原因。

（2）标准曲线相关系数均应大于 0.995。

（3）每批样品应至少测定 10%的平行双样，样品数量少于 10 个时，应至少测定一个平行双样。当测定结果为 10 倍检出限以内（包括 10 倍检出限），平行双样测定结果的相对偏差应≤50%；当测定结果＞10 倍检出限，平行双样测定结果的相对偏差应≤20%。

（4）每批样品至少做一次加标回收率测定，实际样品的加标回收率应在允许的范围内，与本方法性能指标相符。

（5）四氯间二甲苯和十氯联苯的回收率（%）应为 80%～120%内，否则应重新处理样品。

8. 多氯联苯

海洋监测规范　第 4 部分：海水分析（15 气相色谱法）（GB 17378.4—2007）

【适用范围】近岸和大洋海水。

【采样容器】玻璃瓶。

【采样方法】—

【固定剂】—

【保存方法】—

【保存期】—

【采样量】—

【容器洗涤】浸泡于热洗涤剂溶液或重铬酸洗液中，自来水冲洗，普通蒸馏水淋洗 3 次最后用纯净水冲洗，使用前用丙酮洗 2 次，再用正己烷洗 1 次。

【检出限】—

【质量保证和质量控制】—

9. 挥发性酚

海洋监测规范　第 4 部分：海水分析（19　4-氨基安替比林分光光度法）（GB 17378.4—2007）

【适用范围】海水及工业排污口水体中酚含量低于 10 mg/L 的样品。

【采样容器】玻璃瓶。

【采样方法】—

【固定剂】磷酸、硫酸铜。

【保存方法】加磷酸调至 pH<4，每升水样加 2 g 硫酸铜。

【保存期】4℃冷藏保存 24 h。

【采样量】200 mL。

【容器洗涤】—

【检出限】1.1 μg/L。

【质量保证和质量控制】—

【结果表示】—

10. 挥发性卤代烃

水质　挥发性卤代烃的测定　顶空气相色谱法（HJ 620—2011）

【适用范围】地表水、地下水、饮用水、海水、工业废水和生活污水。

【采样容器】40 mL 具聚四氟乙烯衬的硅橡胶垫的棕色螺口玻璃瓶或其他同类采样瓶。

【采样方法】采样用 40 mL 采样瓶。如果水样含有余氯，向采样瓶中加入 0.3～0.5 g 抗坏血酸或硫代硫酸钠。采样时样品沿瓶壁注入，防止气泡产生，水样充满后不留液上空间，如从自来水或有抽水设备的出水管处取水时，应先平缓放水 5～10 min。所有样品均采集平行样。

【固定剂】抗坏血酸。

【保存方法】水样采集后应立即放入 4℃左右冷藏箱内，送回实验室应尽快分析，如不能及时分析，可在 4℃左右冰箱中保存。

【保存期】样品存放区域无有机物干扰，7 d 内完成样品分析。

【采样量】至少 40 mL。

【容器洗涤】洗涤剂、蒸馏水。

【检出限】当顶空瓶为 22 mL，取样体积为 10.0 mL 时，上述目标化合物的方法检出限为 0.02～6.13 μg/L。

【质量保证和质量控制】

（1）空白样品：每分析一批（20 个）样品至少做一个实验室空白，空白试验结果应低于 2 倍的方法检出限。

（2）平行样品：每分析一批（20 个）样品至少做 10%的平行样品测定，平行样品相对偏差在 30%以内。

（3）样品加标回收测定：每分析一批（20 个）样品至少做一个加标回收测定，实际样品加标回收率在 80%～120%，若样品存在基体效应，加标回收率不能满足要求时，则应分析样品加标重复，样品加标和样品加标重复的相对偏差应≤25%。

（4）定性分析：以样品的保留时间和标准样品的保留时间相比来定性，用作定性的保留时间窗口宽度，以当天测定标准样品的实际保留时间变化为基准，目标化合物的保留时间偏差不应超过 30 s。

（5）校准：每间隔 20 个样品或 1 个批次（少于 20 个样品）应分析一个校准曲线中间浓度标准样品，其测定值与浓度值偏差应在 20%以内。

11. 挥发性石油烃（C_6～C_9）

水质　挥发性石油烃（C_6～C_9）的测定　吹扫捕集/气相色谱法（HJ 893—2017）

【适用范围】地表水、地下水、海水、生活污水和工业废水。

【采样容器】40 mL 棕色玻璃瓶，具硅橡胶-聚四氟乙烯衬垫螺旋盖。

【采样方法】采样前，需加入 0.3 g 抗坏血酸于样品瓶中；采集样品时，使水样在瓶中溢流而不留气泡，再加入数滴磷酸溶液，使样品 pH≤2，拧紧瓶盖，贴上标签。每份样品应采集平行双样。每批样品应至少带一个全程序空白。

【固定剂】（1+9）磷酸溶液。抗坏血酸（$C_6H_8O_6$）

【保存方法】将采集好的样品立即置于 4℃避光冷藏保存，样品存放区域应无有机物干扰。

【保存期】3 d 内完成分析。

【采样量】40 mL。

【容器洗涤】洗涤剂、蒸馏水。

【检出限】当取样量为 10.0 mL 时，本标准测定的挥发性石油烃（C_6～C_9）方法检出限为 0.02 mg/L；当取样量为 20.0 mL 时，本标准测定的挥发性石油烃（C_6～C_9）方法检出限为 0.01 mg/L。

【质量保证和质量控制】

（1）每 20 个样品或每批次（少于 20 个样品）应做一个实验室空白。实验室空白中目标化合物测定结果应低于方法检出限。

（2）全程序空白中目标化合物测定结果应低于方法检出限。

（3）用线性拟合曲线进行校准，相关系数应≥0.999，否则需重新绘制校准曲线。每批次分析样品前配制校准曲线中间点浓度做常规校准试验，标准使用液必须现配。校准点测定值的相对误差应≤15%。

（4）每 20 个样品或每批次（少于 20 个样品）应至少分析一个平行样品，平行样品测定结果的相对偏差应≤20%。

（5）每 20 个样品或每批次（少于 20 个样品）应至少分析一个空白加标样，空白加标样中挥发性石油烃的加标回收率应为 80%～120%。

（6）每 20 个样品或每批次（少于 20 个样品）应至少分析一个样品加标样。实际样品加标样中挥发性石油烃的回收率应为 65%～130%。

12. 挥发性有机物

水质 挥发性有机物的测定 吹扫捕集/气相色谱-质谱法（HJ 639—2012）

【适用范围】海水、地下水、地表水、生活污水和工业废水中 57 种挥发性有机物的测定。

【采样容器】40 mL 棕色玻璃瓶，具硅橡胶-聚四氟乙烯衬垫螺旋盖。

【采样方法】样品瓶应在采样前用甲醇清洗，采样时不需用样品进行荡洗，应使水样在样品瓶中溢流而不留空间，取样时应尽量避免或减少样品在空气中暴露。

【固定剂】采样前需要向每个样品瓶中加入抗坏血酸，每 40 mL 样品需加入 25 mg 的抗坏血酸；采样时，水样呈中性时向每个样品瓶中加入 0.5 mL 盐酸溶液，拧紧瓶盖；水样呈碱性时应加入适量盐酸溶液使样品 pH≤2。

【保存方法】样品采集后冷藏运输，运回实验室后应立即放入冰箱中，4℃以下冷藏保存。

【保存期】14 d 内分析完毕，样品存放区域应无有机物干扰。

【采样量】至少 40 mL。

【容器洗涤】样品瓶应在采样前用甲醇清洗，其余容器清洗均用洗涤剂溶液洗涤，纯净水冲洗。

【检出限】当样品量为 5 mL 时，用全扫描方式测定，目标化合物的方法检出限为 0.6～5.0 μg/L；用选择离子方式测定，目标化合物的方法检出限为 0.2～2.3 μg/L。

【质量保证和质量控制】

（1）每批样品分析之前或每 24 h 之内，需进行仪器性能检查，得到的 BFB 质谱图离子丰度必须全部符合标准。

（2）校准曲线至少需 5 个浓度系列，目标化合物相对响应因子的 RSD 应≤20%，或者校准曲线相关系数≥0.990。

（3）连续校准每 24 h 分析一次校准曲线中间浓度点，其测定结果与实际浓度值相对偏差应≤20%，否则应查找原因或重新建立校准曲线。

（4）连续校准时，内标与校准曲线中间点内标的保留时间变化不超过 10 s，定量离子峰面积变化在 50%～200%。

（5）所有样品和空白中都需加入替代物，按与样品相同的步骤分析，每种替代物的回收率应在 70%～130%，如果 1 个或多个替代物回收率超过允许标准，同批样品应重新分析。如果重新分析样品的替代物回收率合格，则报告重新分析的样品结果。如果重新分析样品的回收率和第一个样品一样，则两个结果都需报出，说明是基体效应。

（6）采用有证标准样品对分析结果准确性进行质量控制。

（7）每批样品至少应采集一个运输空白和全程序空白样品。空白中目标化合物浓度应小于下列条件的最大值：①方法检出限；②相关环保标准限值的 5%；③样品分析结果的 5%。若空白试验未满足以上要求，则应采取措施排除污染并重新分析同批样品。

（8）每批样品应进行一次试剂空白和试剂空白加标分析，样品数量多于 20 个时，每 20 个样品应分析一个试剂空白。空白加标回收率应在 80.0%～120%。

（9）每批样品应进行一次平行样分析和基体加标分析，样品数量多于 20 个时，每 20 个样品应进行一个平行样分析和基体加标分析。平行样分析时目标化合物的相对偏差应＜30%，基体加标回收率应在 60.0%～130%。若加标回收率不合格，应再分析一个基体加标重复样品；若基体加标重复样品回收率不合格，但替代物回收率测定结果满足控制指标，说明样品存在基体效应。

水质　挥发性有机物的测定　顶空/气相色谱-质谱法（HJ 810—2016）

【适用范围】地表水、地下水、生活污水、工业废水和海水中 55 种挥发性有机物的测定。

【采样容器】40 mL 棕色螺口玻璃瓶，具硅橡胶-聚四氟乙烯衬垫螺旋盖。

【采样方法】采集样品时，不宜用水样进行荡洗，应使水样在样品瓶中溢流且不留空间，取样时应尽量避免或减少样品在空气中暴露。所有样品均采集平行双样。

【固定剂】若水样中含有余氯，采样前，应向 40 mL 棕色采样瓶中加 25 mg（精确至 0.001 g）抗坏血酸。若水样中余氯含量超过 5 mg/L，应按比例增加抗坏血酸的加入量，余氯含量每增加 5 mg/L，则应多加入 25 mg（精确至 0.001 g）抗坏血酸。

【保存方法】样品采集后，应立即加入适量盐酸溶液（4.6），使样品 pH≤2，拧紧瓶塞，贴上标签，立即放入冷藏箱中于 4℃以下冷藏运输。样品运回实验室后，应于 4℃以下冷藏、避光和密封保存。样品存放区域无挥发性有机物的干扰。

【保存期】14 d 内完成分析测定。

【采样量】40 mL。

【容器洗涤】顶空瓶在使用前，须依次用洗涤剂、自来水、实验用水清洗干净。

【检出限】当取样体积为 10.0 mL 时，用全扫描（Scan）模式测定，目标化合物的方法检出限为 2～10 μg/L；用选择离子（SIM）模式测定，目标化合物的方法检出限为 0.4～1.7 μg/L。

【质量保证和质量控制】

（1）所有样品均采集平行双样。每批样品应至少做一个全程序空白和运输空白。

（2）校准系列至少需 5 个浓度水平，采用平均相对响应因子法校准时，5 个浓度目标化合物相对响应因子（RRF_i）的相对标准偏差（RSD）应≤20%；采用校准曲线法时，校准曲线的相关系数应≥0.99。

（3）每批样品（最多 20 个样品）应分析 1 个平行样，平行样测定结果相对偏差应小于 30%；每批样品（最多 20 个样品）应分析 1 个基体加标样，基体加标回收率应控制在 70%～130%，若基体加标回收率不合格，须重新分析一个基体加标样品，若基体加标回收率仍不合格，但两次基体加标测定值相对偏差小于 30%，说明样品存在基体效应。此时应分析一个实验室空白加标样品，空白加标回收率应在 80%～120%。

（4）样品中内标的保留时间与当天连续校准或者最近绘制的校准曲线中内标保留时间偏差应不超过 20 s，定量离子峰面积变化应在 50%～200%。

13. 甲醇

水质 甲醇和丙酮的测定 顶空/气相色谱法（HJ 895—2017）

【适用范围】地表水、地下水、工业废水、生活污水和海水。

【采样容器】40 mL 棕色玻璃瓶，具硅橡胶-聚四氟乙烯内衬螺旋盖。

【采样方法】按照 GB 17378.3 的相关规定进行样品的采集。采集样品时，不得用样品进行荡洗，应使样品在采样瓶中溢流且不留空间，取样时应尽量避免或减少样品在空气中的暴露。所有样品均采集平行双样。若样品中含有余氯，采样前，应向采样瓶中加 25 mg（精确至 0.001 g）抗坏血酸（5.5）。若样品中余氯含量超过 5 mg/L，应按比例增加抗坏血酸的加入量，余氯含量每增加 5 mg/L，则应多加入 25 mg（精确至 0.001 g）抗坏血酸。

【固定剂】盐酸溶液。

【保存方法】样品采集后，应立即加入适量盐酸溶液，使样品 pH≤2，拧紧瓶塞，贴上标签，立即放入冷藏箱中于 4℃以下冷藏运输。样品运回实验室后，应于 4℃以下冷藏、避光和密封保存，样品存放区域应无挥发性有机物干扰。

【保存期】14 d 内完成分析测定。

【采样量】40 mL。

【容器洗涤】洗涤剂、蒸馏水。

【检出限】当取样体积为 10 mL 时，甲醇的方法检出限为 0.2 mg/L。

【质量保证和质量控制】

（1）每批样品至少做一个实验室空白试验和全程序空白试验，其测定结果不得超过方法检出限。

（2）每批样品应绘制工作曲线，相关系数应≥0.995，否则须重新建立工作曲线。每 20 个样品或每批次样品（少于 20 个样品）应测定一个工作曲线中间浓度点标准溶液，其测定结果与该点浓度的相对误差应在±20%以内，否则须重新建立工作曲线。

（3）每个样品均应采集平行双样，每 20 个样品或每批次（少于 20 个样品/批）应至少测定一个平行样品，平行样品相对偏差≤20%。

（4）样品加标的测定，每 20 个样品或每批次（少于 20 个样品/批）应至少测定一个加标样品。实际样品加标回收率在 70%～120%。

14. 可萃取性石油烃（C_{10}～C_{40}）

水质 可萃取性石油烃（C_{10}～C_{40}）的测定 气相色谱法（HJ 894—2017）

【适用范围】地表水、地下水、生活污水、工业废水和海水。

【采样容器】1 L 具磨口塞的棕色玻璃瓶。

【采样方法】用采样瓶采集约 1 000 mL 样品，加入盐酸溶液（5.6）酸化至 pH≤2。

【固定剂】（1+1）盐酸溶液。

【保存方法】4℃冷藏保存。

【保存期】14 d 内完成萃取，40 d 内分析。

【采样量】1 000 mL。

【容器洗涤】洗涤剂、蒸馏水。

【检出限】当取样量为 1 000 mL 时，方法检出限为 0.01 mg/L。

【质量保证和质量控制】

（1）每 20 个样品或每批样品（少于 20 个样品/批）至少做一个实验室空白，空白值应低于方法检出限。

（2）初次校准时校准曲线的相关系数应≥0.995。

（3）每测定 20 个样品应进行连续校准，测定一个校准曲线中间浓度标准溶液，测定结果与初始校准的相对误差应在±20%。

（4）每 20 个样品或每批样品至少做一个空白加标分析，加标回收率应为 70%～120%。

15. 六六六

海洋监测规范　第 4 部分：海水分析（14　气相色谱法）（GB 17378.4—2007）

【适用范围】河口及近岸海水中六六六的测定。

【采样容器】具有玻璃塞的棕色磨口瓶或具有聚四氟乙烯衬垫的棕色螺口玻璃瓶。

【采样方法】样品采集后立即用硫酸溶液调至 pH＜2。

【固定剂】硫酸。

【保存方法】加硫酸调至 pH＜2。

【保存期】13 d。

【采样量】500 mL×重复测定的次数。

【容器洗涤】5%氢氧化钠-乙醇溶剂浸泡，洗涤液、蒸馏水洗涤。

【检出限】0.007 μg/L。

【质量保证和质量控制】精密度、准确度。

水质　有机氯农药和氯苯类化合物的测定　气相色谱-质谱法（HJ 699—2014）

【适用范围】地表水、地下水、生活污水、工业废水和海水。

【采样容器】具有玻璃塞的棕色磨口瓶或具有聚四氟乙烯衬垫的棕色螺口玻璃瓶。

【采样方法】样品采集后立即用盐酸溶液调至 pH＜2。

【固定剂】盐酸溶液。

【保存方法】加盐酸溶液调至 pH＜2。

【保存期】4℃冷藏保存，7 d 内完成萃取，40 d 内完成分析。

【采样量】100 mL×重复测定的次数。

【容器洗涤】洗涤剂、蒸馏水。

【检出限】甲体六六六：方法检出限为 0.056 μg/L，测定下限为 0.23 μg/L；丙体六六六：方法检出限为 0.025 μg/L，测定下限为 0.10 μg/L；乙体六六六：方法检出限为 0.037 μg/L，测定下限为 0.15 μg/L；丁体六六六：方法检出限为 0.060 μg/L，测定下限为 0.24 μg/L。

【质量保证和质量控制】

（1）每批样品至少做一个空白试验，即全程序空白试验。如果目标化合物有检出，应查明原因。

（2）标准曲线相关系数均应大于 0.995。

（3）每批样品应至少测定 10%的平行双样，样品数量少于 10 个时，应至少测定一个平行双样。当测定结果为 10 倍检出限以内（包括 10 倍检出限），平行双样测定结果的相对偏差应≤50%；当测定结果＞10 倍检出限，平行双样测定结果的相对偏差应≤20%。

（4）每批样品至少做一次加标回收率测定，实际样品的加标回收率应在允许的范围内，与本方法性能指标相符。

（5）四氯间二甲苯和十氯联苯的回收率（%）应为 80%～120%，否则应重新处理样品。

16. 氯苯类化合物

水质　有机氯农药和氯苯类化合物的测定　气相色谱-质谱法（HJ 699—2014）

【适用范围】地表水、地下水、生活污水、工业废水和海水。

【采样容器】具有玻璃塞的棕色磨口瓶或具有聚四氟乙烯衬垫的棕色螺口玻璃瓶。

【采样方法】用具有玻璃塞的棕色磨口瓶或具有聚四氟乙烯衬垫的棕色螺口玻璃瓶采集样品。样品采集后立即用盐酸溶液调至 pH＜2。

【固定剂】盐酸溶液。

【保存方法】加盐酸溶液调至 pH＜2。

【保存期】4℃冷藏保存，7 d 内完成萃取，40 d 内完成分析。

【采样量】100 mL×重复测定的次数。

【容器洗涤】洗涤剂、蒸馏水。

【检出限】—

【质量保证和质量控制】

（1）每批样品至少做一个空白试验，即全程序空白试验。如果目标化合物有检出，应查明原因。

（2）标准曲线相关系数均应大于 0.995。

（3）每批样品应至少测定 10%的平行双样，样品数量少于 10 个时，应至少测定一个平行双样。当测定结果为 10 倍检出限以内（包括 10 倍检出限），平行双样测定结果的相对偏差应≤50%；当测定结果＞10 倍检出限，平行双样测定结果的相对偏差应≤20%。

（4）每批样品至少做一次加标回收率测定，实际样品的加标回收率应在允许的范围内，与本方法性能指标相符。

（5）四氯间二甲苯和十氯联苯的回收率（%）应为 80%～120%，否则应重新处理样品。

水质　氯苯类化合物的测定　气相色谱法（HJ 621—2011）

【适用范围】地表水、地下水、饮用水、海水、工业废水及生活污水。

【采样容器】棕色玻璃瓶。

【采样方法】使样品充满采样瓶。用内衬聚四氟乙烯硅胶垫（或铝箔垫）的瓶盖密封，防止有气泡。

【固定剂】1.0 mL 浓硫酸。

【保存方法】2～5℃冷藏保存。

【保存期】7 d。

【采样量】100 mL×重复测定的次数。

【容器洗涤】洗涤剂、蒸馏水。

【检出限】氯苯：12 μg/L；1,4-二氯苯：0.23 μg/L；1,3-二氯苯：0.35 μg/L；1,2-二氯苯：0.29 μg/L；1,3,5-三氯苯：0.11 μg/L；1,2,4-三氯苯：0.08 μg/L；1,2,3-三氯苯：0.08 μg/L；1,2,4,5-四氯苯：0.01 μg/L；1,2,3,5-四氯苯：0.02 μg/L；1,2,3,4-四氯苯：0.02 μg/L；五氯苯：0.003 μg/L；六氯苯：0.003 μg/L。

【质量保证和质量控制】

（1）空白样品：每批样品至少分析一个全程序空白样，全程序空白测定值应低于检出限。

（2）平行样品：每分析一批（20 个）样品至少做 10%的平行样品测定，平行样品相对偏差在 30%以内。

（3）中间浓度检验：每隔 10 个样品加测一个中间浓度检验，中间浓度的测定值与曲线的值的相对偏差应小于 20%，否则应建立新的工作曲线。

（4）基体加标：每批样品应至少做一个基体加标样品，加标量与样品中待测物含量相当，回收率应在 65%～120%。

（5）定性分析：样品分析前，应建立保留时间窗口 $t\pm3s$，t 为曲线各浓度级别标准物质的保留时间平均值，s 为曲线各浓度级别标准物质的保留时间的相对标准偏差。当样品分析时，待测物的保留时间应在保留时间窗口内。

（6）标准曲线与校准：当仪器线性范围较窄时，可减小浓度点间隔，做不少于 5 个等间隔浓度点曲线；当仪器线性范围较宽时，可增加浓度点间隔，做不少于 5 个等间隔浓度点曲线。曲线的线性回归系数至少为 0.995。

17. 石油类

海洋监测规范　第 4 部分：海水分析（13.1　荧光分光光度法）（GB 17378.4—2007）

【适用范围】大洋、近岸海水及河口水。

【采样容器】玻璃瓶。

【采样方法】水样现场萃取。

【固定剂】—

【保存方法】—

【保存期】4℃冷藏可保存 10 d。

【采样量】500 mL。

【容器洗涤】—

【检出限】1.0 μg/L。

【质量保证和质量控制】—

【结果表示】—

海洋监测规范　第 4 部分：海水分析（石油类的测定　紫外分光光度法）[GB 17378.4—2007（13.2）]

【适用范围】近海及河口水。

【采样容器】玻璃瓶。

【采样方法】水样现场萃取。

【固定剂】—

【保存方法】—

【保存期】4℃冷藏可保存 10 d。

【采样量】500 mL。

【容器洗涤】—

【检出限】3.5 μg/L。

【质量保证和质量控制】—

【结果表示】—

海洋监测规范　第 4 部分：海水分析（13.3　重量法）（GB 17378.4—2007）

【适用范围】油污染较重的海水。

【采样容器】玻璃瓶。

【采样方法】水样现场萃取。

【固定剂】—

【保存方法】—

【保存期】4℃冷藏可保存 10 d。

【采样量】500 mL。

【容器洗涤】—

【检出限】200 μg/L。

【质量保证和质量控制】—

【结果表示】—

水质　石油类的测定　紫外分光光度法（HJ 970—2018）

【适用范围】地表水、地下水和海水中。

【采样容器】硬质玻璃瓶。

【采样方法】—

【固定剂】加盐酸酸化至 pH≤2。

【保存方法】0～4℃冷藏保存。

【保存期】3 d。

【采样量】500 mL。

【容器洗涤】—

【检出限】0.01 mg/L。

【质量保证和质量控制】—

【结果表示】保留小数位数与检出限一致，最多保留三位有效数字。

海洋监测规范　第 3 部分：样品采集、贮存与运输（GB 17378.3—2007）

【适用范围】海水。

【采样容器】单层采水器。

【采样方法】采用单层采水器固定样品瓶在水体中直接灌装，采样后立即提出水面，在现场萃取。

【固定剂】—

【保存方法】—

【保存期】—

【采样量】—

【容器洗涤】—

【检出限】—

【质量保证和质量控制】油类样品的容器不应预先用海水冲洗。

18. 烷基汞

水质　烷基汞的测定　吹扫捕集/气相色谱-冷原子荧光光谱法（HJ 977—2018）

【适用范围】地表水、地下水、生活污水、工业废水和海水中烷基汞（甲基汞、乙基汞）的测定。

【采样容器】500 mL 或 1 L 具螺口的高密度聚乙烯瓶、硼硅玻璃瓶或氟化聚乙烯瓶。

【采样方法】按照 HJ/T 91、HJ/T 164 和 HJ 442 的相关规定采集样品，样品直接采集至采样瓶中。采样后每升样品加入 4 mL 盐酸，加酸后的样品 pH 值应为 1～2，否则应适当增加盐酸的加入量，然后加入 2 mL 饱和硫酸铜溶液，摇匀，并用干净的聚乙烯袋密封采样瓶。

【固定剂】纯盐酸、饱和硫酸铜溶液。

【保存方法】4℃以下冷藏，避光保存，避免存放在高汞环境中或与高汞浓度样品一起保存。

【保存期】3 d 内完成分析。

【采样量】至少 45 mL。

【容器洗涤】洗涤剂、蒸馏水。

【检出限】当取样体积为 45 mL 时，甲基汞和乙基汞的方法检出限均为 0.02 ng/L。

【质量保证和质量控制】

（1）每 20 个样品或每批次样品（小于 20 个/批）应至少做一个实验室空白，其测定结果应低于方法检出限。

（2）每次分析样品前均应建立校准曲线，曲线的相关系数≥0.996。

（3）样品测定期间每日至少测定 1 次曲线中间浓度点的标准系列溶液，测定结果与标准值间的相对误差应在±20%以内。否则，须建立新的校准曲线。

（4）每 20 个样品或每批次样品（小于 20 个/批）应至少测定一个平行双样，其测定结果的相对偏差应≤20%。

（5）每 20 个样品或每批次样品（小于 20 个/批）应至少测定一个基体加标样品。甲基汞加标回收率控制在 75%～120%；乙基汞加标回收率控制在 70%～120%。若不在范围内，应考虑存在基体干扰，可采用稀释样品的方法减少干扰。

19. 五氯酚

水质 五氯酚的测定 气相色谱法（HJ 591—2010）

【适用范围】地表水、地下水、海水、生活污水和工业废水。

【采样容器】250 mL 棕色玻璃瓶。

【采样方法】每 100 mL 水样中加入 1 mL（1+9）硫酸溶液和 0.5 g 硫酸铜，在 4℃暗处保存。采样时若有余氯存在，应向每 100 mL 水样中加入约 80 mg 硫代硫酸钠，摇匀。样品应避免阳光直射。

【固定剂】1 mL（1+9）硫酸溶液和 0.5 g 硫酸铜。

【保存方法】所有样品必须在 7 d 内萃取，萃取液 4℃避光保存。

【保存期】30 d 内进行分析。

【采样量】至少 100 mL。

【容器洗涤】洗涤剂、蒸馏水。

【检出限】当样品体积为 100 mL 时，毛细柱气相色谱法检出限为 0.01 μg/L，填充柱气相色谱法检出限为 0.02 μg/L。

【质量保证和质量控制】

（1）定性分析：样品分析前，应建立保留时间窗口 $t\pm3\,s$，t 为初次校准时各浓度级别标准物质的保留时间的平均值，s 为初次校准时各标准分析的标准偏差。当样品分析时，待测物保留时间应在保留时间窗口内。

（2）空白试验：每批样品至少做一个空白样品和空白加标样品。空白样品与实际样品使用相同方法分析测定，空白试样中五氯酚浓度应低于检出限。空白样品加标回收率应控制在 80%～120%。

（3）工作曲线相关系数应≥0.995，否则应重新绘制工作曲线。

（4）中间浓度检验：样品分析时应进行中间浓度检验，中间浓度的测定值与曲线的值相对偏差应≤15%，否则应建立新的工作曲线。

（5）基体加标：每批样品应至少做一个基体加标样品，基体加标样品与实际样品使用相同方法分析测定，基体加标回收率应控制在 70%～130%。

20. 硝基苯类化合物

水质 硝基苯类化合物的测定 液液萃取/固相萃取-气相色谱法（HJ 648—2013）

【适用范围】地表水、地下水、工业废水、生活污水和海水。

【采样容器】棕色具磨口塞玻璃瓶。

【采样方法】按照 GB 17378、HJ/T 164 和 HJ/T 91 的相关规定进行水样的采集。

【固定剂】—

【保存方法】按照 GB 17378、HJ/T 164 和 HJ/T 91 的相关规定进行水样的保存。

【保存期】按照 GB 17378、HJ/T 164 和 HJ/T 91 的相关规定进行水样的保存。

【采样量】1 L。

【容器洗涤】洗涤剂溶液洗涤，纯净水冲洗。

【检出限】液液萃取法取样量为 200 mL，方法检出限为 0.017～0.22 μg/L；固相萃取法取样量为 1.0 L 时，方法检出限为 0.003 2～0.048 μg/L。

【质量保证和质量控制】

（1）样品分析前，应建立保留时间窗口 $t\pm3s$，t 为初次校准时各浓度标准物质保留时间的平均值，s 为初次校准时各标准物质保留时间的标准偏差。当样品分析时，目标化合物保留时间应在保留时间窗口内。

（2）标准曲线的相关系数应≥0.995，否则应重新绘制标准曲线。

（3）样品分析时应进行中间浓度检验，中间浓度的测定值与曲线的相对偏差应小于 20%，否则应建立新的标准曲线。

（4）每批样品（以 10～20 个样品为一批次）应至少做一个全程序空白和实验室空白，目标化合物的浓度应低于检出限。

（5）每批样品应进行至少 10%的平行样品测定，水样平行双样测量结果相对偏差应在 20%以内。

（6）每批样品应进行不少于 10%的空白加标回收率测定，加标回收率应为 70%～130%。

（7）每批样品应进行至少 10%的基体回收率测定，加标量为样品含量的 0.5～2 倍，实际样品加标回收率应为 70%～130%。

水质　硝基苯类化合物的测定　气相色谱-质谱法（HJ 716—2014）

【适用范围】地表水、地下水、工业废水、生活污水和海水中 15 种硝基苯类化合物的测定。

【采样容器】1～4 L 棕色具聚四氟乙烯衬垫的螺口玻璃瓶。

【采样方法】采集样品时，不要用水样预洗采样瓶。水样应充满采样瓶并加盖密封。若水中有残余氯存在，要在每升水中加入 80 g 硫代硫酸钠除氯。

【固定剂】硫代硫酸钠。

【保存方法】样品采集后应避光保存，4℃冷藏。

【保存期】在 7 d 内完成萃取，在 40 d 内完成分析。

【采样量】1～4 L。

【容器洗涤】洗涤剂溶液洗涤，纯净水冲洗。

【检出限】当取样量 1 L 时，目标化合物的方法检出限为 0.04～0.05 μg/L。

【质量保证和质量控制】

（1）内标分析：校准曲线核查的内标与曲线中间点的内标比较，样品的内标与同批校准曲线核查的内标比较，保留时间变化不超过 10s，定量离子峰面积变化在−50%～100%。

（2）初始校准曲线的容许标准：标准系列目标物（或替代物）相对响应因子（RRF）的相对标准偏差（RSD）应≤20%。若标准系列中某个目标物相对响应因子的相对标准偏差大于 20%，则此目标物需用最小二乘法校准曲线进行校准，也可采用非线性拟合曲线进行校准，其相关系数应≥0.990。

（3）每批样品至少做一个空白试验，即实验室空白，如果有目标化合物检出，应查明原因。

（4）每批样品应进行不少于 10%的平行样品测定，其相对偏差小于 20%。

（5）每批样品（最多 20 个样品）随机进行至少一个基体加标测定，加标回收率应控制为 70%～110%；如果超过控制范围则可以通过空白加标检查是否为基体效应，空白加标回收率应为 70%～110%。

（6）替代物加标回收率应控制在 70%～110%，否则应重新处理样品。

21. 有机氯农药

水质　有机氯农药和氯苯类化合物的测定　气相色谱-质谱法（HJ 699—2014）

【适用范围】地表水、地下水、生活污水、工业废水和海水。

【采样容器】具有玻璃塞的棕色磨口瓶或具有聚四氟乙烯衬垫的棕色螺口玻璃瓶。

【采样方法】用具有玻璃塞的棕色磨口瓶或具有聚四氟乙烯衬垫的棕色螺口玻璃瓶采集样品。样品采集后立即用盐酸溶液调至 pH＜2。

【固定剂】盐酸溶液。

【保存方法】加盐酸溶液调至 pH＜2。

【保存期】4℃冷藏保存，7 d 内完成萃取，40 d 内完成分析。

【采样量】100 mL×重复测定的次数。

【容器洗涤】洗涤剂、蒸馏水。

【检出限】液液萃取法取样量为 100 mL，方法检出限为 0.025～0.060 μg/L；固相萃取法取样量为 200 mL 时，方法检出限为 0.021～0.069 μg/L。

【质量保证和质量控制】

（1）每批样品至少做一个空白试验，即全程序空白试验。如果目标化合物有检出，应查明原因。

（2）标准曲线相关系数均应大于 0.995。

（3）每批样品应至少测定 10%的平行双样，样品数量少于 10 个时，应至少测定一个平行双样。当测定结果为 10 倍检出限以内（包括 10 倍检出限），平行双样测定结果的相对偏差应≤50%；当测定结果＞10 倍检出限，平行双样测定结果的相对偏差应≤20%。

（4）每批样品至少做一次加标回收率测定，实际样品的加标回收率应在允许的范围内，与本方法性能指标相符。

（5）四氯间二甲苯和十氯联苯的回收率（%）应为 80%～120%，否则应重新处理样品。

（三）生物项目

1. 潮间带生物

海洋监测规范　第 7 部分：近海污染生态调查和生物监测（7 潮间带生物生态调查）（GB 17378.7—2007）

【适用范围】近海。

【采样容器】广口玻璃瓶。

【采样方法】与水质项目采样相同。

【固定剂】与水质项目采样相同。

【保存方法】与水质项目采样相同。

【保存期】与水质项目采样相同。

【采样量】100 mL。

【容器洗涤】与水质项目采样相同。

【检出限】与水质项目采样相同。

【质量保证和质量控制】应在各断面调查的同时，于高平潮和低停潮时各采一次水样。河口区可考虑在两次采水期间内增加一次。岩沼和滩涂水洼内积水应另行采样，必要时，酌情对生物定量取样站穴内积水或沉积物间隙水采样分析。

【结果表示】与水质项目采样相同。

2. 粪大肠菌群

海洋监测规范　第 7 部分：近海污染生态调查和生物监测（9 粪大肠菌群检测）（GB 17378.7—2007）

【适用范围】近海。

【采样容器】灭菌处理的广口玻璃瓶或无毒塑料瓶。

【采样方法】开瓶塞时，要连同铝箔和牛皮纸一起拿开，以免沾污。手执长绳的末端，将采样瓶投入选定的海水中，采集水下约 10 cm 处水样。采好的水样需盖紧瓶塞，水样瓶内要留下足够的空间（至少 2.5 cm）以备在检验前摇荡混匀。

【固定剂】—

【保存方法】—

【保存期】常温 2 h，冰箱冷藏 24 h。

【采样量】发酵法：100 mL；滤膜法：300 mL。

【容器洗涤】—

【检出限】—

【质量保证和质量控制】—

【结果表示】—

3. 浮游生物

海洋监测规范　第 7 部分：近海污染生态调查和生物监测（5 浮游生物生态调查）（GB 17378.7—2007）

【适用范围】近海。

【采样容器】广口玻璃瓶。

【采样方法】与水质项目采样相同。

【固定剂】每升水样加 6～8 mL 碘液。

【保存方法】与水质项目采样相同。

【保存期】与水质项目采样相同。

【采样量】500 mL。

【容器洗涤】与水质项目采样相同。

【检出限】与水质项目采样相同。

【质量保证和质量控制】采样层次视调查需要、计划规定和海区各站实际水深而定；水样采集务必于叶绿素 a 和水质项目的采水同步进行。

【结果表示】与水质项目采样相同。

4. 滤食率

海洋监测规范 第7部分：近海污染生态调查和生物监测（13 滤食率测定）（GB 17378.7—2007）

【适用范围】近海。

【采样容器】无毒容器。

【采样方法】—

【固定剂】—

【保存方法】低温保存。

【保存期】最好立即试验。

【采样量】按试验设计和次数备足。

【容器洗涤】—

【检出限】—

【质量保证和质量控制】—

【结果表示】—

5. 生物毒性

海洋监测规范 第7部分：近海污染生态调查和生物监测（11 生物毒性试验）（GB 17378.7—2007）

【适用范围】近海。

【采样容器】无毒容器。

【采样方法】—

【固定剂】—

【保存方法】低温保存。

【保存期】最好立即试验。

【采样量】按试验设计和次数备足。

【容器洗涤】—

【检出限】—

【质量保证和质量控制】—

【结果表示】—

6. 细菌总数

海洋监测规范 第7部分：近海污染生态调查和生物监测（10 细菌总数测定）（GB 17378.7—2007）

【适用范围】近海。

【采样容器】灭菌处理的广口玻璃瓶或无毒塑料瓶。

【采样方法】开瓶塞时，要连同铝箔和牛皮纸一起拿开，以免沾污。手执长绳的末端，将采样瓶投入选定的海水中，采集水下约 10 cm 处水样。采好的水样需盖紧瓶塞，水样瓶内要留下足够的空间（至少 2.5 cm）以备在检验前摇荡混匀。

【固定剂】—

【保存方法】—

【保存期】常温 2 h，冰箱冷藏 24 h。

【采样量】300 mL。
【容器洗涤】—
【检出限】—
【质量保证和质量控制】—
【结果表示】—

7. 叶绿素 a

海洋监测规范　第 7 部分：近海污染生态调查和生物监测（8.1 荧光分光光度法）（GB 17378.7—2007）

【适用范围】近海。
【采样容器】广口玻璃瓶。
【采样方法】与水质项目采样相同。
【固定剂】与水质项目采样相同。
【保存方法】与水质项目采样相同。
【保存期】与水质项目采样相同。
【采样量】100 mL。
【容器洗涤】与水质项目采样相同。
【检出限】与水质项目采样相同。
【质量保证和质量控制】应在各断面调查的同时，于高平潮和低停潮时各采一次水样。河口区可考虑在两次采水期间内增加一次。岩沼和滩涂水洼内积水应另行采样，必要时，酌情对生物定量取样站穴内积水或沉积物间隙水采样分析。
【结果表示】与水质项目采样相同。

8. 鱼类回避反应

海洋监测规范　第 7 部分：近海污染生态调查和生物监测（12 鱼类回避反应实验）（GB 17378.7—2007）

【适用范围】近海。
【采样容器】无毒容器。
【采样方法】—
【固定剂】—
【保存方法】低温保存。
【保存期】最好立即试验。
【采样量】按试验设计和次数备足。
【容器洗涤】—
【检出限】—
【质量保证和质量控制】—
【结果表示】—